U0276575

本书的研究和出版由福建省高校产学合作科技重大项目"高偏硅酸天然矿泉水生物学效应的应用研究"资助，项目编号：2012Y4004。

编著　阮国洪

水的科学与健康

SHUIDE KEXUE YU JIANKANG

復旦大學 出版社

前　言

　　本书立足于科学基础，全面介绍水的相关科学知识及水与健康的关系，唤起人们对水与健康重要性的认识，加深读者对水与健康的重要性的理解。本书适合各行各业的人士阅读，也可以作为大学相关专业的本科生教材、选修课教材和与水有关的企业、学校等机构的培训教材。

　　虽然编者从事水与健康关系的研究已有 20 多年，本书也历经 5 年编著，反复推敲，几易其稿，但是由于编者水平有限，本书难免有不妥之处，敬请同行专家、读者批评指正。

阮国洪

2012 年 5 月

Contents

目　录

绪　论

茫茫宇宙,有水才有生命;朗朗乾坤,有水才有人类。在地球表面,水占地球总面积约 71％;在人体内,水约占体重 70％。水直接关系到社会、经济发展和人类的生存及健康,故水研究领域十分活跃。从近代生物化学、生理学、量子化学、结构物理学及生物进化等科学领域的理论及其研究成果证明——水中矿物质对人体生命与生物非常重要。

"饮食"包含了两重意思:一为饮,二为食。古人讲:"民以食为天,食以饮为先。"医圣李时珍的《本草纲目》就把"水"列为各篇之首。

人体由水、蛋白质、脂肪、碳水化合物、维生素、矿物质六大类营养素组成。其中水所占的比重约为人体体重的 70％,人的生命是由体内无数水分托起的,可以说人是水做的。生命的新陈代谢、系统平衡、消化吸收、血液循环、营养输送、体温调节等每一项生理活动都离不开水,生命的每一个细胞都是靠水支撑起来的。如果人体的水分损失 20％,就无法进行氧化、还原、分解、合成等各项生理活动。如果人还能享用水,说明生命还在继续,如果连水都不能喝了,那生命即将结束。

过去营养学家主要研究的是人体内 30％的固态物质(蛋白质、碳水化合物、脂肪、矿物质和维生素),忽视对占人体 70％水物质的研究。国内的营养学家基本不谈水,认为水是最常见普通的东西,常有意或无意忽视和轻视,以至于作为营养素之首的水的营养与重要性在权威教材《营养与食品卫生学》中没有得到很好介绍。最新的研究表明,水不但担负体内物质输送与媒介作用,而且直接参与生物大分子的结构,水与生物大分子共同完成了人体的物质代谢、能量代谢、信息代谢。水与遗传基因载体DNA持续不断地重组、复制、转录,以至形成相应蛋白质合成有密切的关系。因此,水质决定体质,水的质量决定生命的质量,健康的水成就人类的健康长寿。

第一章

水的化学性质

　　水是地球上分布范围最广的物质,江、河、湖、海等约占地球表面的 3/4。大气中含有许多水蒸气;土壤和岩层、动植物体内也含有大量水。动物体内水分约占 70%,而新鲜植物体内 80%～90%都是水。对于生物体来说,水和空气都是不可或缺的,没有水,就没有生命。水除能供给生物体的生理需要之外,清洁、烹调、取暖及工农业等方面都需要大量的水。

第一节　水的无机化学

一、水的组成和结构

　　18 世纪以前,人们一直认为水是一种单质,1781 年卡文迪西首先发现氢气在空气中燃烧生成唯一的产物是水,证明水是氢、氧元素的化合物。几年以后,拉瓦锡测定了水的质量组成。近代结构理论的研究指出,H_2O 分子呈"V"形结构,经 X 线对水的晶体(冰)结构的测定,证明两个 O—H 键间形成 104.5°的夹角。由于水分子的不对称结构,所以水是极性分子。

　　在沸点时测定水蒸气的分子量是 18.64,表明此时除单分子 H_2O 之外,还有约 3.5%的双分子水 $(H_2O)_2$ 存在,液态水的分子量则更大,说明液态水中含有较复杂的 $(H_2O)_n$ 分子(n可以是 2、3、4…)。事实证明,水中含有由简单分子结合而成的复杂分子 $(H_2O)_n$。这种由简单分子结合成为较复杂的分子集团而不引起物质化学性质改变的过程,称为分子的缔合。

$$nH_2O \Leftrightarrow (H_2O)_n$$

液态水中除含有简单分子 H_2O 外,同时还含有缔合分子 $(H_2O)_2$、$(H_2O)_3$…缔合分子和简单分子处于平衡状态。缔合是放热过程,离解是吸热过程,所以,温度升高,水的缔合程度降低(n 减少),高温时水主要以单分子状态存在;温度降低,水的缔合程度增大(n 变大),0℃时水结成冰,全部水分子缔合在一起成为一个巨大的分子,在冰的结构中每个氧原子与 4 个氢原子相连接而成四面体,每个氢原子与两个氧原子相连接。冰的结构内有较大的空隙。水分子能发生缔合的主要原因是由于形成了分子间的氢键。

在水分子中氢与氧以共价键结合形成强极性键 H—O,由于氧的电负性较大,电子对被强烈地引向氧的一方,而使氢带正电性,同时,氢原子用自己唯一的电子形成共价键后,已无内层电子,它不被其他原子的电子云所排斥,而能与另一水分子中氧上的孤电子对相吸引,结果水分子间便构成氢键 O—H…O 而缔合在一起。H 与原来水分子中氧以共价键结合,相距较近(0.948Å),而与另一水分子中氢则以氢键结合,相距较远(2.037Å)。所以,O—H…O 之间的距离共 2.985Å。

二、氢键

(一)氢键的本质

氢键是一种特殊的分子间作用力,氢原子与电负性很大、半径很小的原子 X(F, O, N)以共价键形成强极性键 H—X,这个氢原子还可以吸引另一个键上具有孤对电子、电负性大、半径小的原子 Y,形成具有 X—H…Y 形式的物质。这时氢原子与 Y 原子之间的定向吸引力叫做氢键(以 H…Y 表示)。

氢键的本质一般认为主要是静电作用。在 X—H…Y 中,X—H 是强极性共价键,由于 X 的电负性很大,吸引电子能力强,使氢原子变成一个几乎没有电子云的"裸露"的质子而带部分正电荷。它的半径特别小,电场强度很大,又无内层电子,可以允许另一个带有部分负电荷的 Y 原子(即电负性大,半径小且有孤对电子的原子)充分接近它,从而产生强烈的静电相互作用而形成氢键。

一般分子形成氢键必须具备两个基本条件:① 分子中必须有一个与电负性很强的元素形成强极性键的氢原子。② 分子中必须有带孤对电子,电负性大,原子半径小的元素。

氢键常在同类分子或不同类分子之间形成,叫做分子间氢键,如氟化氢、氨水:

(二)氢键的键长和键能

氢键的键长是指 X—H⋯Y 中 X 与 Y 原子的核间距离。在 HF 缔合而成的 $(HF)n$ 缔合分子中,氢键的键长为 255 pm,而共价键(F—H 间)键长为 92 pm。由此可得出,H⋯F 间的距离为 163 pm。可见氢原子与另一个 HF 分子中的 F 原子相距是较远的。

氢键的键能是指破坏 H⋯Y 键所需要的能量。氢键的键能为 15~30 kJ/mol,比一般化学键的键能小得多,与范德华力的数量级相同。氢键的强弱与 X 和 Y 的电负性大小有关,还与 Y 的半径大小有关,电负性越大,Y 的半径越小,越能接近 H—X 键,形成的氢键也越强。例如,F 的电负性最大,半径又小,所以 F—H⋯F 是最强的氢键,O—H⋯O 次之,O—H⋯N 又次之,N—H⋯N 更次之。

(三)氢键的饱和性和方向性

氢键具有饱和性和方向性。形成氢键的 3 个原子中 X 与 Y 尽量远离,其键角常在 120°~180°,H 的配位数为 2。氢键的饱和性表现在 X—H 只能和一个 Y 原子相对合。因为 H 原子体积小,X、Y 都比氢大,所以当有另一个 Y 原子接近它们时,这个 Y 原子受到 X—H⋯Y 上 X 和 Y 的排斥力大于受到 H 原子的吸引力,使得 X—H⋯Y 上的氢原子不能再和第二个 Y 原子结合,这就是氢键的饱和性。

氢键的方向性是指 Y 原子与 X—H 形成氢键时,在尽可能的范围内使氢键的方向与 X—H 键轴在同一个方向,即以 H 原子为中心 3 个原子尽可能在一条直线上。氢原子尽量与 Y 原子的孤对电子方向一致,这样引力较大;3 个原子尽可能在一条直线上,可使 X 与 Y 的距离最远,斥力最小,形成的氢键强。

(四)氢键对物质性质的影响

1. 对沸点和熔点的影响　在同类化合物中,能形成分子间氢键的物质,其熔点、沸点要比不能形成分子间氢键的物质的熔点、沸点高些。因为要使固体熔化或液体汽化,不仅要破坏分子间的范德华力,还必须提供额外的能量破坏氢键。H_2O、HF、NH_3 的熔点和沸点比同族同类化合物为高(表 1-1),因为它们都可形成分子间氢键。如第ⅥA 族氧(O)、硫(S)、硒(Se)、碲(Te)的氢化物的沸点递变规律,由 H_2Te,H_2Se 到 H_2S,随分子量的递减,分子的半径递减;随分子间作用力的减小,沸点递减。但分子量最小的 H_2O 的沸点却陡然升高。这是因为氧的电负性很强,H_2O 分子间形成了 O—H⋯O 氢键,所以 H_2O 分子间作用力大于同族其他氢化物。ⅦA 和ⅤA 族氢化物沸点的变化规律中,HF 和 NH_3 也显得特殊,这也是因为形成了 F—H⋯F 和 N—H⋯N 氢键。H_2O、HF、NH、分子间的氢键,在固态、液态都存在,它们许多特性都可用氢键概念加以解释。例如,绝大多数物质的密度,总是固态大于液态的,但 H_2O 在 0℃附近的密度却是液态大于固态的。这是因为固态 H_2O(冰)分子间存在 O—H⋯O 氢键,使它具有空洞结构,此时冰的密度就小于水,所以冰可浮于水面。

表 1 - 1　H₂O、HF、NH₃ 及其同族同类化合物的熔点(mp)、沸点(bp)

化合物	mp(℃)	bp(℃)	化合物	mp(℃)	bp(℃)	化合物	mp(℃)	bp(℃)
H_2O	0	100	HF	−80.3	19.5	NH_3	−77.7	−33.4
H_2S	−85.6	−60.7	HCl	−112	−84	PH_3	−133.5	−87.4
H_2Se	−64	−42	HBr	−88	−67.0	AsH_3	−116	−62
H_2Te	−48	−1.8	HI	−50.9	−35.4	S_bH_3	−88	−17

2. 对溶解度的影响　在极性溶剂中,如果溶质分子和溶剂分子之间可以形成氢键,则溶质的溶解度增大。例如,苯胺和苯酚在水中的溶解度比在硝基苯中的溶解度要大。

氢键的存在使水具有很多反常性质。例如,凝结成冰时的反常膨胀,沸点高,密度小,热容量大。氢键不仅存在于分子间,也存在于分子内。如邻-硝基苯酚通过分子内氢键形成一个闭合二员环:

结果它的沸点(45℃)比对位或间位的硝基苯酚(96°或114℃)要低,在水中的溶解度也较小。氢键的存在相当普遍,从水、醇、酚、酸、碱及胺等小分子到复杂的蛋白质等生物大分子都可形成氢键。氢键的存在直接影响分子的结构、构象、性质与功能。因此,研究氢键对认识物质具有特殊的意义。

水分子簇中氢键的 4 种作用方式,包括协同效应、氢键的转动、氢键的振动以及氢键变换,对水分子簇存在状态有影响。

三、水的氧化还原反应

水分子在通常状况下是很稳定的,但是在高温(≥2 000℃)或电流的作用下,水能分解成氢气和氧气。根据水对热的稳定性,工业上常用锅炉把水加热成高温、高压的水蒸气来传递热量。水在常温下可以和一些化学性质较活泼的金属,如钾、钠、钙等进行反应,从水中置换出氢气。如钠和水起反应生成氢氧化钠和氢气。水与某些非金属也能反应,在工业上常用的熟石灰(氢氧化钙)就是水和氧化钙(生石灰)反应生成的。

$2H_2O + 2Na = 2NaOH + H_2$,一般而言,水在常温下和活泼金属反应,生成碱和氢气,在高温下,能和较活泼的金属如: $Mg + 2H_2O = Mg(OH)_2 + H_2$ (反应需要加热)反应。水和非金属单质发生反应(大多是非氧化还原反应)

$$Cl_2 + H_2O = HCl + HClO$$

$$2F_2 + 2H_2O = 4HF + O_2$$

水能够和氧化物发生反应,生成碱或酸:

$$SO_3 + H_2O = H_2SO_4$$

$$Na_2O + H_2O = 2NaOH$$

水能够辅助生成酸式盐:

$$CaCO_3 + H_2O + CO_2 = Ca(HCO_3)_2$$

水能够和过氧化物、超氧化物反应,生成氧气:

$$2Na_2O_2 + 2H_2O = 4NaOH + O_2$$

$$4KO_2 + 2H_2O = 4KOH + 3O_2$$

水能够和有机物、无机盐发生水解反应:

$$C_{12}H_{22}O_{11} + H_2O = C_{12}H_{24}O_{12}$$

$$FeCl_3 + 3H_2O = Fe(OH)_3 + 3HCl$$

一般情况下是可逆反应,但是由于水解吸热,所以加热能够促进水解。在加热条件下,上述反应能够进行完全。

$$2H_2O = 2H_2 + O_2 \text{(在电解或光照情况下)}$$

四、水的电离

水是一种很弱的电解质,它也能电离: $H_2O \Leftrightarrow H^+ + OH^-$

水溶液中的离子都是以水合离子状态存在的,水电离出的氢离子和氢氧根离子也是水合离子。水合氢离子可以用 $H_9O_4^+$ 表示,通常可简写为 H_3O^+。

水是一种既能释放质子也能接受质子的两性物质。水在一定程度上也微弱地离解,质子从一个水分子转移给另一个水分子,形成 H_3O^+ 和 OH^-。

$$\overset{\overset{\displaystyle H^+}{\downarrow}}{H_3O+H_2O} \Longleftrightarrow H_3O^+ + OH^-$$

达到平衡时,可得水的离解常数 K_i

$$\frac{[H_3O^+][OH^-]}{[H_2O]^2} = K_i$$

或 $[H_3O^+][OH^-] = K_i[H_2O]^2$

由于水的离解度极小,$[H_2O]^2$ 数值可以看作是一个常数,令 $K_i[H_2O]^2$ 等于另一新常数 K_w,则

$$[H_3O^+][OH^-] = K_w$$

根据实验测定,22℃达电离平衡时,1 L 纯水仅有 10^{-7} mol 水分子电离,由实验测出在纯水中 $[H_3O^+]$ 和 $[OH^-]$ 各为 1.0×10^{-7} mol/L。通常将水合离子 H_3O^+ 简写为 H^+。因此,水中 $[H^+]$ 和 $[OH^-]$ 都等于 10^{-7} mol。22℃时,1 L 纯水相当于 55.4 mol 的水,10^{-7} mol 与 55.4 mol 相比太小了。因此,电离前后水的摩尔浓度几乎未变,仍可看作常数,它的浓度不写在平衡关系式中。这样,水的电离平衡可表示为:

$$K_w = [H^+][OH^-]$$

K_w 为水的离子积常数,简称水的离子积。上式表示在一定温度时,水中氢离子浓度与氢氧离子浓度的乘积为一常数,它表明在一定温度下,水中的 H^+ 离子和 OH^- 离子的浓度之间的关系。

在常温(22℃时):$[H^+][OH^-] = 1 \times 10^{-14}$

由于水离解时要吸收大量的热,水的电离是吸热反应。所以温度升高,水的离解度和水的离子积也相应增大。但在常温(22℃左右)时,一般可认为 $K_w = 1 \times 10^{-14}$。

水的离子积原理不仅适用于纯水,也适用于一切稀的水溶

液。在任何稀的水溶液中,不论[H^+]和[OH^-]怎样改变,它们的乘积总是等于K_w。

不同温度时水的离子积常数见表1-2。

表1-2　不同温度时水的离子积常数

温度(℃)	K_w	温度(℃)	K_w
0	1.3×10^{-15}	25	1.27×10^{-14}
18	7.4×10^{-15}	50	5.6×10^{-14}
22	1.00×10^{-14}	100	7.4×10^{-13}

五、pH 值与缓冲溶液

溶液中进行的化学反应,特别是生物体内的化学反应,往往需要在一定的 pH 值条件下才能正常进行。人的各种体液都有一定的 pH 值,因为体液本身就是缓冲溶液,具有抵抗外来少量强酸或强碱的能力,从而能够稳定溶液的 pH 值,保证人体正常的生理活动。

既然K_w反映了水溶液中H^+浓度和OH^-浓度之间的相互关系,所以知道了H^+浓度,就可以计算出OH^-浓度;反之亦然。在纯水中,[H^+]＝[OH^-]＝1×10^{-7} mol,所以纯水显中性。任何物质的水溶液,不论它是中性、酸性还是碱性,都同时含有H^+和OH^-,只不过是它们的相对多少不同而已。同一溶液中始终保持着[H^+][OH^-]＝K_w的关系,知道溶液中的H^+浓度,也就知道了OH^-浓度。

根据H^+和OH^-相互依存、相互制约的关系,可以统一用[H^+]或[OH^-]来表示溶液的酸碱性。溶液是酸性还是碱性,主要是由溶液中的[H^+]和[OH^-]的相对大小来决定。

[H^+]＝[OH^-]＝1×10^{-7} mol 时,溶液显中性;

[H^+]＞1×10^{-7} mol,[H^+]＞[OH^-]时,溶液显酸性;

[H^+]＜1×10^{-7} mol,[H^+]＜[OH^-]时,溶液显碱性。

(一) 溶液的 pH 值

在纯水或中性溶液中,22℃时

$$[H^+] = [OH^-] = \sqrt{K_w} = 1.0 \times 10^{-7} \text{ mol/L}$$

当向水中加入酸时,溶液中$[H^+]$就会增大,达到新的平衡时该溶液的$[H^+]$为1.0×10^{-2} mol/L,因$[H^+][OH^-] = 1.0 \times 10^{-14}$,则

$$[OH^-] = \frac{K_w}{[H^+]} = \frac{1.0 \times 10^{-14}}{1.0 \times 10^{-2}} = 1.0 \times 10^{-12} \text{ mol/L}$$

可见,在酸性溶液中,$[H^+] > 1.0 \times 10^{-7}$ mol/L,而$[OH^-] < 1.0 \times 10^{-7}$ mol/L。

如果向纯水中加入碱时,溶液中$[OH^-]$就会增大,达到新的平衡时该溶液的$[OH^-]$为1.0×10^{-2} mol/L,同理计算出$[H^+] = 1.0 \times 10^{-12}$ mol/L。可见,在碱性溶液中$[OH^-] > 1.0 \times 10^{-7}$ mol/L,而$[H^+] < 1.0 \times 10^{-7}$ mol/L。由上述3种情况可知:

在纯水或中性溶液中,$[H^+] = 1.0 \times 10^{-7}$ mol/L $= [OH^-]$

在酸性溶液中,$[H^+] > 1.0 \times 10^{-7}$ mol/L $> [OH^-]$

在碱性溶液中,$[H^+] < 1.0 \times 10^{-7}$ mol/L $< [OH^-]$

当然,$[H^+]$或$[OH^-]$都可用来表示溶液中的中性、酸性或碱性,但实际应用中多采用$[H^+]$来表示。但是,在生物学与医学上许多重要溶液的$[H^+]$往往是一个很小的数值,而且带有负指数,用$[H^+]$表示溶液的酸碱性不方便。例如,人的血液$[H^+]$为3.98×10^{-8} mol/L,血液究竟是酸性还是碱性,不容易看清楚。索仑生(Sorensen)首先提出用pH值表示水溶液的酸碱性。

常用pH值来表示溶液的酸碱性。溶液中H^+离子浓度的负对数叫做pH值。

它的数学表示式为:　$pH = -\lg[H^+]$

即$[H^+] = 10^{-pH}$。严格地说,考虑活度时:

$$P_\alpha^+ = -\lg \alpha H^+$$

必须注意,pH 值每相差 1 个单位时,其[H^+]相差 10 倍;pH 值相差 2 个单位时,[H^+]相差 100 倍;依此类推。

从 H^+ 离子浓度换算为 pH 值方法很简单,如

$$[H^+] = m \times 10^{-n}$$
$$pH = n - \lg m$$

pH 值是溶液酸碱性的量度。pH = 7,溶液是中性;pH 值 < 7,溶液是酸性;pH 值 > 7,溶液是碱性。

用 pH 值表示稀的水溶液的酸碱性。

在纯水或中性溶液中,[H^+] = 1.0×10^{-7} mol/L,pH 值为 7。

在酸性溶液中,[H^+] > 1.0×10^{-7} mol/L,pH 值 < 7,pH 值越小,则酸性越强。

在碱性溶液中,[H^+] < 1.0×10^{-7} mol/L,pH 值 > 7,pH 值越大,则碱性越强。

和 pH 值相仿,[OH^-]和 K_w 也可用它们的负对数来表示,即

$$pOH = -\lg[OH^-]$$
$$pK_w = -\lg K_w$$

由于在 22℃时,[H^+][OH^-] = K_w = 1.0×10^{-14}

将方程两边取负对数,则得

$$-\lg[H^+] - \lg[OH^-] = -\lg K_w = -\lg 1.0 \times 10^{-14}$$

所以,pH + pOH = pK_w = 14 ,水溶液中[H^+],[OH^-],pH,pOH 值与溶液酸碱性的关系便一目了然。

在实际应用中,pH 值一般只限于 0～14 范围内。当[H^+]或[OH^-]≥即 100 时,就不再采用 pH 值,而仍用[H^+]或[OH^-]表示溶液的酸碱性。

必须注意,用 pH 值表示的是溶液的酸度或有效酸度而不是酸的浓度。酸度或有效酸度是指溶液中 H^+ 浓度,严格地说是指 H^+ 的活度,是指已离解部分酸的浓度。酸的浓度也称总酸度或分析浓度,它是指在 1 L 溶液中所含酸的物质

的量,包括已离解和未离解两部分酸的总浓度,其大小要用滴定分析来确定。酸度或有效酸度则用 pH 试纸或 pH 计来测定。潜在酸度是指未离解部分的浓度,即总酸度与有效酸度之差。例如,0.01 mol/L HCl 和 0.01 mol/L HOAc 的浓度相同,但有效酸度不同。0.01 mol/L HCl 溶液总酸度为 0.01 mol/L,其有效酸度[H^+]也是相同数值,22℃时总酸度为 0.01 mol/L 的 HOAc 溶液,其有效酸度[H^+]则仅为 4.2×10^{-4} mol/L。

例 1:分别求出 0.01 mol/L HCl 溶液和 0.01 mol/L HOAc 溶液的 pH 值,已知其[H^+]分别为 0.01 mol/L 和 4.2×10^{-4} mol/L。

解:HCl 溶液的 pH $= -\lg 0.01 = -\lg 10^{-2} = 2.0$

$$HOAc 溶液的 pH = -\lg(4.2 \times 10^{-4})$$
$$= [0.62 + (-4)]$$
$$= 3.38$$

例 2:已知某溶液的 pH $= 4.60$,计算该溶液的氢离子浓度。

解:$-\lg[H^+] = pH = 4.60$

$$\lg[H^+] = 4.60 = -5 + 0.40$$

查 0.4 的反对数表为 2.512,故

$$[H^+] = 2.512 \times 10^{-5} \text{ mol/L}$$

(二) pH 值在医学上的应用

医学上常用 pH 值来表示体液的酸碱性(表 1-3)。pH 值在医学上具有很重要的意义。例如,正常人血浆的 pH 值相当恒定,保持在 7.35~7.45。如果血液的 pH 值 > 7.5,在临床上就表现出明显的碱中毒;反之,当血液的 pH 值 < 7.3 时,则表现出明显的酸中毒。

表1-3 人体各种体液的pH值

体液	pH 值	体液	pH 值
血清	7.35~7.45	唾液	6.35~6.85
大肠液	8.3~8.4	尿	4.8~7.5
成人胃液	0.9~1.5	胰液	7.5~8.0
乳汁	6.6~6.9	脑脊液	7.35~7.45
婴儿胃液	5.0	小肠液	7.6 左右
泪	7.4		

测定溶液中 pH 值的方法很多,临床上常用 pH 试纸测定患者尿液的 pH 值。更为精确地测定 pH 值,要使用 pH 计。

六、pH 值的近似测定酸碱指示剂

酸碱指示剂是一类在其特定的 pH 值范围内,随溶液 pH 值改变而变色的化合物,通常是有机弱酸或有机弱碱。当溶液 pH 值发生变化时,指示剂可能失去质子,由酸色成分变为碱色成分,也可能得到质子由碱色成分变为酸色成分;在转变过程中,由于指示剂本身结构的改变,从而引起溶液颜色的变化。指示剂的酸色成分或碱色成分是一对共轭酸碱。

(一)指示剂的变色原理

现以弱酸型指示剂(如酚酞)为例,说明酸碱指示剂的变色原理。

弱酸型酸碱指示剂在溶液中存在下列平衡:

$$HIn \rightleftharpoons H^+ + In^-$$

酸色成分   碱色成分   (式1)

HIn 表示弱酸的分子,为酸色成分;In^- 是弱酸分子离解出 H^+ 以后的复杂离子,为碱色成分。酚酞的酸色成分是无色的,碱色的成分则呈红色。根据平衡原理:

$$\frac{[H^+][In^-]}{[HIn]} = K_{HIn} \quad (式2)$$

或 $$[H^+] = K_{HIn}\frac{[HIn]}{[In^-]} \quad (式3)$$

将等式两边各取负对数得：

$$-\lg[\text{H}^+] = -\lg K_{\text{HIn}} - \lg \frac{[\text{HIn}]}{[\text{In}^-]} \qquad （式4）$$

$$\text{pH} = pK_{\text{HIn}} + \lg \frac{[\text{In}^-]}{[\text{HIn}]} \qquad （式5）$$

$$\text{pH} = pK_{\text{HIn}} + \lg \frac{[\text{碱色成分}]}{[\text{酸色成分}]} \qquad （式6）$$

由式(4)可知,溶液的颜色决定于碱色成分的浓度比值,而此比值又与 pH 和 pH HIn 值有关。一定温度下,对指定的某种指示剂,pH HIn 是一常数。所以碱色成分与酸色成分的浓度比值随溶液 pH 值的改变而变化,溶液的颜色也随之改变。例如,在酚酞指示剂溶液中加入酸时,H$^+$ 就大量增多,使酚酞的离解平衡向左移动,这时酸色成分增多,碱色成分减少,溶液的颜色以酸色为主,酚酞在酸液中是无色的。反之,如向溶液中加碱时,则平衡向右移动,碱色成分增加,酸色成分减少,溶液的颜色就以碱色为主,酚酞在碱液中是红色的。所以指示剂可用以指示溶液的酸碱性或测定溶液的 pH 值。

无色(酸色)

红色(碱色)

上述弱酸指示剂的变色原理,同样适用于弱碱指示剂。

（二）指示剂的变色范围和变色点

由式（4）可知，当溶液的 pH 值＞pK HIn 时，[In⁻]将＞
[HIn]，溶液的颜色将以碱色为主。反之，当溶液的 pH 值＜
pK HIn 时，[In⁻]就＜[HIn]，溶液的颜色将以酸色为主。通常
当[In⁻]/[HIn]＝10 时，即碱色成分的浓度是酸色成分浓度
10 倍时，溶液将完全呈现碱色成分的颜色，而酸色被遮盖了。
这时溶液的 pH 值为：

$$pH = pK_{HIn} + lg\frac{[In^-]}{[HIn]} = pK_{HIn} + lg10$$

即 $pH = pK_{HIn} + 1$

同理，当[In⁻]/[HIn]＝1/10 时，即酸色成分浓度是碱色
成分浓度 10 倍时，溶液的颜色将完全呈现指示剂的酸色。这时
溶液的 pH 值为：

$$pH = pK_{HIn} + lg\frac{[In^-]}{[HIn]} = pK_{HIn} + lg\frac{1}{10}$$

即

$$pH = pK_{HIn} - 1$$

可见溶液的颜色是在 pH ＝ pK HIn － 1 到 pH ＝ pK
HIn＋1 的范围内变化的，这个范围称为指示剂的变色范围，
即变色域。在变色范围内，当溶液的 pH 值改变时，碱色成分
和酸色成分的比值随之改变，指示剂的颜色也发生改变。超
出这个范围，如 pH ≥ pK HIn＋1 时，看到的只是碱色；而在
pH ≤pK HIn－1 时，则看到的只是酸色。因此指示剂的变色
范围约为 2 个 pH 单位。当[In⁻]/[HIn]＝1 即 pH ＝ pK HIn
时，称为指示剂的变色点。由于人的视觉对各种颜色的敏感
程度不同，加上在变色域内指示剂呈现混合色，两种颜色互相
影响观察，所以实际观察结果与理论值有差别，大多数指示剂
的变色范围＜2 个 pH 单位。表 1－4 列出了常用酸碱指示剂
的变色范围。

表 1-4 常用酸碱指示剂的变色范围

指示剂	变色范围(pH 值)	颜色		
		酸色	中间色	碱色
甲基橙	3.1~4.4	红	橙	黄
石蕊	5~8	红	紫	蓝
酚酞	8.0~10.0	无	粉红	玫瑰红
百里酚蓝	1.2~2.8	红	橙	黄
百里酚蓝	8.0~9.6	黄	绿	蓝

在测定溶液的 pH 值时,也常用混合指示剂,它是把许多范围不同的指示剂混合起来,使其在不同的 pH 值范围内显示不同的颜色。一种可以测定 pH 值 4~10 范围内溶液酸度的混合指示剂的配方是:百里酚蓝 0.01 g,溴百里酚蓝 1.20 g,甲基红 0.32 g,酚酞 1.20 g。配制时,可将上述指示剂按配方称取,然后研匀,用 200 ml95%乙醇润湿并溶解,加蒸馏水 150 ml 稀释,用 0.1 mol/L 的 NaOH 溶液中和至溶液显绿色,再加水至 400 ml。其 pH 值为 8.1。它在不同酸度的溶液中显出不同的颜色。例如:

pH： 4　5　6　7　8　9　10
颜色： 红　橙　黄　绿　青　蓝　紫

为了使用方便起见,也可用混合指示剂溶液将试纸润湿,凉干制成 pH 试纸供测试之用。

第二节　水的有机化学

水能溶解许多物质,是最重要的溶剂。水由于价格低廉,无毒,不易燃烧,不易爆炸,在有机合成反应中,可以省略许多诸如官能团的保护和保护基团等的合成步骤,是取代传统挥发性有机溶剂和助剂的理想替代品。水相有机反应的研究正受到越来越多的关注。作为环境友好、对人无害的优良的绿色溶剂,水已经应用于化学工业、生物制药、天然植物提取、纳米材料制备等各个领域。

一、水相中的金属有机反应

金属有机反应在有机合成中的重要性是不言而喻的。以格氏试剂和烷基锂试剂为典型代表的金属有机反应的特点是对水汽的绝对排除。因此,传统的金属有机反应必须采用无水溶剂及试剂,底物分子内活泼的基团如羟基或羧基必须进行保护,一些水溶性底物如糖类化合物也必须进行衍生化后才能反应。

金属有机反应若在水相中进行,采用的金属应对水具有相对的惰性,即在一般条件下不和水发生化学反应。另外,反应底物对水也应是稳定的。为了提高底物在水中的溶解度,在实际反应过程中常加入少量的助溶剂如二甲基亚砜或二甲基甲酰胺,也有直接采用未经无水处理的二甲基甲酰胺为溶剂的。

早期对水相中金属有机反应的研究主要集中在 Barbier-Grignard 反应上,所用的金属包括锡和锌。如在锌或锡的存在下烯丙基溴能选择性地与化合物中的醛羰基反应,生成中等产率的半缩酮产物。双烯丙基试剂在锌促进下则选择性地以较活泼的碘代烯丙基一端与苯甲醛反应,形成氯甲基取代的高烯丙基醇化合物。以锡或锌促进的反应时间较长,有些反应还需要加入氯化铵或氢溴酸等酸性物质催化或引发,有时甚至还需要用超声或加热等条件来促进反应。

通过对多种金属的催化活性比较研究,人们将注意力集中到金属铟。作为水相中的金属试剂,铟具有其他许多金属所不具备的一些特点:金属铟在沸水中亦不会和水发生反应;其次,铟在空气中不易被氧化且不溶于水;铟的第一电离能很低而第二电离能很高。所有这些特点都决定了铟在水相金属有机反应中具有其他金属难以替代的优势。因此大部分水相中金属催化的有机反应都是以铟为金属试剂进行的。

金属有机反应在水相中进行,其优越性是显而易见的。首先,由于避免了易燃的无水有机溶剂的处理与使用,反应的操作得以简化。

前面举例 Barbier-Grignard 常规操作中溶剂必须进行严格的无水处理,而采用水相反应使操作简化。

其次,有可能省略反应物的繁冗的保护和脱保护过程。对于糖类化合物则无需进行衍生化,可以直接进行反应。例如(+)-3-脱氧-D-甘油-D-半乳糖-壬酮糖酸(KDN)的高效简洁的合成方法,以 D-甘露糖和 α-溴甲基丙烯酸 18 为原料,仅经烯丙基化和臭氧化两步反应便得到目标产物。利用相同和类似的方法,人们还合成了 N-乙酰基甘露糖胺丙酮酸、(+)-3-脱氧-D-甘露-2-辛酮糖酸(KDO)以及它们的磷酸类似物。这一系列反应中,对底物分子中的活泼羟基无须进行保护,从而大大简化了反应工程,提高了合成效率。

由于以往的立体化学规则都建立在有机溶剂体系中,如 Cram 规则等,而水相中的立体化学规则可能有所不同,此为有机合成提供一些新的机遇和方法。Paquette 领导的科研组就水相中铟促进的 Barbier-Grignard 反应的立体控制做了较为系统的研究,考察了醛和烯丙基溴组分的结构,特别是含配位基团如羟基、烷氧基、巯基等的反应底物对反应的立体化学的影响。他们发现这些基团的配位能力以及其他相邻基团的立体因素对立体选择性的影响(当醛的 α-位和 β-位含有羟基时,反应以很高的立体选择性分别给出 syn-1,2-二醇和 anti-1,3-二醇化合物),提出即使在水相中,反应仍主要经过螯合的过渡态 A 和 B。而在烯丙基溴的 β-位有羟基或烷氧基取代时,反应同样可以给出高立体选择性的结果。这些研究对揭示水相反应的立体化学控制机制以及在有机合成中正确应用此类反应具有重要意义。对水相中金属有机反应的研究,无论是在拓宽新的反应类型,还是在有机合成中的应用研究等方面,均取得了重要进展。

(一)新的金属试剂和催化剂的尝试

除了金属铟,人们尝试了其他一些金属促进的 Barbier-Grignard 反应,并取得了良好结果。苯甲醛与烯丙基溴在新制备的金属锑作用下可高产率地生成高烯丙醇。金属铅也能有效地促进类似的反应,而且底物中羟基的存在不影响反应的进行。

Kobayashi 等研究了四烯丙基锡与 2-脱氧核糖-7 在纯水中的反应,发现催化量的三氟甲磺酸钪和表面活性剂十二烷基磺酸钠(SDS)的同时加入大大提高了反应的速率,并使反应给出定量的产物。该方法适用于其他一系列醛和糖类化合物。值得注意的是,当仅用路易斯酸(Lewis acid)或表面活性剂时,该反应进行得极其缓慢,因此表面活性剂的加入使反应物在水中形成胶束体系,使催化剂路易斯酸与底物的相互作用得到增强,从而加快反应速度,提高反应产率。利用同样的形成胶束的反应条件,烯醇硅醚与醛在 Sc(OTf)$_3$ 催化下在水中能高效地发生羟醛(Aldol)反应,其他路易斯酸如三氯化铟和三氟甲磺酸铜等也能催化这一反应。而金属铝和催化量的三氯化铋(10%)的组合则使 α-溴代环己酮-9 与苯甲醛的 Aldol 反应在水中顺利进行,以较好产率生成化合物。水相中采用金属镁进行 Barbier-Grignard 反应,成功地完成了醛的烯丙基化,这无疑是对传统的 Barbier-Grignard 反应的一个有益的补充和突破,同时对阐明水相中金属有机反应的机制具有重要意义。

(二) 新型水相金属有机化学反应

以多卤代烯丙基试剂代替烯丙基溴进行铟促进的 Barbier-Grignard 反应可合成多官能团的高烯丙基醇。3,3-二氯-和 3,3-二氟-3-溴-1-丙烯化合物与醛的反应,可得到具有合成价值的中间体。

水相中铟促进的高度立体选择性丙二烯化反应。1-苯基-3-溴丙炔与羟基醛在盐酸-乙醇溶液中反应以较好产率生成丙二烯化合物,受螯合控制,产物中 syn 和 anti 的比例为 10∶1。利用胶束体系可由 Sc(OTf)$_3$ 催化醛、芳香胺和三丁基烯丙基锡的反应高产率地合成一系列高烯丙基胺。这些反应拓宽了水相有机金属反应的类型,也为有机合成提供了一些有价值的合成中间体。

（三）工业化生产应用

水相中金属有机合成反应的研究越来越多,绝大多数水相反应需要使用大大过量的金属试剂,虽然反应后的金属可以回收,但是催化的水相金属合成反应无疑更具有理论意义和实际应用价值。

在这方面特别突出的一个例子是采用水溶性膦配体的铑催化剂在水相中催化丙烯的氢甲酰化制备丁醛的工艺流程。在这一工艺中,由于在三苯基膦的苯环上引入磺酸盐基团,使其水溶性达到 1.1 kg/L。反应完毕后,铑仍留在水中,有机相中的产物移去后即可继续反应。鲁尔化工企业利用这一工艺使其正丁醛的年生产能力达到十万吨。相信随着这一领域研究的不断发展,还会有更好的实例出现。

水相中的金属有机反应作为有机化学中的一个新的研究方向已引起愈来愈多的化学家的兴趣,研究进展很快。同时也由于其发展历史很短,这一领域又充满着挑战和机会,许多基本问题如反应的适用范围、反应机制、立体化学等尚未阐明,亟待研究解决。

二、超（近）临界水的性质

水的许多性质在共临界区域随温度、压力的升高有着异常的变化行为,这种行为不但控制着热液体系中的质量和热量输运过程,使得流体和对流热通量以及水溶液溶质的大多数标准偏摩尔性质在水的临界点附近接近正的或负的无穷大,而且也影响着体系中的化学过程。超临界水溶液流体与室温下的电解质溶液在许多方面有很大的差别,这些差别对水溶解矿物及迁移金属和配合物具有深刻的影响。

水蒸气的临界温度 $TC = 374.2℃$,临界压力为 $pC = 22.1\,MPa$。当体系的温度和压力超过临界点时,称为超临界水(supercritical water, SCW)。当体系的温度处于 $150\sim370℃$,压力处于 $0.4\sim22.1\,MPa$,称为近临界水(near-critical water, NCW)。它们除了具有价廉、无毒等优点外,还具有一些独特的性质。超临界水一般密度很低且随着压力的增大而从类似于蒸汽的密度连续地变到类似于液体的密度。相对介电常数在高密度的超临界区域内相当于极性溶剂在常温下的值,而在低密度的超临界高温区域内,相对介电常数降低了一个数量级,这时的超临界水类似于非极性的有机溶剂,且超临界水的黏度低,表现出溶剂化特征,能与非极性物质以任意比互溶,各种气体均能与之互溶。近临界水的密度和介电常数相比超临界水稍大一些,近临界水的性质和常压丙酮的性质类似,在近临界水中,大部分有机物甚至包括一些烃类都能够溶解。

以超(近)临界水为环境友好溶剂,可以改变相行为、扩散速率和溶剂化效应,变传统溶剂条件下的多相反应为均相反应,增大扩散系数,降低传质、传热阻力,从而有利于扩散控制反应,控制相分离过程,缩短反应时间,还能用于控制产物的分布。超(近)临界水由于离解常数的加大,能提供丰富的 H^+ 和 OH^-,这对于酸碱催化的反应特别有用,尤其是在近临界水中的某些酸碱催化反应,可以避免再加入常规的酸碱作为催化剂,免去了以后的中和处理步骤。由于这些特性,超(近)临界水中的有机化学反应得到了广泛研究。

(一) C—C 键的形成和断裂

许多文献都报道了超(近)临界水中 C—C 键的形成。传统溶剂条件下的付-克反应必须加入路易斯酸诸如氯化铝、氯化铁或氯化锌作为催化剂。但是在超(近)临界水中,无须任何催化剂反应便能迅速进行,如苯酚与 2-丙醇在 400℃无任何外酸催化条件下,生成的邻位/对位二异丙基苯酚的摩尔比为 20,且烷基化产率达 83.1%,反应过程中,醇的脱水和苯酚的烷基化速率都随着水密度的增大而加快,这主要是密度的增大导致水的离解度的增大。可见对于这些烷基化反应来说,水不仅作为反应溶剂,也起到催化剂的作用。若通过外加酸碱来完成反应,会使反应时间加长,引发副反应,产率降低;不加入任何催化剂,使得产物生成的时间缩短,转化率、产率都明显提高。对于反应物不同的烷基化反应体系,反应时间为 1~100 h 之间。超(近)临界水中的赫克芳基化反应和在传统有机溶剂中反应相比,产物分布受空间效应和反应物烯烃的特性影响大。对狄尔斯-阿德耳环加成在超(近)临界水中的反应也有研究。Yuchi 等对比了在超临界水和常态水中的环戊二烯和甲基乙烯基酮的环加成反应,前者的产物收率是后者的 600 多倍,这主要是由于超临界水对反应物的高溶解混合性所致。研究超临界水中分子内的羟醛缩合反应发现,加入少量的碱对反应有利。2,5-二己酮在纯水中几乎不发生此类反应,当有极少量 NaOH 存在下,迅速进行分子内的羟醛缩合,生成 3-甲基环戊烯-2-酮,产率达 80%。在超(近)临界水中,也可发生 C—C 键的断裂反应。2,5-二甲基呋喃迅速发生环开裂生成高产率的 2,5-己二酮,并已证明是酸催化反应过程。

(二)重排反应

在 275℃ 的纯水中频哪醇重排成相应酮的反应,反应过程中,有极少部分反应物发生消去反应生成烯烃。与传统条件下的频哪醇重排反应相比,无外酸催化的超(近)临界水中的重排反应速率大大加快,在临界点附近尤为明显。已证实近临界水起了有效替代传统酸催化剂的作用。超临界水中的贝克曼重排也有类似的性质。环己酮肟经贝克曼重排生成己内酰胺是合成纤维的重要环节,工业上一直用浓硫酸或发烟硫酸作催化剂在乙醚中进行,反应过程复杂,且转化率低,易生成对环境污染的副产物。以超(近)临界水为介质的反应是近年来开发的几种己内酰胺生产新技术中最重要的一种,它以避免使用有机溶剂和反应副产物少而受到化学工作者的青睐。将环己酮肟溶于水中,在临界点的有限温度范围内,发生了贝克曼重排。接近临界温度时,反应速率常数显著增大;但超过临界温度后,反应速率常数又明显降低。离子积 K_w 对反应速率影响很大,水中氢离子浓度的增大对反应的开始速率至关重要。在超临界水中,有无机酸或酸性金属盐存在下,环己烯不可逆地重排成甲基环戊烯的反应,表明这是一个酸催化和碳正离子重排机制反应。

(三) 脱水/水合反应

Antal 最早研究超(近)临界水中醇脱水成烯的反应,他们发现在 250℃时,在无机酸或碱存在下,叔丁醇脱水成异丁烯的反应非常迅速且选择性好,甚至在无酸碱催化下,反应也只是稍微有些减缓,此时水离解产生的 H^+ 起了催化剂的作用。此反应的每一步基元反应的机制已研究得较为清楚。他们还研究了在超临界水中用 0.01 mol/L 的硫酸作为催化剂乙醇脱水制乙烯的实验,得到了 21% 的乙醇转化率,82% 的乙烯收率。其他醇,如环己醇、2-甲基环己醇、苯乙醇等的脱水目前也已有报道,反应机制尚在进一步研究当中,但已确证无机酸及酸性金属络合物是该类反应有效的催化剂,水合反应近几年也屡见诸文献,尤以丙烯水合报道最多。传统溶剂中烯烃的水合由于受化学平衡的限制,产率一直很低,而以超(近)临界水为反应溶剂,这种现象大为改观。

(四) 水解反应

水解反应在酸催化条件下迅速进行。相比于普通水和超临界水,在近临界水反应体系中,由于水的 K_w 增大,酸性增强,酯及聚酯在无任何外酸催化条件下,可以完全水解。一系列醋酸酯的水解,如乙酸甲酯、乙酸乙酯、乙酸正丁酯、乙酸苯酯在 350℃的水中,其水解到达平衡的时间低于 230 s。乙酸甲酯在无任何催化剂的超(近)临界条件(250~400℃,23~32 MPa)下的反应行为,结果表明水解能够在 150~200 s 的停留时间范围内接近反应平衡转化率,通过加入相分离介质苯,转化率能提高 3%。酯在超(近)临界水中自催化生成羧酸和醇。在 250~350℃下,酯水解以 Aac2 机制进行;在临界点温度以上,以水直接亲核进攻为主要反应机制,但最终都生成相同的产物。腈在超(近)临界中不加任何催化剂也能成功水解。在近临界水中,甚至醚也能够水解,活化的二芳基醚如 4-苯氧基醚,可以水解成酚。超临界水中醚的水解条件相对苛刻。双苯基醚在 380℃的超临界水中,用路易斯酸如 BF_3 和 $Ni(BF_4)_2$ 作催化剂,也能有效水解生成苯酚。水解反应是降解一些合成聚合物的一种有效和经济的手段,研究超(近)临界水中的此类水解反应有相当潜在意义。

(五) 部分氧化反应

400℃超临界水中的甲烷多相催化部分氧化生成甲醇的研究较早。早期研究表明,甲醇的产率只有 1% 左右。后来人们系统研究了甲烷部分氧化产物的分布,在 400℃ 恒温下,产物主要是 CO、甲醇、甲醛及少量的 CO_2 和 H_2。随着压力的增大,甲烷转化率提高,甲醛的选择性也随之提高。应用自由基反应模型能很好地解释压力对产物分布的影响。在温度 360～420℃、压力 16.7～28 MPa、多相催化条件下,超(近)临界水中丙烷的部分氧化,部分氧化产物选择性可达到 15%,其中以甲醇为主要的部分氧化产物。300～350℃近临界水中烷基芳香族化合物部分催化氧化生成醛、酮、酸的反应也已有报道,反应条件和催化剂的选择对产物分布影响很大。

(六) 完全氧化反应

完全氧化便是超临界水氧化的终极目标。在超临界水氧化技术中,乙酸被认为是一种中间产物,乙酸氧化是反应的速控步骤,为了设计反应器的需求,对其氧化动力学的研究极其重要。

超(近)临界水与普通有机溶剂相比,有很多突出的优点。近年来,使用超(近)临界水作为反应介质的研究报道很多。在倡导绿色化学的今天,超(近)临界水更是成了化学工作者研究的热点。但必须解决以下几个科学问题。①超(近)临界水具有一定的腐蚀性:在含有某些无机离子时,超(近)临界水腐蚀会更强,腐蚀机制的研究及其防腐材料的研制是当务之急;②目前催化剂的选择还处于试探摸索阶段:要在超临界水激烈的反应环境中合理添加催化剂,还有待于对超临界水性质和催化剂表面反应活性及其催化机制作更深入的研究;③对过程的热力学研究鲜有报道,而只有建立可靠的热力学模型,才有可能预示反应过程的推动力,节省实验的工作量。

第三节　水的分析化学

水分析化学是化学学科的重要分支,是研究物质的化学组成、化学结构、测定方法及有关理论的一门学科。这门学科的主要任务包括:①掌握常量组分定量分析的基本知识、基本理论和基本分析方法。②掌握分析测定中的误差来源,误差的表征,初步学会实验数据的统计处理方法。③了解常见的水质指标的定义和测定方法。④了解分光光度法、电化学分析法、气相色谱法和原子吸收光谱法的原理及应用。

水分析化学按目的和任务分为定性分析、结构分析、定量分析;按分析对象分为无机分析和有机分析;按测定原理和操作方法分为化学分析、仪器分析;按试样用量和操作规模分为重量分析、滴定分析、仪器分析。其中仪器分析分为光分析、电分析、色谱法。

水分析的具体的步骤包括:①水样的采集和保存。②水样的预处理(干扰物质的分离和待测物的富集)。③试样中待测组分的测量。④分析结果的计算和数据处理。

一、采取水样

1. 采取水样的方法　主要分为三大类:采水器采水、泵抽装置采水、在采水器中放入吸附剂浓缩采水。根据分析对象和要求的不同,目前我国已经生产出各种不同材料、不同规格、用于不同深度的水质监测采水器。如单层采水器、直立式采水器、深层采水器、连续自动定时采水器等。并且已经广泛用于废水和污水采样。

采水瓶使用前必须洗涤干净。玻璃瓶可用洗液浸泡,再用自来水和蒸馏水洗净;聚乙烯瓶可用10%的盐酸溶液浸泡,再用自来水和蒸馏水洗净。采样前应用所取的水样冲洗采水瓶2~3次。

2. 水样的量　供一般物理与化学分析用水样量需2~3 L,如待测的项目很多,需要采集5~10 L,充分混合后分装于1~2 L的贮样瓶中(表1-5)。

表1-5　水样采集量(mL)

监测项目	水样采集量	监测项目	水样采集量
总不可滤残渣	100	凯氏氮	500
色度	50	硝酸盐氮	100
嗅	200	亚硝酸盐氮	50
浊度	100	磷酸盐	50
pH 值	50	氟化物	300
电导率	100	氯化物	50
金属	1 000	溴化物	100
硬度	100	氰化物	500
酸、碱度	100	硫酸盐	50
溶解氧	300	硫化物	250
氨氮	400	COD	100
BOD5	1 000	苯胺类	200
油	1 000	硝基苯	100
有机氯农药	2 000	砷	100
酚	1 000	显影剂类	100

注:BOD,生物化学需氧量;COD,化氧需氧量。

3. 布点方法:水样采样点的布置原则

(1)陆地水:在布置监测采样点时要注意取得有代表性的数据,同时要避免过多的采样。在布设采样点时要尽量考虑到现状评价与影响评价的要求相结合。为了进行影响评价,通常要进行水质监测,建立模型。在布设采样点时也应考虑到建立模型的需要。

(2)河流:在选择河流采样断面时,先进行调查研究,了解监测河段内生产、生活取水口的位置、取水量,废水排放口的位置及污染物排放情况,河流的水文、河床、水工建筑、支流汇入等情况。由于河流水文和水化学条件的不均匀性,导致水质在时空上的差异。因此,在布设采样点时需考虑河面的宽窄、河流的深度及采样的频率等。在测点的布设上可以采用以下两种方法。①单点布设法:适用于河面狭窄、水浅、流量不大的小河流,且污染物在水平和垂直方向上都能充分混合,可以直接在河中心采样。②断面布设法:对于较大的河流,如河面宽,水量大($> 150\ m^3/s$),水深流急,可以采用多点断面混合采样法。

采用断面布设法时,对于河流取样断面分别找出对照断面、污染断面和结果断面(又称下游净化断面)。①对照断面:反映进入本地区河流水质的初始情况,一般设在进入城市、工业废水排放口的上游,基本不受本地区污染影响处。②污染断面:反映本地区排放的废水对河段水质的影响,设在排污区(口)的下游、污染物与河流能较充分混合处。③结果断面:反映河流对污染物的稀释净化情况,设在污染断面的下游,主要污染物浓度有显著下降处。

有些情况,采样断面需要适当增加。例如,一条较长的河段里有几个大污染源时,为了研究每个污染源对水质的影响,需要增设几个控制断面。在所研究的河段里有支流入口时,也需要增加控制断面。此外,一些特殊地点或地区,如饮用水或水资源丰富地区,可视其需要设采样断面。在大城市或大工业区的取水口上游处最好设一个采样断面。

采样点的布设:断面位置确定后,断面上采样点的布设应根据河流的宽度和深度而定(表1-6,表1-7)。

表1-6 断面垂线设置

水面宽度(m)	垂线数量	说 明
≤50	1条(中泓线)	1. 断面上垂线的布设应避开岸边污染带。对岸边污染带进行必要监测时,可在污染带内酌情增设垂线。
50～100	2条(左、右近岸有明显水流处)	2. 对无排污河段并有充分数据证明断面上水质均匀时,可只设中泓一条垂线。
>100	3条(左、中、右)	

表1-7 垂线上采样点的设置

水深(m)	采样点数量	说 明
≤5	1点(水面下0.5m处)	1. 水深不足1m时,设在1/2水深处。
5～10	2点(水面下0.5m,河底上0.5m)	2. 河流封冻时,设在冰下0.5m处。
>10	3点(水面下0.5m,1/2水深、河底上0.5m)	3. 若有充分数据证明垂线上水质均匀,可酌情减少采样点数目。

（3）湖泊（水库）：对于湖泊、水库采样断面和采样点的布设，可根据江河入湖（库）的河流数量、流量、季节变化情况，沿岸污染源对湖（库）水体的影响，湖（库）水体的生态环境特点以及污染物的扩散与水体的自净情况等，按照下述原则设置采样断面。①在入、出湖（库）河流汇合处；②在沿岸的城市工业区大型排污口、饮用水源及风景游览区；③在湖（库）中心、沿水流流向及滞流区；④在湖（库）中不同鱼类的回游产卵区（表1-8）。

表1-8　湖(库)水质分层采样数

水深(m)	分层数目
<5	表层(水面下 0.5 m)
5~10	表层、底层(距底 1.0 m)
10~20	表层、中层、底层
>20	表层、底层,每隔 10 m 一层,温跃层上、下

（4）工业废水：工业废水的采样点往往根据分析目的来确定，并且应考虑到生产工艺。先调查生产工艺、废水排放情况，然后，按照以下原则确定采样点。

1）要测定一类污染物，应在车间或车间设备出口处布点采样。一类污染物主要包括汞、镉、砷、铅、Cr(VI)和强致癌物等。

2）要测定二类污染物，应在工厂总排污口处布点采样。二类污染物包括不可滤残渣、硫化物、挥发性酚、氰化物、有机磷、石油类、铜、锌、氟、硝基苯类、苯胺类等。

3）有处理设施的工厂，应在处理设施的排出口处布点。为了解对废水的处理效果，可在进水口和出水口同时布点采样。

二、水样的保存(冷藏法和化学法)

适当的保护措施虽然能够降低水样变化的程度和减缓其变化速度，但并不能完全抑制其变化。有些项目特别容易发生变化，如水温、溶解氧、二氧化碳等，必须在采样现场进行测定。有一部分项目可在采样现场对水样做简单的预处理,使之能够保存一段时间。水样允许保存的时间,与水样的性质、分析的项目、溶液的酸度、贮存容器的材质以及存放温度等多种因素有关。

水样的保存要求:①抑制微生物作用;②减缓化合物或配合物的水解、解离及氧化还原作用;③减少组分的挥发和吸附损失(表1-9)。

表1-9 部分水样监测项目保存方法

测定项目	保存温度(℃)	保存剂	可保存时间(h)	备注
酸、碱度	4	—	24	
生化需氧量	4		6	
化学需氧量	4	加 H_2SO_4 至 pH 值 < 2	7(d)	
总有机碳	—		24	
硬度	4		7(d)	
溶解氧	—	加 1 ml$MnSO_4$ 和 2 ml 碱性 KI	4～8	现场固定
氟化物	4		7(d)	
氯化物	4		7(d)	
氰化物	4	加 NaOH 至 pH 值 13	24	现场固定
氨氮	4	加 H_2SO_4 至 pH 值 < 2	24	
硝酸盐	4	加 H_2SO_4 至 pH 值 < 2	24	
亚硝酸盐	4	—	24	
硫酸盐	4	—	7(d)	
硫化物	—	每升加 2 ml $Zn(Ac)_2$(aq)	24	现场固定
亚硫酸盐	4	—	24	
砷	—	加 H_2SO_4 至 pH 值 < 2	6(m)	
硒	—	加 HNO_3 至 pH 值 < 2	6(m)	
总金属	—	加 HNO_3 至 pH 值 < 2	6(m)	
总汞	—	加 HNO_3 至 pH 值 < 2	13(d)	硬塑容器
溶解汞	—	过滤,加 HNO_3 至 pH 值 < 2	38(d)	玻璃容器
Cr(VI)	—	加 NaOH 至 pH 值 8～9	当天测定	新玻璃瓶
总铬	—	加 HNO_3 至 pH 值 < 2	当天测定	
酚类	4	加 H_3PO_4 至 pH 值 < 4,500 ml 水样加 1 g $CuSO_4$	24	
油和动物脂	4	加 H_2SO_4 至 pH 值 < 2	24	
有机氯农药	—	加水样量 0.1% 的 H_2SO_4	7(d)	

三、水样的预处理

水样浑浊也会影响分析结果,用适当孔径的滤器可以有效地除去藻类和细菌,滤后的样品稳定性更好。一般可以用澄清、离心、过滤等方法分离悬浮物。以 0.45 μm 的滤膜区分可过滤态与不可过滤态的物质。采用澄清后取上清液或用中速定量滤纸、砂芯漏斗、离心等方式处理样品时,相互间的可比性不大,其阻留悬浮物颗粒的能力大体为:滤膜＞离心＞滤纸＞砂芯漏斗。要测定可滤态部分,应在采样后立即用 0.45 μm 的微孔滤膜过滤。在暂时无 0.45 μm 滤膜时,泥砂型水样可用离心等方法分离;含有机质多的水样可用滤纸(或砂芯漏斗)过滤;采用自然沉降取上清液测定可滤态物质是不恰当的。如果要测定全组分含量,应在采样后立即加入保护剂,分析测定时充分摇匀后取样。

四、水样中待测组分的分析方法

水质是水及其中所存在的各类物质所共同表现出来的综合特性。水质指标,可分为物理、化学、生物、放射性 4 类。有些指标可直接用某一种杂质的浓度来表示其含量;有些指标则是利用某一类杂质的共同特性来间接反映其含量,如有机物杂质可用需氧量(如化学需氧量、生物化学需氧量、总需氧量)作为综合指标(称为非专一性指标)。常用的水质指标有数十项,有关这些指标的意义如下。

(一) 物理指标

温度:影响水的其他物理性质和生物、化学过程。

臭和味:感官性指标,可借以判断某些杂质或有害成分存在与否。

颜色:感官性指标,水中悬浮物、胶体或溶解类物质均可生色。

透明度:与浊度意义相反,但两者均可反映水中杂质对透过光的阻碍程度。

(二)化学指标

1.非专一性指标

电导率:表示水样中可溶性电解质总量。

pH值:水样酸碱性。

硬度:由可溶性钙盐和镁盐组成。

2.无机物指标

铁:在不同条件下可呈 Fe^{2+} 或胶粒 $Fe(OH)_3$ 状态。

锰:常以 Mn^{2+} 形态存在,其很多化学行为与铁相似。

铜:影响水的可饮用性,对水生生物毒性极大。

锌:很多化学行为与铜相似。

钠:天然水中主要的易溶组分,对水质不发生重要影响。

硅:多以 H_4SiO_4 形态普遍存在于天然水中,含量变化幅度大。

硫酸盐:水体缺氧条件下经微生物反硫化作用转化为有毒的 H_2S。

硝酸盐:过量可引起变性血红蛋白血症。

亚硝酸盐:是亚铁血红蛋白症的病原体,与仲胺类作用生成致癌的亚硝胺类化合物。

氨氮:呈 NH_4^+ 和 NH_3 形态存在,NH_3 形态对鱼有危害,用 Cl_2 处理水时可产生有毒的氯胺。

磷酸盐:正磷酸盐、聚磷酸盐和有机键合的磷酸盐,可引起水体富营养化问题。

3.非专一性有机物指标

生物化学需氧量(BOD):水体通过微生物作用发生自然净化的能力标度。废水生物处理效果标度。

化学需氧量(COD):有机污染物浓度指标。

高锰酸盐指数:易氧化有机污染物及还原性无机物的浓度指标。

总需氧量(TOD):近于理论耗氧量值。

总有机碳(TOC):近于理论有机碳量值。

4.溶解性气体

氧气:为大多数高等水生生物呼吸所需,水体中缺氧时又会

产生有害的 CH_4、H_2S 等。

二氧化碳:大多数天然水系中碳酸体系的组成物。

(三) 生物指标

藻类:水体营养状态指标。

常用水质项目的分析方法见表 1-10。

表 1-10　常用水质项目的分析方法

基本分析方法	水质分析项目
重量法	总不可滤残渣、总残渣、蒸发残余量、总可滤残渣、灼烧减重、有机碳等
滴定法	酸度、碱度、硬度、Ca^{2+}、Mg^{2+}、耗氧量、溶解氧、生化需氧量、化学需氧量、Cl^-、硫化物、Al^{3+} 等
比色法	Cl^-、SO_4^{2-}、SiO_2、NH_4^+-N、NO_2-N、NO_3-N、Fe^{2+}、Fe^{3+}、Al^{3+}、Mn^{2+}、Mn^{4+}、Cu^{2+}、Pb^{2+}、Zn^{2+}、Cr^{3+}、Cr^{6+}、Hg^{2+}、F^-、CN^-、As、P、酚类、余氯、硫化物、ABS、木质素、腐殖酸、色度、有机磷等
比浊法	浑浊度、透明度、SO_4^{2-} 等
电化学法	电导率、pH 值、溶解氧等
火焰光度法	Na^+、K^+
原子吸收法	Hg、Cd、Zn、Ca、Mg 等
其他	温度、外观、臭味等

五、分析误差与数据处理

(一) 分析误差

1. 准确度与误差　准确度是指测量值 X 与真实值 XT 相接近的程度;误差是指测量值与真实值之间的差,用来衡量分析结果的准确度。

绝对误差:$E = X - XT$　相对误差:$RE\% = E/XT \times 100\%$

标准值:采用各种可靠方法,使用精密仪器,经过不同实验室,不同人员进行平行分析,用数理统计方法对分析结果进行处理,确定各组分含量;以此代表该物质各组分的真实值。

2. 精密度与偏差　①精密度:几次平行测定结果相互接近

的程度(类似重现性)。②偏差:个别测量值与平均值之间的差值;用来衡量分析结果精密度的好坏。包括平均偏差和相对平均偏差,标准偏差和相对标准偏差(也称变异系数)。

3. 误差的分类

(1) 系统误差:系统误差由一些固定原因造成,所以在多次测定中重复出现,且为单向性,影响分析结果的准确度。它是可避免和消除的。系统误差包括:①方法误差:分析方法本身所造成;②仪器和试剂引起的误差:仪器本身不够精确;③操作误差:分析人员所掌握的操作与正确的分析操作有差别引起;④主观误差(即个人误差):分析人员本身的主观因素造成。

减少系统误差的方法。①分析方法的选择:标准样品对照实验;检查新方法的系统误差。②进行空白试验。③校准仪器。④采用校正值。⑤减少测量误差:检查分析人员是否存在操作误差或主观误差、偶然误差呈标准正态分布和高斯分布。

(2) 偶然误差(不可测误差,随机误差):是由某些难以控制且无法避免的偶然因素造成的误差。

偶然误差与精密度:偶然误差使分析结果在一定范围波动,其方向、大小不固定,从而决定精密度的好坏。

(3) 过失误差:工作中的差错,是可以避免的。

(二) 定量分析中测定数据的评价——少量实验数据的统计处理

1. 可疑值的取舍　记录测定结果只保留一位可疑数字。

高含量(＞10％):4 位有效数字　54.63％

含量(1％～10％):3 位有效数字　1.34％

低含量(＜1％):2 位有效数字　0.023％(即小数点后只保留两位数有效数字)

2. 平均值的置信界限

3. 显著性检验

第四节 水的物理化学

一、密度

一切物质受热时都增大自己的体积,即热胀冷缩,同时减小密度。水也具有这种性质,但是在0℃和4℃之间例外,此时随着温度的升高,水的体积并不是增加,而是缩小。4℃时水的密度最大。因此,水的体积和温度之间的关系不是直线关系,而是曲线关系,这与大多数物质不一样。

将冰逐渐加热融化成0℃的水,这时结晶中的空隙由于水的侵入而被填充,使0℃水的密度比冰的密度急速增大。但比较起来,此时水的分子空隙并不是完全填满的,其密度应为$0.999\,87\ g/cm^3$。可在4℃时,水的空隙被依次填满了,此时的密度最大,为$1.000\ g/cm^3$。而$>4℃$的水则发生热膨胀,分子运动逐渐变得活跃起来,密度又逐渐变小了。尽管水有上述异常,但它仍然是密度的标准,4℃时,$1\ cm^3$的水的质量为$1\ g$。水的这种密度特性是水分子的排列结构造成的。冰的结构中,每个水分子皆以四面体顶角的方向被另外4个水分子所包围,形成一种很不紧凑的架状结构,因此冰的密度较小。冰融化时,这种结构被拆散,水分子趋于密集,使水的密度增大。4℃后,随温度的升高,水分子振动加剧,水分子间距离增大,水的密度变小。水的这些性质是使用高纯水测定的,天然水中或多或少地含有某些杂质,其性质和高纯水比较会略有差异。

水的这一性质使其广泛用于住宅的采暖,散热后的冷水密度大,可对热源处的热水形成压力,形成自动循环。0℃冰的密度为$0.916\,71\ g/cm^3$,比同温度水的密度还小,因而水结冰时体积膨胀,这种膨胀力很大,可以冻裂水管和汽车发动机水箱,这就是冬天的夜晚汽车要放掉冷却水的原因。在河水或湖水中,结成的冰浮在水面上,可使冰下的水温处于比较稳定状态,保证水中生物的生存。

二、冰点和沸点

标准大气压下,水的冰点为 0℃,沸点为 100℃。不难看出,这又是以水的物理特征为标准进行温度的测定。

如果以氢和化学元素周期表中Ⅵa 族的一些化合物 H_2Te、H_2Se、H_2S、H_2O 相比较,计算一下它们的分子量,结果发现水的冰点和沸点不在其他 3 个化合物的普遍规律性之中。其他 3 个化合物的分子量越大,沸点和冰点就越高。假如水也符合此规律,那么水的冰点似乎应为 $-90\sim-120℃$,沸点为 $-75\sim-100℃$,而实际上则分别为 0℃和 100℃,相差甚远。

水的沸点随压力的增加而升高,很久以前,水的这一性质被用在山地高程的确定上。沸腾时的温度也随水中溶解物质含量的增加而升高。

压力和水的冰点之间存在着另一种奇异的关系:在 2 200 atm [1 atm(大气压) = 101 kPa]以下,随着压力的增加,冰点降低;越过 2 200 atm 以后,水的冰点随压力增加而升高。3 530 atm 下,水于 $-17℃$ 结冰;6 380 atm 下为 0℃;16 500 atm 下为 60℃,而在 20 670 atm 下,水在 76℃时才结冰。如果后两种情况存在,那么便可以得到热冰。但事实是在地球岩石圈和上地幔并不存在着这样温度和压力的组合。

三、气化热

为了保证液体能在恒温下蒸发,必须向它提供足够的热量以补偿由于高能分子逃逸所造成的损失,这份热量称为气化热。气化热不是水所特有的,任何液体蒸发时都需要吸收这份热量,只是水的气化热特别高,这是它的突出之处。

水具有超乎寻常的气化热,这在日常生活和生产上得到了应用。比如,大的食堂利用锅炉蒸汽来蒸饭;手扶拖拉机则利用它来散热。气化热在恒温下是一个常数。温度变了,气化热将随之发生变化。

液态水变成气态的水蒸气,水分子本身的大小依然如故,保

持不变,但是,分子间的距离却大大增加了,体积发生了惊人的
变化。如 1 mol 水,在 1 atm 下,100℃时,体积约为 18.8 ml;当
变成水汽后,在同样条件下,体积增大到 301 000 ml。也就是
说,体积增大了 16 000 倍。可以想象,利用蒸汽做功时,发挥的
力量该是多大啊!

四、熔化热(融解热)

水的熔化潜热很高,在 0℃和一个标准大气压下,大约为
333.69 J/g。这是指水凝结成冰时放出的热量,或冰融化成水
时需要吸收的热量。

水的熔化潜热与一般物质相比,除了其值较高(例如,纯铁
的熔化潜热为 25 J/g,硫为 39.8 J/g,铅为 23 J/g)外,还有一个
异常的特点:冰在一个大气压力下的温度,可以为 $-1 \sim -7$℃,
看来好像是冰的温度越低,需要熔化它的热就越多,然而,事实
却并非如此,-70℃时,熔化潜热并不是 333.69 J/g,而是
301.45 J/g。这真是一个不容争辩而且相当难以置信、出乎意料
的异常特性。冰的温度每降低 1℃,其熔化热大约减少 2 J,因
为冰的单位热容量比水小。

五、热容量

把 1 g 物质的温度升高 1℃时所需要的热量称作比热容,在
数量上等于此物质的热容量。在 15℃时,水的热容量为 41 868 J/
(g·℃),也就是说,1 g 水,若要使其温度上升 1℃,需要 41 868 J
的热量。这又是以水的物理特征作为标准的一个例子。

水的热容量比大多数物质的热容量都大(只有氧、铝等的热
容量比水大)。例如,土和砂之类的物质,热容量为 0.84 J/
(g·℃),铁和铜等金属仅为 0.42 J/(g·℃),乙醇和甘油为
1.26 J/(g·℃),铂为 0.12 J/(g·℃),木料为 0.6 J/(g·℃)。
这种水与土之间热容量的巨大的差异,反映在气候学上可以解
释海洋性气候比大陆性气候升温慢,降温亦慢,变幅较小的
现象。

除汞和液态水外,一切物质的单位热容量都随温度的升高而增加。在 $0 \sim 35℃$,水的单位热容量随温度升高而降低,在 $35℃$ 以上,水的热容量则随温度的升高而增加。水的热容量和水的密度一样,与温度的关系不是直线,而是曲线关系。例如,$25℃$ 和 $50℃$ 时水的单位热容量一样,都是 $4.178\,43\,J/(g \cdot ℃)$。

六、表面张力和附着力

表面张力是水以及固体的边界分子联结、集合、缩小体积(内聚力)的一种能力。水的表面张力在所有液体中仅次于水银(其表面张力约为 $500 \times 10^{-5}\,J/cm^2$)而名列第 2。水所具有的较强的表面张力控制土壤和植物中的水分存在状况,影响地球表层的自然地理现象。

水还有一个神奇性质,就是在细玻璃管(毛细管)中可以观察到黏着性(附着性)。毛细管中的水向上升,与引力(重力)相反。在与空气接触的边界层里,水分子的凝聚力,同水使管壁湿润对管壁黏着力相配合,结果,毛细管中便形成高于自然水面的凹形面。具有更大表面张力的汞没有黏着力,所以汞在毛细管中不是凹形面,而是凸形面。必须注意,水对油质管壁不黏着,比如水在内壁涂以石蜡的毛细管中的液面,如同汞一样是凸形,而不是凹形。

毛细常数的概念是指液体的上升高度与毛细管半径的乘积。纯水的毛细常数随温度的升高而呈线性减小,而在达到极限时等于零。$15℃$ 时水的极限毛细上升高度,粗砂为 $0.2\,m$,细砂为 $1.2\,m$,而纯黏土则为 $12\,m$。上升持续的时间是:粗毛管为 $5 \sim 10$ 天,细毛管 16 个月,这在土壤物理学上有着重大的实际意义。

水的这个性质在通过孔隙介质(比如沙)的渗透过程中有很大意义。矿化水,尤其是盐水,在相同温度下透过孔隙介质时,其黏滞性大大提高。$0℃$ 条件下,纯水的动力黏滞系数为 $1.789 \times 10^2\,Pa \cdot s$,而 $100℃$ 时只是 $0.282 \times 10^2\,Pa \cdot s$,少了约 $5/6$。为比较起见,以汞的黏滞系数为例,$0℃$ 时为 $1.69 \times$

10^2 Pa·s,100℃ 时为 1.22×10^2 Pa·s,仅仅减少了 7%。水蒸气的黏滞系数,15℃时只有 0.98 Pa·s,即比同温度下水的黏滞系数小得多,差了 180 倍。

水的黏滞性高和表面张力大,合起来的作用使农田水分流失较慢,无须经常灌溉;反之,如果水分流失较快,就需要经常灌溉。

七、水的介电常数

电容器的电容 C,由于电极板之间存在的物质种类不同而有很大的变化。这种变化的程度,可用下式定义的介电常数来表示,其数值为该物质及其状态所固有: $C=\varepsilon C_0$。式中,C 和 εC_0 分别为在电极板间有物质存在时和真空时电容器的电容的值,在空气中为 1.0006,在云母中为 604,在 CS_2 中为2.6 左右,水的值特别大,一定条件下为 80 左右。水的介电常数高是由于分子极性强造成的,这个性质使水成为一种优良溶剂。

八、水的颜色

水是无色、无味、无臭的液体。可著名诗人白居易在描绘江南水乡美好春色时却说:"日出江花红胜火,春来江水绿如蓝。"是诗人的艺术夸张和丰富想象吗？碧波荡漾的海洋为什么又是蔚蓝色的呢？

原来这是由太阳光所引起的,当太阳光照射在浅薄的水层时,光线几乎毫无阻挡地全部透过,因此,水看上去是无色透明的。而当太阳光照射在深水层时,情况发生了变化。不同波长的光的特征就表露出来,产生不同效果。波长长的光线穿透力强,容易被水吸收;波长短的光穿透力弱,易发生散射和反射。红、橙和黄色一类波长较长的光,进入水体,在不同的深度被相继吸收,并利用它们自己储蓄的能量将海水加热;蓝光、紫光波长较短,经散射和反射后映入我们的眼帘,因此,浩渺海水便显得蔚蓝一片。

如果水体中含有大量粗而带色的悬浮物,或有为数众多的浮游生物繁殖,水也会出现某种特殊的颜色。例如,红海中生长了大量的蓝绿藻,其体内藻红素将红海变成名副其实的红色海洋;黄海则由于黄河带来大量黄色泥沙而呈黄色;黑海的命名应该归功于其深水中含有的硫化氢;而白海则完全是由于周围环境的皑皑冰雪所致,也难怪古人云"近朱者赤,近墨者黑"。

九、水溶解性

水可以用来溶解很多种物质,是很好的无机溶剂,用水作溶剂的溶液称为水溶液,用"aq"作为记号,如"HCl(aq)"。当物质溶解于水时,离子化合物在水中发生电离,以离子态存在,这样的溶液一般是透明的。当分子溶于水时,有些可以与水发生反应,形成新物质,这些新物质溶解于水中,或者这些分子直接填补水分子间的空隙。这些分子、离子等都是溶质。特别需要注意的是,如果不作特殊说明"××溶液",指的就是"××"的水溶液。任何含有水的溶液,都必须称为"××的水溶液",即不管溶质与水的比例,只要有水存在,都应该把水当作溶剂。

对于大部分物质,它们能在水中溶解的质量是有限度的。这种限度叫做溶解度。有些物质可以和水以任意比例互溶,如乙醇;但绝大多数物质在达到溶解度时,就不再溶解。会形成沉淀或者放出气体,这种现象叫做析出。还有一种特殊的状态,叫做胶体。胶体中,粒子的大小在 100 nm 左右,由于电荷的作用不沉淀,悬浮在溶液中。牛奶是一种常见的胶体。

由于被溶解物质(称为溶质)的颗粒大小和溶解度不同,水溶液的透明度会有所不同,较透明的称为真溶液,较混浊的称为胶态溶液(又称为假溶液),有些胶态溶液还会进一步在底部形成沉淀,成为沉淀胶态溶液。

水的溶解能力受到溶质分子极性、温度、压力、水的 pH 值等因素的影响。

1. 溶质分子极性　水分子是偶极性分子,如果某一物质的分子也是极性分子,当它作为溶质进入水中时,必然会与水分子形成某一种形式的化学键而产生水合离子,由此导致这种物质在水中有较大的溶解度。这就是所谓"相似相溶"的规律。

气体的溶解度随温度的升高而减小(表1-11)。原因在于当温度升高时,大部分溶解的气体会因获取了能量而导致动能增加,于是挣脱溶剂分子束缚向溶液外逸出。

表1-11　某些气体在不同温度下的溶解度(L/L水,101 325 Pa)

温度	H_2	O_2	CO_2	NH_3
0℃	0. 021 48	0. 048 89	1. 713	1 176
20℃	0. 018 19	0. 031 03	0. 878	702
60℃	0. 016 0	0. 019 5	0. 359	—
100℃	0. 016 0	0. 017 2	—	—

固体物质在水中的溶解度随温度的升高却能发生两个方向的变化,一些物质的溶解度(如 $CaCO_3$、SiO_2 等)增加,另一些则会减小。但大部分固体物质在水中的溶解度会随温度的升高而增大。原因在于固体物质溶解需要吸收大量的热量以便将溶质分子拉开,而升温正好提供了所需的条件。

2. 压力　气体在水中的溶解随压力的升高而增大。与液体相接触的气体压力增大时,气体分子与液体表面的碰撞次数增加,气体分子被液体存获的速度加快。因此,溶解于水中的气体量也就增加了。

在岩溶景观中,有一类现象称为泉华,即在地下水出口(泉口)处堆积大量的钙质、硅质成分,尤以钙化最为常见。究其原因,就是因为地下水流出地表时,压力骤降温度升高而使溶解的 CO_2 逸出,进一步导致水中溶解的 $CaCO_3$ 成分发生沉淀所致。

3. pH 值　水溶液的酸碱度对物质在水中的溶解度有重大影响。常温常压下,纯水的 pH 值为7,天然水的 pH 值一般在4～9。许多化合物的溶解度都与溶液的 pH 值有关。一般来说,酸性氧化物,例如 SiO_2,随溶液碱性度的增加而溶解度增大。$SiO_2 + 2H_2O \longrightarrow 4H^+ + SiO_4^{4-}$

H⁺浓度的减小,有利于反应向右进行。中性(两性)氧化物,如 Al_2O_3 则是在强酸与强碱条件下溶解度增高,若水溶液偏中性(pH=7),则溶解极少。弱酸根或弱碱离子的化合物在水中的溶解度则受到 pH 值的重大影响,最具代表性的是 $CaCO_3$,由于 CO_3^{2-} 溶度受 pH 值控制,pH 值增大时,CO_3^{2-} 浓度将增高,从而 $CaCO_3$ 溶解度下降。

金属氢氧化物的溶解度对 pH 值的变化反应更为敏感。绝大多数金属氢氧化物需要在强酸条件才能溶解,pH 值稍有升高就会发生沉淀。

十、重水

重水又称氧化氘。与普通水相像,是无臭无味的液体。但它的某些物理性质与普通水不同。密度 1.105 g/cm³,熔点3.82℃,沸点 101.42℃,重水的介电常数比轻水略小,25℃时为77.937。重水是重氢(即氘)与氧的化合物,占普通水重量的0.02%。主要用作重水反应堆的中子减速剂和冷却剂。重水是制氚的原料,氚作热核反应的燃料和氢弹装料。制取标记化合物、作氢元素的示踪原子,研究化学反应机理和生物的新陈代谢作用,广泛应用于化学、化工、医药学、作物生理学和生命科学等研究领域。20 世纪 70 年代以来开发的低损耗有机氘代光导纤维、氘代有机材料和氘掺杂后有机 TGS 晶体均具有良好的性能,使重水应用于新的有机材料工业上。

十一、干水

干水是水,具有天然水的性质和用途,由于干水的凝胶性质,具有比天然水挥发慢、更易于携带等优点。造林时,干水埋在植树根部的土壤周围,缓慢释放水分,为植物根系提供至少 3个月的有效水分,确保植物根系顺利伸至地下水源。所以,干水在极其干旱的土壤中也能够保证植物成活。在春季造林后,雨季来临之前,干水保证植物的用水需求。

干水的主要成分为干水粉剂和天然水。干水粉剂是可生物降解的有机物质,所以干水是一种无毒、无污染的环保型产品,使用后不会造成任何环境污染。干水是迄今为止世界上唯一的非化学成分的保水产品。干水节水效率高,由于干水的缓释性质,可以将水分缓慢释放给植物,同时干水的包装保证其水分能够完全释放给植物,没有任何浪费。干水使用简单、方便,无须复杂的栽树程序和维护工作。植树造林时,只需将盒装干水开口后,将开口处直对植物根系,再在干水盒的上部覆盖一定的土壤即可。

十二、水的其他性质

水的导热性较其他液体小,在 20℃ 时水的热导率为 $0.005\,99\,J/(s\cdot cm\cdot℃)$,冰的热导率为 $0.022\,6\,J/(s\cdot cm\cdot℃)$,雪的热导率与雪的密度有关,当密度为 $0.1\,kg/L$ 时,其热导率为 $0.000\,29\,J/(s\cdot cm\cdot℃)$。水的压缩率很小,体积压缩系数为 $4.74\times10^{-10}\,m^3/N$,一般认为不可压缩。光在水中的传播速度为空气中的 75%。水的折射率为 1.33,所以在以空气为界面的情况下,光在水中可以产生全反射。纯水几乎是不导电的,天然水有微弱的导电性,含有离子杂质(盐类)的水则是良好的导体。

第五节　水的生命化学

水是活细胞的主要组成部分,在活细胞中,水的比例占总重量的 70% 左右。水是生物体内的主要组成要素,水栖植物体含水量达 95% 上。水是水栖生物的生活环境,也为陆栖生物提供良好的栖息条件,地球上原始的生命孕育于原始的海洋中。陆栖动物体内含水量达 50%~75%。生物体内的生物化学反应总是在体内的水溶液中以酶为催化剂缓慢进行的;水也是重要的代谢底物,直接参加代谢反应;水是某些反应的产物;水是体内代谢底物排泄的媒介(如尿、汗中的水);水还在关节表面起润滑作用,同时维持体内热平衡。地球上的一切生物都需要水。

一、水对生命物质的结构和活性的作用

水对蛋白质、核酸等生命物质的结构和活性具有突出的影响。生物体系内部分水的异常状态具有重要作用。X 射线晶体衍射所使用的蛋白质、核酸等大分子单晶,含有 $25\%\sim50\%$,甚至更多的水分。有些水分子是定位有序的,没有它们的存在就无所谓大分子晶体,也无从取得任何有关其空间结构的信息。胶原蛋白单螺旋之间的水桥是维持三股螺旋结构的必要条件。球状蛋白的热稳定性与其含水量密切相关。而一定水含量,也是形成脂膜双层结构所必需的。水的存在对维持生物大分子及膜的三维空间结构的稳定是绝对必要的。大分子的构象运动、构象转变与完成其功能密切相关。氢-氘及氢-氚交换的动力学研究证明:许多蛋白质分子的构象动态变化与水分子的介入程度有关。某些蛋白质的二级、三级结构还因水含量不同而异。每一个残基增减一个或几个键合水分子数的微小变化会引起聚赖氨酸及聚谷氨酸等同族多肽的构象发生 $\alpha\rightarrow\beta\rightarrow\gamma$ 间的转变。核酸双股螺旋的形成,必须有水分子的参与。易破坏空间结构的磷酸根间的静电斥力,为水分子的高介电常数及水合反离子所减弱;而碱基对的有序结构的形成,部分是由于疏水作用的结果。水含量的改变引起 DNA 多种构象 A、B、C 间转变的事实,说明水有决定核酸构象的重要作用。

(一)水对蛋白质结构的作用

蛋白质的水合作用对蛋白质的三维结构和活性有非常重要的作用。缺少水合物,蛋白质的活性将大大降低。相邻蛋白质之间的含水结构其表面至少 1 nm 或 2 nm 是易受影响的。在溶液中,它们具有构象的灵活性,具有一系列在结晶和无水环境中无法观察到的水合状态。这些状态之间的平衡取决于所处的微环境中水的活性,即水合蛋白质的自由能。因此,蛋白质构象产生较大的水合作用得益于水的更高活性,如高密度水带有许多弱键和(或)断裂的氢键,"干"的构象相对来说是由于水的活性低,如低密度水含有许多强的分子内氢键。通过氨基酸正电

碱基作用,表面水分子彼此紧密连接。水分子的交换是由蛋白质基团与溶剂接触情况决定的(越频繁的接触则基团越灵活,蛋白链的移动越自由)。水合作用同时影响辅酶和辅助因子的反应和相互作用。因此,各种铁硫蛋白的氧化还原电位取决于不同程度的水合作用而非直接的蛋白质结合。

蛋白质的折叠依赖于低密度水之间的不相容性和能够使低密度水形成蛋白质疏水中心的疏水面。在亲水性蛋白中促使疏水基团形成团簇、偏离蛋白质表面的驱动力,是由带电的极性基团之间以及极性基团与水之间的相互作用控制的。有趣的是,在纯水中以及未被屏蔽的离子中,一些缓冲区不溶性蛋白却相当易溶,原因在于蛋白质内电荷的相互作用。非离子型的水合蛋白质稳定剂,例如海藻糖、甜菜碱、脯氨酸等不带电荷但水合能力较强的分子,使低密度水稳定,因此其蛋白质结构稳定。而且水作为润滑剂,减小多肽酰胺-羰基氢键的变化。蛋白质的生物活性取决于所形成的穿越大部分蛋白质表面并连接所有表面水簇的二维氢键网状结构。这个网状结构能够传递蛋白质周围的信息以及控制蛋白质的活性,如蛋白质的局域运动。大部分的生命功能在 37℃ 达到最优,这时这些穿梭的网状结构一旦加热就会断裂,也许这有利于补偿生物系统熵的变化。

分子内多肽的氢键键合对蛋白质的结构和稳定性具有主要的作用,但这是只在缺少可接触到的自由水的情况下才如此。甚至仅仅在周围有水分子的出现都会使多肽的氢键键合变长,从而蛋白质结构变松。当只有第 3 个肽肽链与其他肽链键合并决定三螺旋结构的稳定性时,水调节肽链之间的氢键作用已被发现对胶原蛋白的结构尤其重要。水分子能够在羰基氧原子和不同肽链的质子间架桥催化肽键氢键的形成、反转以及形成长久的连结以稳定蛋白质配合基和蛋白质-蛋白质的界面。生物活性所必需的蛋白质内部分子的运动有赖于分子的可塑性,且取决于水合作用的水平。因此内部水分子能够使蛋白质折叠,并且只有在蛋白链交互作用下才可能将水从疏水中心排挤出去。许多水分子(和单个氨基酸的数量相当)保留在蛋白质的中心,因此形成具有重要作用的氢键连接。酶周围的ES⇌CS平衡已经被证明对酶弹性(CS环境)和刚性(ES环境)平衡下的活性具有重要性。只加入非离子型水合蛋白质离液剂(chaotropes)或者水合蛋白质稳定剂(Kosmotropes)可抑制酶的活性(通过使平衡左移或者右移),而离液剂和水合蛋白质稳定剂混合物则可恢复酶的最佳活性。酶-底物的接触减弱可能也是由蛋白质周围的水结构控制的。

利用X线分析发现,水合分子层氢键键合的区域和能量都有一个很宽的范围。蛋白质由极性和非极性基团组成。水在极性基团周围有序排列,而在非极性基团周围形成窗格形结构,其保留时间较极性基团周围的水相对较短,但是极性基团对水的氢键性质有所干扰。两种基团都使水分子以一定的顺序围绕周围,但两种基团产生这种有序性的能力具有非常大的差异。极性基团能够有力地通过氢键和离子相互作用形成有序排列的氢键。包围蛋白质水分子的序列使蛋白质的静电层延伸出物理层(氨基酸层)从而令静电层更容易与配体相接触。水在定向的氢键作用基础上增加了非特异性静电效应,这种效应可能从表面扩展到溶液中。

水分子是蛋白质-蛋白质、蛋白质-DNA以及蛋白质-配体相互作用的组成部分,帮助这些生物大分子之间相互识别,有利于它们连接的动力学和热力学稳定。水的小分子量、极性和构象的灵活性以及这些生物分子相互作用的强度和方向性保证了分子间很好的匹配和稳定。

(二)水通道蛋白

水分子跨越细胞膜的快速输运是通过细胞膜上的一种水通道蛋白(aquaporin,AQP)实现的。一个AQP1水通道蛋白分子每秒钟可以允许30亿个水分子通过。水通道蛋白大量存在于动物、植物等多种生物中。在哺乳动物中,水通道蛋白大量存在于肾脏、血细胞和眼睛等器官中,对体液渗透、泌尿等生理过程非常重要。在植物中,水通道蛋白直接参与根部水分吸收及整株植物的水平衡。由于水通道蛋白的存在,细胞才可以快速调节自身体积和内部渗透压。

AQP1 在细胞膜中以四聚体形式存在。每个单聚体(即一个 AQP1 分子)是一个独立功能单元,中心存在一个通道管。它由 6 个贯穿膜两面的长 α-螺旋构成基本骨架,其中间有两个嵌入但不贯穿膜的短 α-螺旋几乎顶对顶地放置着。在两个短螺旋相对的顶端,各拥有一个在所有水通道家族蛋白中都保守的 Asn—Pro—Ala(NPA)氨基酸组单元。它们使得这种顶对顶结构得以稳定存在。从两个螺旋的顶端分别衍生出一条氨基酸残基松散链条分别回绕,走向各自的膜面。这种短 α-螺旋结合松散链条组成的结构单元对水通道功能非常重要。事实上,这种结构单元不仅存在于水通道蛋白中,还在其他小分子或离子通道蛋白中起关键作用。

近年的研究表明,建立在对水的微观性质理解基础上的纳米技术,在淡水短缺问题的解决、新兴工业、生物医药、环境保护等方面都起关键作用。

纳米水通道对纳米技术和生命都很重要。在纳米尺度,热运动(热噪声)成为不可忽略的重要部分。

在纳米尺度下,水分子排队过"隧道"的速度异常迅速——几乎是从经典流体力学估算出的流速的 1~10 万倍。分子动力学模拟揭示,这个纳米泵的新概念可以在嵌在高分子基质中的大面积碳管膜中得到验证。有了这一平台,与细胞内控制化学输运的相似机制将会应用到更大的人造薄膜上。这对宏观尺度下的化学分离、水的净化、传感检测以及药物运输有着重要的应用意义。

(三) 核酸的水合作用

核酸的水合作用对核酸的结构和功能非常重要。核酸中水高度离子化使其相互作用力比蛋白质中的水合作用更强。DNA 的双螺旋结构利用不同的氢键水合作用形成一系列构造。占绝大多数的自然 DNA 和 B-DNA 都有一个宽而深的大沟和一个窄而深的小沟,并且都要求最大化的水合。

核酸有一系列的基团可以与水氢键键合,由于 RNA 有更多的氧原子和不配对的碱基,因此比 DNA 有更强的水合作用。这些额外的羟基在 RNA 产生了额外的水合作用,因此它们为小沟的水合网络结构提供了有限的空间。

在 DNA 中,碱基通过氢键配对。氢键键合的环氮原子(嘧啶 N3 和嘌呤 N1)能够在 B - DNA 大或小的沟槽形成另一个水的氢键链。

二、水分子团簇与蛋白质、DNA 的能量共振

在生命活动中,DNA 是指挥者,蛋白质是执行者,与水形成动态有序的氢键键合,维持稳定的结构,发挥灵活的功能。蛋白质、DNA 发生功能时,伴随着空间结构的变化,其表面的水分子团簇也一起发挥变化,通过氢键共振传递能量,作为一个有弹性的整体发生协同作用,从而激发有效的生物活性。由于水分子团簇对生物分子不可缺少的作用,水分子团簇结构的变化也会影响生物分子的能量状态乃至结构功能。

氢键是有带正电荷的氢原子(质子)和带负电荷的电子相互吸引形成的,处于量子状态,而且受其他原子影响,具有量子穿隧效应,产生多个不连续的振动和转动频率,处于电磁波的远红外频段可以和远红外波共振。这也是远红外波具有生物学效应的机制之一。

在不同的团簇结构,或者在相同结构的不同位置,氢键的量子态是不同的。同一氢键也处于从低能量到高能量的不同能阶,具有多个量子态。在某种结构中,包含着不同位置、不同能阶的氢键,这些氢键量子态的组合就是这种团簇结构的指纹。氢键量子态对应着某个频率的远红外波,这些指纹就表现为特定频率组合的远红外波。如果选择性地强化特定频率的远红外波,就可以极大提高氢键量子态的共振效率,有针对性地激发相应的结构,更好地发挥生物效应。

DNA 解开或产生双螺旋的过程中,特定的蛋白质和 DNA 结合,能量通过分子共振传递,使蛋白质和 DNA 的结构发生改

变,同时水分子团簇的氢键量子态发生变化,协助双螺旋的解开和产生。

第六节 水的量子化学

水的分子结构决定两个重要的特性。其一,水由 2 氢 1 氧 3 个原子以三角形的结构组成,其键角为 104.45°。在氧原子上,电子云密度相对较大,显负电性,两个氢原子则显正电性。因此,可与别的分子上的极性功能团通过氢键组成"集团分子",特别是与蛋白质、DNA 和多糖组成高度有序的"生命大分子簇"。同时,水分子相互间也可以形成"水簇"。尤其是在长期静止的情况下,可形成高达几十个水分子的团。必须指出,这些大分子团是无定形的,像乱麻一团,其溶解能力、渗透力都很低,不易被动植物和人体吸收,成为"死水"。其二,本质上水分子是一个偏极分子。为此,水分子应具有弱磁性,它在磁场中使水可以被磁化。特别是与某些微量磁性元素结合,或与其他生物大分子构成高度有序的"氢键网络"。理论上,有序的水,特别是纳米级的液晶水应可以储存信息。生命体内不断地进行物质、能量和信息的传送,结构化的水起着巨大的作用,因为身体中的水占体重的 70% 以上。只有水可以自由穿梭于各器官和细胞之间。大脑中的水最多,有人称大脑是一块 37℃ 熔点的液晶。研究衰老与细胞内结构水的关系发现,儿童期细胞里充满着自由存在的生物水(freebio-water)。就以水分子的比例来说,35 岁前细胞膜内的水分子数大于细胞膜外的水分子数,那时细胞内的水压大,细胞的形状饱满,所以由分裂而产生的新细胞十分健康。40～50 岁左右,由于越来越多的自由生物水的结构起变化,成为与别的化合物结合在一起的束缚水。于是,细胞膜内的水分子数趋向等于或小于细胞膜外的水分子数。水合作用的缓慢使细胞的形状变得干瘪,细胞得不到充分的营养,内部的废料及毒素无法排除出去。事实上,人过了 45 岁以后就开始脱水,脸上开始出现皱纹;到 65 岁的时候,皮肤、大脑和骨细胞内已经失去了许多自由水。Lorenzen 博士根据顺势疗法的启示和量子共振的原理,提出了一套制造具有医疗和保健功能的模板化的分子簇水的方法,并于 2000 年获得美国专利(批准号 6－033－678)。生产方法是先把水中原先储存的磁信息消磁,再经特殊磁化。在制备微分子簇的同时,加入"模板物质",根据不同的物质特性给予不同波长的激光,使之活化,与微分子簇缔合成一复合物。该模板使分子簇水的分子结构重新排列,所得的水可提供有利的共振频率。产物的共振频率可根据所使用的模板物质来预测。此复合物分多次稀释,可以让模板分子的特征量子信息储存在微分子簇水中。经过模板处理的水样品可通过常规的磁共振(NMR)分析来检测。也可进一步用常规的 X 线衍射指纹图分析验证模板化分子簇水是否具有有序排列的分子簇结构。通过其他检验还可显示分子簇水的导电性和表面张力的变化。纯水的 pH 值为 7,导电性为 2.83 $\mu x/cm$,表现张力为 70.0 dyn/cm(1 dyn＝10^{-5}N)。当以维生素 C 或维生素 B_{12} 为模板时,其 pH 值分别降至 6.5 和 6.6,导电性分别升至 4.85 和 5.82;但表面张力分别降至 48.5% 和 60.3% dyn/cm。事实上,所有模板化水的导电性均显著高于纯水,但表面张力均显著低于纯水。分子簇水和模板复合物在促进细胞化学反应和刺激细胞能量的共振转移方面具有独特的潜力。所以,此方法应用于活体系统时几乎没有限制,可用于制备具有药理活性的模板制备的医药产品;用具有保护皮肤活性的模板生产化妆品、皮肤护理品;用具有肥料、杀虫剂、除草剂或驱虫剂效应的模板制备农用产品。例如,以农药作为模板,大量稀释后仍有抗病虫害作用,大大减少农药残留量。发现"水有记忆能力"的法国 Benveniste 博士在实验中改用模板化水后,实验的重复性及效果大大提高。北京旷特量子科学技术研究所的武华文教授应用此分子簇水来配制量子校正液,发现有很好的记忆共振频率的性质。Jonas 博士是美国国家卫生研究院(NIH)补充和替代医学中心的主任,他在其 1996 年出版的著作中明确地指出,药物信息可能通过储存在某特定结构的水中而起到治疗作用,总结了许多科学家关于水记忆力的科学假设,包括分子簇水的结构假说、氧-18和氘同位素假说和水耦联振动假说等。

新泽西理工大学最近在电机与电子工程研究院(IEEE)举办的"系统-人-控制"国际学术报告会上,提出了水分子簇线网络与经络关系的新论点。水分子簇线网络的假说,不但可能为李时珍的"水记忆"理论提供现代科学内涵,而且可能为中医药学的精华之一的经络信号转导系统提供生物物理和生物化学的证明。Smith博士也提出量子相干理论,研究水与经络的关系。

第七节　水和水溶液的辐射化学

辐射化学是研究电离辐射与物质相互作用时产生的化学效应的化学分支学科。电离辐射包括放射性核素衰变放出的α、β、γ射线,高能带电粒子(电子、质子,氘核等)和短波长的电磁辐射。由于裂变碎片和快中子能引起重要的化学效应,它们也可用作电离辐射源。

电离辐射作用于物质,导致原子或分子的电离和激发,产生的离子和激发分子在化学上是不稳定的,会迅速转变为自由基和中性分子并引起复杂的化学变化。

在射线作用下,水及体液中各种有机物及无机物都可被分解,水的辐解产物还可间接地引起各种物质的氧化-还原反应,因而破坏酶及其他生物物质的正常活动,引起各种病变。因此,研究生化物质水溶液或与体液相似体系的辐射化学无疑是分子水平的辐射生物学与辐射医学的主要基础。此外,某些水溶液体系是准确方便的化学剂量计(如亚铁剂量计、铈剂量计等),它们的改进和发展也必须以水溶液辐射化学反应的研究为基础。

一、纯水的辐射化学

(一) 气态水的辐射分解反应

水分子对辐射很敏感,当它接受了射线的能量后,水分子首先被激活,然后由激活了的水分子和食品中的其他成分发生反应。水接受辐射后的最后产物是氢和过氧化氢,形成的机制很复杂。现已知的中间产物主要有 3 种:水合电子(eaq)、氢氧基(OH·)和氢基(H·)。

水分子被辐射后可能发生的反应途径如下:

$$(eaq) + H_2O = H \cdot + OH \cdot$$
$$H \cdot + OH \cdot = H_2O$$
$$H \cdot + H \cdot = H_2$$
$$OH \cdot + OH \cdot = H_2O_2$$
$$H \cdot + H_2O_2 = H_2O + OH \cdot$$
$$OH \cdot + H_2O_2 = H_2O + HO_2 \cdot$$
$$H_2 + OH \cdot = H_2O + H \cdot$$
$$H \cdot + O_2 = HO_2 \cdot$$
$$HO_2 \cdot + HO_2 \cdot = H_2O_2 + O_2$$

从上可看出物质分子吸收了辐射能而发生了化学效应,表示物质辐射化学效应的数值称为 G 值。

G 值:即吸收 100 eV 能量的物质所产生化学变化的分子数。辐射的化学效应是以每吸收 100 eV(电子伏)能量时被照射物质产生化学变化的分子数目来表示的(即能传递 100 eV 能量的分子数)。

水(含液、固态水)辐射分解初级过程的基本假设都是以水汽辐射分解的初级过程为主要依据。根据质谱(和光化学)的数据,水汽辐射分解生成的主要初级离子及其生成反应列在表 1-12 中。从表中可见,丰度最高的离子为 H_2O^+,其次为 OH^+ 和 H^+。它们是水汽辐射分解过程中最重要的离子中间物。在 12.67 V 时出现 H_3O^+ 离子,且离子流强度与水汽压力的平方成正比。因此,它们的生成可设想为离子-分子反应的结果:

$$H_2O^+ + H_2O \longrightarrow H_3O^+ + OH$$
$$H^+ + H_2O \longrightarrow H_3O^+ + OH$$

水汽压力大时,H_3O^+ 也可通过激发分子的双分子反应生成。

表 1－12　质谱中水汽分子辐射分解生成的主要离子

离子	显现电位(V)	相对丰度(电子)			形成反应
		100 eV	50 eV	2.2 eV	
H^-	5.6	0.6			$H_2O + e^- \longrightarrow H^- + OH$
OH^-	4.7				$H^- + H_2O \longrightarrow OH^- + H_2$
	6				$H_2O + e^- \longrightarrow OH^- + H$
O^-	7.4	0.15			$H_2O + e^- \longrightarrow O^- + H_2(或\ 2H)$
H_2O^+	12.61	100	100	100	$H_2O \longrightarrow H_2O^+ + e^-$
H_3O^+	12.67		0.32	0.54	$H_2O^+ + H_2O \longrightarrow H_3O^+ + OH$
OH^+	18.1	23	23.1	17.95	$H_2O \longrightarrow OH^+ + H + e^-$
O^+	18.8	2	2.0	1.11	$H_2O \longrightarrow O^+ + H_2(或\ 2H) + e^-$
H^+	19.6	5	4.3	1.11	$H_2O \longrightarrow H^+ + OH + e^-$

　　离子出现的最低电位是 5.6 V,这时出现的极微弱的 H^- 流可能是水分子俘获了慢电子之后被激发到第一激发态,并分解成 OH 和 H^-。因此,5.6 V 被确定为第一激发电位。负离子产额很小的事实,说明次级电子在与中性水分子反应之前,绝大多数都与正离子中和了。

　　在水汽中的 H_2O^+ 可与水分子形成类似于液态水中水合质子的群团:

$$H_2O^+ + nH_2O \longrightarrow H^+(H_2O)n(+OH)$$
$$\longrightarrow H + nH_2O \ (n = 1 \sim 8)$$

指出这一点是有意义的,因为这种水合离子中和时放出的能量小于孤立分子中和时放出的能量,因而它们各自的产物是有区别的。

　　高能辐射作用于水汽分子时,同样可使水汽分子被激发到不同的能态。

$$H_2O \rightsquigarrow H_2O^*$$

将水汽分子激发到最低三重态所需能量为 4.2～4.5 eV/分子,激发到最低单重态所需能量为 6.6 eV/分子。

　　在水汽辐射分解的初级过程中生成的离子和激发分子均可进一步反应而生成 H 原子和 OH 自由基。主要的反应有

$$H_2O^* \longrightarrow H + OH; \quad H_2O^+ + e^- \longrightarrow OH + H$$
$$H_3O^+ + e^- \longrightarrow OH + 2H; \quad OH^+ + H_2O + e^- \longrightarrow 2OH + H$$

此外,表 1-12 中的一些反应也可直接生成 H 和 OH。因此,在水汽辐射分解的过程中总的效果是生成了活性粒子 H 和 OH。在中等压力下,水汽辐射分解生成的这些活性粒子有两个特点,一是线性能量转移(LET)效应很小(这是气态反应的共同点),二是生成时它们彼此相距甚远,且扩散很快,可认为是均匀分布在整个体系中。在纯水汽的情况下,它们能在反应器壁上或在有水分子参与的情况下发生双基反应,复合成水或 H_2 与 H_2O_2 分子:

$$H + OH \longrightarrow H_2O$$
$$2H \longrightarrow H_2$$
$$2OH \longrightarrow H_2O_2$$

生成的分子产物 H_2 和 H_2O_2 也可与 H 及 OH 自由基反应

$$H + H_2O_2 \longrightarrow H_2O + OH$$
$$H_2 + OH \longrightarrow H_2O + H$$

因此,水汽辐射分解的最终结果是产生非常少量的处于平衡浓度的 H_2 和 H_2O_2。

(二)液态水的辐射分解反应

与水汽相比,由于物态发生了变化,液态水的辐射分解反应具有以下几个特点:首先,所有动能等于或小于热能的次级荷电粒子,在约 10^{-11} s 的时间内,都会被溶剂化,变成水合离子和水合电子;其次,激发分子的激发能可以非常快地通过碰撞过程消散掉,因而激发水分子的解离显得不如气态时的重要;第三,初级活性粒子的扩散比在气态下慢得多,它们的初始分布不是均匀的,即由于液态时介质密度大,介质分子对初级活性粒子紧密包围而出现笼盒效反应,使初级活性粒子处于高度的局部化分布,因而液态水辐射分解反应的历程、产物的产额以及受外界条件的影响等都显示出不同于水汽的辐射分解。

1. 液态水辐射分解的基本实验事实　高纯液态水(以下简称水)被高能辐射作用时,出现以下现象。

(1)与水汽一样,水会被辐射分解而生成最终产物 H_2 和 H_2O_2,但产额比水汽时的低。

(2)水的辐射分解产额对体系中的杂质很敏感,如 O_2 和 H_2O_2,能强烈地促进水的辐射分解,而 H_2 却抑制水的辐射分解。因此,如果将水辐射分解过程中生成的 H_2 不断地从被照射的水中排出,水就能连续地分解。

(3)水辐射分解产物(含稳定分子及自由基)的初级产额,因辐射条件不同而不尽相同。体系中存在自由基清除剂时,分子产物的产额会下降。辐射的电离密度大或其 LET 值高,则分子产物的产额会增加。pH 值不同也可使初级产物产额发生变化。

为了准确地解释以上这些实验事实,必须对水辐射分解的机制、初级粒子的反应和产额、次级反应过程以及各种影响因素,如溶质、pH 值、射线种类等在反应过程中所起的作用作深入的了解和分析。

2. 液态水辐射分解的初级粒子及其产额　水辐射分解的初级过程也是在体系中生成离子、次级电子和激发分子等。由于处于液态的水密度高和水分子本身的笼盒效应,生成的那些离子、次级电子和激发分子最初都是处在云团(spur)、团点(blob)、短径迹和分支径迹中。所谓云团、团点、短径迹和分支径迹是为了描述高能辐射穿过介质时形成的初级活性粒子的初始非均匀分布状况而引入的概念,它们是由一些数目不等的初级产物(离子对、激发分子、过剩电子和自由基等)组成的活性粒子集团,其区别在于被吸收的次级电子的能量范围。云团中吸收的次级电子能量的范围为 6～100 eV,团点为 100～500 eV,短径迹为 500～5 000 eV,分支径迹则大于 5 000 eV。云团、团点和短径迹中吸收的射线总能量的比例因团射线的类型和能量而各异。随着射线 LET 值的增加,在短径迹中吸收的总能量的比例也增多。初级活性粒子的浓度按云团、团点、短径迹的顺序增加。

离子(H_2O^+)、次级电子(e^-)和激发分子(H_2O^*)的反应

(1) 离子-分子反应

$$H_2O^+ + H_2O \longrightarrow H_3O^+ + OH$$

约在 10^{-11} s 内完成。

(2) 水分子的解离反应

$$H_2O^* \longrightarrow H + OH(或 H_2 + O)$$

约在 10^{-13} s 内完成。

(3) 离子和次级电子的水合反应

$$e^- \xrightarrow{\quad} e_s^- \xrightarrow{\; nH_2O \;} e_{th}^- \xrightarrow{\quad} e_{aq}^-$$

约在 10^{-11} s 内完成。

当次级电子的能量降至低于水的最低激发态的能量时，就变成了逊激发电子 e_s^-，它继续以振动的方式将其能量转移给水分子，在 10^{-12} s 内降至热能（~ 0.025 eV），成为热电子 e_{th}^-，最后，热电子在 10^{-11} s 内被水合而成为水合电子 e_{aq}^-。

(4) 离子的中和反应

$$H_3O^+ + e^- \longrightarrow H_2O^{**} \longrightarrow OH + H$$

以上这 4 类反应总的效果是，云团和短径迹一旦生成，在其中就会产生相当高浓度的自由基（1 M 量级），它们将随着云团和短径迹的扩散而减少，在扩散的过程中将会出现如下的一些反应

$$2OH \longrightarrow H_2O_2 ; 2H \longrightarrow H_2 ;$$
$$e_{aq}^- + H \longrightarrow H_2 + OH^- ; e_{aq}^- + e_{aq}^- \longrightarrow H_2 + 2OH ;$$
$$H + OH \longrightarrow H_2O ; e_{aq}^- + OH \longrightarrow OH^-。$$

上述这几个反应中生成的 H_2O_2 和 H_2，称为分子产物，而在云团和短径迹扩散期间未能参加以上反应而进入整个水体系中的

自由基则称自由基产物,它们在体系中可认为是均匀分布的。此时的分子产物和自由基产物则总称为初级粒子或初级产物。因而可把水辐射分解的初级过程归总为

$$H_2O \sim \longrightarrow H_2 , H_2O_2 , H, OH; e_{aq}^-, H_2O^+, H_2O^*$$
$$H_2O_2 + OH \longrightarrow H_2O_2 + HO_2$$

此反应需一定的活化能,本不易进行,但在 α 粒子的径迹中,自由基浓度很高,绝大多数的 H_2O_2 在逃出径迹之前,都会与 OH 碰撞多次,加之径迹中温度较高,反应速率加快,故在 α 粒子等 LET 高的辐射作用下,在其径迹中此反应成为一个重要的反应,而必须考虑 HO_2 自由基的存在和产额,即此时水辐射分解的初级产物有 6 个,初级产物也是 6 个。在这种情况下,与上述反应类似的反应还有:

$$H + H_2O_2 \longrightarrow OH + H_2O;$$
$$OH + H_2 \longrightarrow H + H_2O;$$
$$e_{aq}^- + H_2O_2 \longrightarrow OH + OH^-$$

因此,此时体系中的物粒平衡公式为

$$G - H_2O = Ge_{aq}^- + GH + 2GH_2 = GOH + 2GH_2O_2 + 3GHO_2$$

上式可看成是水辐射分解体中普遍存在的物粒平衡公式,只是在低的 LET 辐射辐照时,$G - H_2O$ 可近似地视为零,不予考虑。

$G - H_2O$ 是水辐射分解转变成初级产物的净产额,而不是水分子开始解离时的总产额,因为有些自由基已复合,再生成水分子,如 $H + OH \longrightarrow H_2O$,所以 $G - H_2O < G - H_2O$(总)。而在水汽中,自由基复合之前,即可能被清除,所以 $G - H_2OG = H_2O$(总)。这就是水汽辐射分解初级产额大于液态水的初级产额的原因。

因为生成一离子对所需的能量与入射线的能量无关,所以实验观察到:分子产物产额和逃脱重合作用的自由基产额的相对数目不同,入射射线 LET 的密度比低 LET 辐射径迹中的要大许多,前者比后者易发生自由基的重合反应。快电子辐照时

(LET 低),分子 G 值低,自由基 G 值高,而 α、反冲核及离子等
辐射时(LET 高),则分子 G 值高,自由基 G 值低,均因此而引
起。另一方面,如果辐射剂量率非常高($\geqslant 10^9$ rad/s),云团重叠
的可能性增加,也有利于自由基的复合反应,此时也可观察到初
级分子产额的增加。

(三) 固态水(冰)的辐射分解

高能辐射对固态水(冰)的初级作用可能与液态水中的作用
相同,但由于固体结构有利于能量的消散及固体中更大的囚笼
效应而利于自由基的重合反应,所以冰的辐射分解产额比水和
水汽的小得多。$G-H_2O$ 值从 20℃时水的 4.1,下降到 -10℃
时冰的 3.4,-78℃时冰的 1.0 及 -200℃时冰的 0.5。

液态水辐射时产生的离子和自由基等活性粒子由于寿命极
短,难以用常规仪器检测到。但在低温下这些活性粒子的浓度
可能较高,特别是由于扩散困难,使直接观察成为可能。在辐照
的冰中,陷住的自由基可用电子自旋共振技术(ESR)探测到,也
可从升温过程中产生的光谱观察到。例如,在 -269℃辐射的纯
冰中,H 原子是稳定的,可用 ESR 探测到。随着升温,H 原子
开始消失,至 -196℃时完全消失。又如,在 -196℃辐射的纯冰
中观察到 OH 的吸收谱(280 nm),它在 -170℃~-140℃温度
范围内消失。在含有硫酸或过氯酸的冰中,H 原子直到 180℃
还是稳定的,但在较高温度下,以二级反应过程消失,即复合生
成了 H_2。溶解辐照过的冰有时能观察到 H_2 和 H_2O_2。在辐照
过的中性或酸性冰中没有观察到陷落电子,但在碱性冰中,靠近
600 nm 波长有光吸收峰,显示出强的蓝色,即观察到了陷落电
子的生成。

二、水辐射分解瞬态中间产物的性质

水辐射分解时产生的瞬态中间产物的性质已得到确认。这
些活性粒子的性质是讨论和认识辐射引起的水溶液变化的理论
基础。

(一) 还原型活性粒子(e_{aq}^- 和 H)的性质

1. 水合电子(e_{aq}^-) 1965 年通过实验事实确证了水辐射分解时在体系中存在水合电子。它与 H 原子和羟基自由基(OH)并列为水及水溶液辐射分解体系中的 3 个基本粒子。

水合电子的发现是 20 世纪化学学科最重要的成就之一。它的发现不仅给辐射化学本身的发展,也给若干化学分支,如无机化学、电化学、有机化学、物理化学及分子水平的辐射生物学的发展带来深刻的影响,许多反应甚至要重写(如氧化-还原反应、电解等)。因此,虽然它比 H 和 OH 发现得晚,但它是研究得较深入也较彻底的中间产物。现已完全证实,在非辐射化学反应过程中,也已发现水合电子的存在,如 H 原子和 OH^- 的反应,金属钠和水的反应,碘化物、铁氰化物等水溶液的光解,氧化-还原过程、电解过程、某些有机物的溶解过程,等等。

水合电子与在固体中的陷落电子和当碱金属溶解在液氨中形成的氨合电子具有很多共同的特点。水合电子可以简单、形象地看成是一个被取向了的几个水分子包围着的电子,它们作为一个整体在水介质中一起运动、一起参加反应。在过剩电子周围水分子取向在 10^{-11} s 内完成。水合电子的性质及化学行为如下:

水合电子是一个非常活泼的强还原剂,它的标准氧化还原电位 E^0 很高,是水辐射分解中间产物中标准还原电位最高的一个,达 2.77 V。

水合电子与水溶液中溶质分子的反应速率常数已测定几百个。这些反应中,e_{ap}^- 与 H^+ 的反应特别重要,反应结果是使 e_{ap}^- 转变成 H 原子。

$$e_{aq}^- + H^+ \longrightarrow H + H_2O$$

此反应非常快,其反应速率常数 K 值高达 2.3×10^{10} /(M·S)。

水合电子的反应是单电子转移反应,可用下列通式表示:

$$e_{aq}^- + S^n \longrightarrow S^{n-1}$$

n 是溶质 S 上的电荷数(可以为$+$,0,$-$)。e_{aq}^- 有能力还原标准氧化还原电位低的物质,如 Cu^{2+},Fe^{3+},I_2……但对氧化还原电位高的物质,如 Ag^+,不能将它们还原成金属原子。

水合电子能被许多物质俘获以生成负离子或使之还原。生成的负离子很容易解离或与水反应,如果负离子是质子施主,则会分解而给出一个 H 原子。如

$$e_{aq}^- + H_2O \longrightarrow H + OH^- \text{(反应较慢)}$$
$$e_{aq}^- + H_2O^+ \longrightarrow H + H_2O \text{(反应非常快)}$$

当水合电子与有机物反应时,可把前者看成是一个亲核试剂,它可以攻击有机物分子中的多重链,但不能与只含 C、N、H、O 或 F 的单键化合物反应。它能与有机卤化物 RX(含 F 的除外)很快地进行反应。与脂肪族卤化物作用时,可发生脱卤反应:

$$e_{aq}^- + RX \longrightarrow RX^- \longrightarrow R + X^-$$

其反应速度 RCl $<$ RBr $<$ RI。

2. H 原子 H 原子虽很早即被确认为水及水溶液辐射分解体系中的活性还原粒子,但对 H 原子的研究远远没有对水合电子的研究广泛和深入。与后者相比,它是一个能力低一些的还原剂,其标准氧化还原电位 E^0 为 2.31 V。它能与比它的氧化还原电位低的阳离子反应,如 $H + Cu^{2+} \longrightarrow H^+ + Cu^+$
也能与含未偶电子的粒子反应,如

$$H + OH \longrightarrow H_2O$$
$$H + O_2 \longrightarrow HO_2$$

与不饱和有机物和芳族化合物相作用,发生加成反应;与饱和有机物相作用,一般发生夺 H 反应,得到 H_2 分子,同时生成有机自由基。在强碱性溶液中(pH 值 $>$ 10),H 原子可与 OH^- 反应,生成水合电子:

$$H + OH^- \longrightarrow e_{aq}^- + H_2O$$

这是一个竞争力很大的反应,常与 H^- 溶质的反应相竞争。

H_2 也是一个具有还原能力的辐射分解初级粒子,但它的反应速度不是非常快,而且它在水中的溶解度很低,绝大多数的 H_2 会从溶液中逸出。因此,它在水溶液的辐射分解反应中仅起较次要的作用。只有在 H_2 的高压体系中,H_2 分子与其他活性粒子(如 OH)及溶质的还原作用才不可忽视。

(二)氧化型活性粒子的性质

1. OH 自由基　OH 自由基是水及水溶液辐射分解体系中主要的氧化型活性中间粒子。它具有很强的电子亲和力,氧化还原电位很高,达 2.8 V,故可在水溶液中氧化一系列的离子。

OH 自由基的反应能力与溶液体系中的 pH 值有关。在强碱溶液中(pH 值 $\geqslant$ 12),OH 自由基会解离为 O^-,解离反应与逆反应维持平衡。

2. HO_2 自由基　对于 LET 低的轻入射射线(加速电子,γ) HO_2 的初级产额很小,$G_{HO_2} = 0.026$,故可忽略不计。对 LET 高的重入射射线(p、α 等),其初级产额则不可忽视,尤其在 O_2 的体系中更是如此,因为 O_2 是 e_{aq}^- 和 H 的有效清除剂,在体系中将生成大量的 HO_2,故必须考虑 HO_2 的反应。

HO_2 在弱酸性溶液中,也存在着解离平衡反应:

$$HO_2 = O_2 + H^+$$

故体系的 pH 值 $\leqslant$ 4.5 时,HO_2 占优势,pH 值 $\geqslant$ 5 时,O_2^- 占优势。HO_2 自由基的这两种存在形式在吸收光谱中得到了证实。

HO_2 自由基虽然具有一定的氧化能力,但比起 OH 自由基来要弱得多。因此,根据溶质氧化还原电位的不同,HO_2 可以视为氧化剂,有时也可以看做是还原剂。如对亚铁离子 Fe^{2+} 它是氧化剂。

它们对绝大多数的有机物没有反应能力,因此,在辐射分解反应体系中的命运常常通过歧化反应而消失:

$$2HO_2 \longrightarrow H_2O_2 + O_2$$
$$2O_2^- + H_2O \longrightarrow H_2O_2 + O_2 + OH$$

3. 过氧化氢分子 H_2O_2 像 HO_2 自由基一样,根据参与反应溶质性质,H_2O_2 分子可作为氧化剂,也可作为还原剂使用。它的氧化还原电位最高为 1.78 V($H_2O_2 + 2H^+ + 2e^- \longrightarrow 2H_2O$,氧化),最低为 -0.68 V,在强碱性溶液中,H_2O_2 像弱酸一样解离,它与绝大多数的有机物分子都不能起反应,但可与某些有机物自由基反应。

(三) pH 值对水辐射分解初级自由基的影响

从上面介绍的有关水辐射分解初级自由基的性质,可清楚地看到,溶液的 pH 值严重地影响初级自由基。

(1) 在中性或碱性溶液中,过氧化氢自由基解离,形成的 O_2^- 可作为还原剂参与反应。

(2) 在碱性溶液中,氢氧自由基解离和 H_2O_2 分子解离,H 原子转变成水合电子 e_{ap}^-。

(3) 在强酸性和强碱性溶液中,即 3>pH 值>11 时,H 原子与水合电子 e_{aq}^- 之间平衡。如把用高频放电产生的一般的 H 原子通入氯乙酸水溶液中,在中性或接近中性 (pH 值 4~10) 时,主要是 H 原子的反应。在低浓度的氯乙酸(0.01 mol)水溶液中 (pH 值 12.5),实际上,体系中全部 H 原子都转变成了 e_{aq}^-,并全部参与反应。

当 pH 值 < 3 时,还原型自由基(e_{aq}^- 及 H)产额急剧增加,OH 自由基产额亦有所增加。当 pH 值在 4~11 时,它们的产额基本上稳定不变。当 pH 值 > 11 时,(e_{aq}^-+H)产额则又有增加,而 OH 产额则急剧下降。但在整个 pH 值变化期间,H_2 和 H_2O_2 产额都较稳定,几乎保持恒定不变。只有 pH 值 > 11 时,H_2O_2 产额才有减少。

这种现象的出现,可能与其他水的辐射分解中间产物参与反应有关。因为在酸性溶液中,H^+ 会受到激发态水分子或溶剂笼盒中的自由基对(H+OH)的攻击而发生反应,生成的 H_2^+ 可部分离成 H+H^+。于是在溶剂中还原型自由基和 OH 自由基显出产额增加。同时,溶质分子也可与这些中间产物 H_2O^*(或 H+OH)反应形成与上述两个反应的竞争。在多数情况下,这种竞争反应是使中间产物转变成水分子,如 O_2 的反应。即此时 O_2 分子有效地猝灭激发分子或使自由基对转变成水分子。

三、水溶液辐射化学

在稀水溶液被辐射时,全部吸收的能量实际上都沉积在水分子上,观察到溶质的化学变化则是通过水辐射分解的中间产物,特别是自由基产物的间接作用的结果。能量直接沉积在溶质分子上的那种直接作用,在稀水溶液中是不重要的。只有在溶质浓度高时,才不能忽视直接作用,在这种情况下,激发水分子也可能将能量直接转移给溶质分子。对于 γ 辐射,初级产物在云团中形成,又不断向外扩散,当溶质存在时,它在射线的径迹内外都可以与水辐射分解的初级产物作用。但由于稀水溶液中溶质浓度很低($\sim 10^{-4}$ mol 左右),且 γ 辐射形成的云团很小(直径 20～30 Å)。可以假定,溶质并不影响初级产物在云团中的形成,因而可以大致认为,水辐射分解初级产物的产额在一定条件下的稀水溶液中是恒定的。另一方面,由于云团与云团之间的距离较大($\sim 10^4$ Å),及初级的自由基和分子产物在体系中的浓度很低,因而又可大致认为,一旦初级产物离开云团,便与溶质分子相互作用,初级自由基与初级分子产物彼此之间的相互作用则可忽略不计。因此,水辐射分解初级产物产额的物料平衡方程在稀水溶液中也是适用的。

(一)无机物水溶液

无机物稀水溶液中研究得最早、最多也最为彻底的是一些化学剂量计,如硫酸亚铁剂量计(又称 Fricke 剂量计)、硫酸铈剂量计、亚铁氰化物水溶液,以及卤化物和类卤化物(氰化物、硫氰化物等)水溶液等。限于篇幅,以下简要地介绍一些硫酸亚铁水溶液结论性的情况。

硫酸亚铁水溶液是含有硫酸、硫酸亚铁(或硫酸亚铁铵)和空气饱和的水溶液体系。假设体系中初级辐射分解产物的浓度很低,它们将优先与体系中较高浓度的稳定溶质进行反应,而不是相互彼此反应,那么体系中水辐射分解初级自由有几种可能的反应。

（二）有机物水溶液

对有机物水溶液的辐射化学反应研究得很多，也是较为成熟的，如酸类（如甲酸、乙酸、草酸等）、醇类（如甲醇、乙醇等）、羰基化合物（如甲醛、丙酮等）、碳水化合物（如葡萄糖、D-甘露醇、抗坏血酸等）、有机卤化物（如氯乙酸、氯仿、水合氯醛、p-溴苯酚等）、含氮有机物（如脂肪族硝基化合物、氰化物、脂肪族胺类、氨基酸类、肽类、DNA碱基碎片如尿嘧啶、胞嘧啶、胸腺嘧啶等）、有机硫化物（如半胱氨酸等）、芳族化合物和不饱和化合物等的水溶液辐射化学都有较深入的研究。它们有的是为了研究新的化学剂量计而开展的，有的则是紧紧地围绕着辐射生物效应（包括生物机体的抗辐射损伤的研究）而展开的。

（三）氨基酸水溶液

含氮有机物受到辐射化学家的注意，是因为它们与生命体系和辐射生物学密切相关。这里简介一二。

氨基酸水溶液的辐射化学反应一般集中在氨基酸的氨基上。如甘氨酸（NH_2CH_2COOH），在中性或接近中性的溶液中，占优势的存在形式是两性离子 $NH_3^+CH_2COO^-$，它与水辐射分解的初级自由基有反应。

当 1 mol 某氨酸溶液辐照时，辐射对甘氨酸分子的直接作用变得重要了，相当一部分的能量（7.5％）被甘氨酸分子吸收。直接作用也产生相同的自由基。

当把氧引入体系时，由于氧能消除水合电子和 H 原子，于是体系中只有 OH 自由基与甘氨酸反应。

以上描述的反应是在近中性溶液中进行的，这是辐射生物学最感兴趣的 pH 值范围。在强酸和强碱性溶液中，产物产额和反应机制与此有根本的不同，原因是溶质的离子特征和攻击自由基的性质都随 pH 值变化。如在酸性溶液中存在着正离子 $NH_2^+CH_2COOH$，它与水合电子和 OH 基的反应速率是很不相同的。

肽（缩氨酸）分子中每一肽键连接着两个氨基酸而构成较大

的蛋白质分子结构。肽水溶液中性时,也形成两性离子,它们与水合电子和 OH 基的反应与甘氨酸类似。如最简单的肽为甘氨酸替甘氨酸 $H_2NCH_2CONHCH_2COOH$。

端基上的氨基并不是构成蛋白质分子最有意义的部分。比较简单而又典型的蛋白质分子模型化合物是氨基酸的 N-酰基衍生物,如 N-乙酰甘氨酸($CH_3CONHCH_2COOH$)和 N-乙酰丙氨酸[$CH_3CONHCH(CH_3)COOH$]。它们的水溶液的辐射分解反应也与甘氨酸的类似。

(四)半胱氨酸水溶液

半胱氨酸 $HSCH_2CH(NH_3^+)COO^-$(以 CySH 表示)是含巯基(—SH)的有机化合物。巯基特别容易受到自由基的攻击。在近中性的半胱氨酸水溶液的辐射分解中特别明显。自由基对氨基酸的攻击的位置是氨基及其靠近的碳原子,但当含有—SH 时,自由基攻击的位置就集中在- SH 基上了。因此,当半胱氨酸溶液被辐照时,无论体系中有无氧的存在,都生成胱氨酸 $HOOCCH(NH_2)CH_2S - SCH_2CH(NH_2)COOH$(用 CySSCy 表示),虽然其生成的机制不尽相同。被辐射体系中的初级自由基能很迅速地与半胱氨酸的两性离子反应。与有机物中绝大多数共价键相比,S - H 是弱键,因此,O_2^- 和有机自由基,如 Cy,也能从巯基化合物的 SH 基上夺 H。当体系中不存在氧时,CyS· 自由基会二聚成胱氨酸。由此可见,主要的辐射分解产物为 H_2、H_2S、丙氨酸(CyH)和胱氨酸。其产额随 pH 值变化,原因是在中性或近中性溶液中 H_2O_2 可把 CySH 氧化成 CySSCy。而在酸性溶液中,反应很慢,$G(H_2O_2) = C_{H_2O_2}$。在中性无氧溶液中,完整的反应机制要比这复杂得多。产物产额取决于剂量率、pH 值和 CySH 的浓度。

像半胱氨酸这一类化合物,由于它非常容易受到自由基的攻击,常可作为保护剂以保护其他有机溶质不受自由基的攻击。或溶质虽遭自由基攻击,但由于 CySH 中有很弱的束缚 H 原子,可作为给出 H 原子的补偿剂,再生其他的机溶质。如 OH+ RH $\longrightarrow$ $H_2O+R·$ 反应中生成的自由基 R·,与 CySH 反应又生成 RH。

　　自由基清除剂和补偿剂都可以保护其他溶质免遭辐射损伤。与此同时,却消耗自己,因此把这类保护剂称为"牺牲保护剂"。故半胱氨酸常用作人体的辐射防护药和治疗药服用。

第二章

水的物理特性

第一节 水的基本物理特性

水具有以下许多特殊的物理性质。

一、水的形态、冰点、沸点

纯净的水是无色、无味、无臭的透明液体。

水在 1 atm(101 kPa),温度在 0℃以下为固体(固态水),0℃为水的冰点。从 0～100℃之间为液体(通常情况下水呈现液态),100℃以上为气体(气态水),100℃为水的沸点。

冰和水一样也能蒸发,一定温度下冰也有蒸气压,冰的蒸气压随温度的降低而变小。

某物质的凝固点(或熔点)是该物质的固相和液相蒸气压相等时的温度。这时固液两相可以长久共存。常压下水和冰在 0℃时蒸气压相等(4.579 mmHg),两相达成平衡,所以水的凝固点是 0℃。当外界大气压力改变时,水的凝固点变化极小。

随着温度的升高,水的蒸气压增加得很快。当液体蒸气压等于外界压力时的温度称为沸点。在 100℃时水的蒸气压是 760 mmHg,因此外界大气压为 1 大气压(760 mmHg)时,水的沸点就是 100℃,这是水的标准沸点。显然,当外界压力减小时,水的沸点降低;外界压力增大时,沸点升高。所以在高山上由于气压低,水不到 100℃就可以沸腾了。

沸点时水的气化热为 2.257 kJ/g,水的气化热较大,也是由于缔合分子存在,汽化时要消耗较多的能量。

二、水的比热

把单位质量的水升高 1℃ 所吸收的热量，叫做水的比热容，简称比热，水的比热为 $4.2×10^3$ J/kg ，即水的比热等于1 cal/g（即 $4.186\,8×10^3$ J/cal）。在所有液态和固态物质中，水的比热最大。这是因为水中存在缔合分子，当水受热时，要消耗相当多的热量使缔合分子离解，然后才使水的温度升高。

水的比热较大，对调节气温起着巨大的作用。工业生产上把水作为传热的介质，就是利用水的比热大这一特性。

三、水的气化热

在一定温度下单位质量的水完全变成同温度的气态水（水蒸气）所需要的热量，叫做水的汽化热。水从液态转变成气态的过程叫做汽化，水表面的汽化现象叫做蒸发，蒸发在任何温度下都能够进行。

水和所有其他液体一样，其分子在不断运动着，其中有少数分子因为动能较大，足以冲破表面张力的影响而进入空间，成为蒸汽分子，这种现象称为蒸发。液面上的蒸汽分子也可能被液面分子吸引或受外界压力抵抗而回入液体中，这种现象称为凝聚。如将液体置于密闭容器内，起初，当空间没有蒸汽分子时，蒸发速度比较大，随着液面上蒸汽分子逐渐增多，凝聚的速度也随之加快。这样蒸发和凝聚的速度逐渐趋于相等，即在单位时间内，液体变为蒸汽的分子数和蒸汽变为液体的分子数相等，这时即达到平衡状态，蒸发和凝聚这一对矛盾达到暂时的相对统一。当达到平衡时，蒸发和凝聚这两个过程仍在进行，只是两个相反过程进行的速度相等而已。平衡应理解为动态的平衡，绝不意味着物质运动的停止。

与液态平衡的蒸汽称为饱和蒸汽。饱和蒸汽所产生的压力称为饱和蒸汽压。每种液体在一定温度下，其饱和蒸汽压是一个常数，温度升高饱和蒸汽压也增大。水的饱和蒸汽压随温度升高饱和蒸汽压也增大。

四、冰(固态水)的溶解热

单位质量的冰在熔点时(0℃)完全熔解在同温度的水所需要的热量,叫做冰的熔解热。

五、水的密度

在 1 atm(101 kPa),温度为 4℃时,水的密度为最大,每立方厘米质量为 1 g,当温度低于或高于 4℃时,其密度均小于 1。

绝大多数物质有热胀冷缩的现象,温度越低体积越小,密度越大。而水在 4℃时体积最小,密度最大,为 1 kg/m³。水和冰的体积与温度的关系有一定的规律,0℃时体积最大,4℃时体积最小,4℃以上随温度增高体积变大。这一现象也可以用水的缔合作用加以解释。

水的这一性质对水生物植物的自下而上生长有着重要的意义。严冬季节,冰封江、湖、河面的时候,由于冰比水轻(0℃时冰的密度为 0.916 8 g/cm³ 而水的密度为 0.999 9 g/cm³),它浮在水面上,使下面水层不易冷却,有利于水生动植物的生存。

六、水的压强

水对容器的底部和侧壁都有压强(单位面积上受到的压力叫做压强),水内部向各个方向都有压强;在同一深度,水向各个方向的压强相等;深度增加,水压强增大;水的密度增大,水压强也增大。

七、水的浮力

水对物体向上和向下的压力的差就是水对物体的浮力。浮力的方向总是竖直向上的。

八、水的表面张力

水的表面存在着一种力,使水的表面有收缩的趋势,这种水表面的力叫做表面张力。

九、水的其他力学性质

范德华引力:对一个水分子来说,它的正电荷重心偏在两个氢原子的一方,而负电荷重心偏在氧原子一方,从而构成极性分子,所以当水分子相互接近时,异极间的引力大于相距较远的同极间的斥力,这种分子间的相互吸引的静电力称为范德华引力。

十、水的相图

为了表示水的3种状态之间的平衡关系,可以将压力作纵坐标,温度作横坐标,画出体系的状态和温度、压力之间关系的平面图,这种图称为相图或状态图(图2-1)。

众所周知,水有3种不同的聚集状态。在指定的温度、压力下可以互成平衡,即在特定条件下还可以建立其三相平衡体系。表2-1的实验数据表明水在各种平衡条件下,温度和压力的对应关系。水的相图(图2-1)就是根据这些数据描绘而成的。

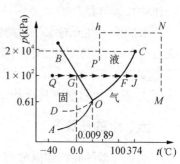

图2-1 根据实验结果绘制纯水的相图

表2-1 水的压力-温度平衡关系

温度(℃)		体系的水蒸气压力(kPa)	
−20	—	0.103	1.996×10^5
−15	0.191	0.165	1.611×10^5
−10	0.286	0.259	1.145×10^4
−5	0.421	0.401	6.18×10^4
0.009 89	0.610	0.610	0.610
+20	2.338	—	
+100	101.3		
374	2.204×10^4		

1. 两相线 图中 3 条曲线分别代表上述 3 种两相平衡状态,线上的点代表两相平衡的必要条件,即平衡时体系温度与压力的对应关系。在相图中表示体系(包含有各相)的总组成点称为物质点,表示某一相的组成的点称为相点,但两者常通称为状态点。

OA 线是冰与水汽两相平衡共存的曲线,它表示冰的饱和蒸汽压与温度的对应各相,称为升华曲线,由此可见,冰的饱和蒸汽压随温度的下降而下降。

OC 线是(蒸)汽与液(水)两相平衡线,它代表气-液平衡时,温度与蒸汽压的对应关系称为蒸汽压曲线或蒸发曲线。显然,水的饱和蒸汽压随温度的增高而增大,F 点表示水的正常沸点,即在敞开容器中把水加热到 100℃ 时,水的蒸气压恰好等于外界的压力,它就开始沸腾。在外界压力下液体开始沸腾的温度被称为正常沸点。

OB 线是固(冰)与液(水)两相平衡线,它表示冰的熔点随外压变化关系,故称为冰的熔化曲线。熔化的逆过程就是凝固,因此它又表示水的凝固点随外压变化关系,故也可称为水的凝固点曲线。该线甚陡,略向左倾,斜率呈负值,意味着外压剧增。冰的熔点仅略有降低,大约是每增加 1 个,就下降 0.007 5℃。水的这种行为是反常的,因为大多数物质的熔点随压力增加而稍有升高。

在单组分体系中,当体系状态点落在某曲线上,则意味体系处于两相共存状态,即 $\Phi = 2$,$f = 1$。这说明温度和压力只有一个可以自由变动,另一个随前一个而定。

必须指出,OC 线不能向上无限延伸,只能到水的临界点即 374℃ 与 22.3×10^3 kPa 为止,因为在临界温度以上,气、液处于连续状态。如果特别小心,OC 线能向下延伸如虚线 OD 所示,它代表未结冰的过冷水与水蒸气共存,是一种不稳定的状态,称为亚稳状态。OD 线在 OA 线之上,表示过冷水的蒸汽压比同温度下处于稳定状态的冰蒸汽压大,其稳定性较低,稍受扰动或投入晶种将有冰析出。OA 线在理论上可向左下方延伸到绝对零点附近,但向右上方不得越过交点 O,因为事实上不存在升温时该熔化而不熔化的过热冰。OB 线向左上方延伸可达 2 000 个压力左右,若再向上,会出现多种晶型的冰,称为同制多晶现象。

2. 单相面　自图 2-1,3 条两相线将坐标分成 3 个区域;每个区域代表一个单相区,其中 AOC 为气相区,AOB 为固相区,BOC 为液相区。它们都满足 $\Phi = 1$,$f = 2$,说明这些区域内 T 和 p 均可在一定范围内自由变动而不会引起新相形成或旧相消失。换句话说,要同时指定 T 和 p 两个变量才能确定体系的一个状态。另外从中亦可推断,由一个相变为另一个相未必非得穿过平衡线;如蒸汽处于状态点 M 经等温压缩到 N 点,再等压降温至 h,最后等温降压到 P 点,就能成功地使蒸汽不穿过平衡线而转变到液体水。

3. 三相点　三条两相线的交点 O 是水蒸气、水、冰三相平衡共存的点,称为三相点。在三相点上 $\Phi = 3$,$f = 0$,故体系的稳定、压力皆恒定,不能变动。否则会破坏三相平衡。三相点的压力 $p = 0.61\,kPa$,温度 $T = 0.009\,89℃$,这一温度已被规定为 273.16 K,而且作为国际绝对温标的参考点。值得强调,三相点温度不同于通常所说的水的冰点,后者是指敞露于空气中的冰-水两相平衡时的温度,在这种情况下,冰-水已被空气中的组分(CO_2、N_2、O_2 等)所饱和,已变成多组分体系。正由于其他组分溶入,致使原来单组分体系水的冰点下降约 0.002 42℃;其次,因压力从 0.61 kPa 增大到 101.325 kPa,根据克拉贝龙方程式计算,其相应冰点温度又将降低 0.007 47℃,这两种效应之和即 0.009 89℃≈0.01℃(或 273.16 K)就使得水的冰点从原来的三相点处即 0.009 89℃下降到通常的 0℃(或 273.15 K)。

图 2-1 为低压下相图,有一个三相点,而在高压下水可能出现同质多晶现象,因此在水的相图上就不止存在一个三相点,不过这些三相点不出现蒸汽相罢了。水在高压下共有 6 种不同结晶形式的冰,即Ⅰ、Ⅱ、Ⅲ、Ⅴ、Ⅵ、Ⅶ(普通冰以Ⅰ表示,冰Ⅳ不稳定),表 2-2 列出高压下水各三相点的温度和压力。

表 2-2　水在各三相点时的温度和压力

相	$T(℃)$	$p(kPa)$
(Ⅰ)、水、汽	+0.009 9	0.610
水、Ⅰ、Ⅱ	-22.0	2.073×10^5
水、Ⅲ、Ⅴ	-17.0	3.459×10^5
水、Ⅴ、Ⅵ	+0.16	6.252×10^5
水、Ⅵ、Ⅶ	+51.6	2.195×10^6
Ⅰ、Ⅱ、Ⅲ	-34.7	2.127×10^5
Ⅱ、Ⅲ、Ⅴ	-24.3	3.440×10^5

　　至此我们已明了相图中点、线、面之意义,于是可借助相图(图 2-1)来分析指定物系当外界条件改变时相变化的情况。例如,101.325 kPa,-40℃的冰(即 Q 点),当恒压升温,最终达到 250℃(即 J 点)。其中物系点先沿着 QJ 线移动,此时先在单一固相区内,由相律可知 $f^* = 1$,故温度可不断上升。当抵达 G 点,即固-液两相线时,冰开始熔化,冰点不变 $f^* = 0$,直到冰全部变成液态水。继续升温,状态点进入液态水的相区又恢复 $f^* = 1$,故可右移升温至 F 点,它位于水的蒸发曲线上,故水开始汽化,沸点不变即 $f^* = 0$,直到液态水全部变成水蒸气。继续升温右移,$f^* = 1$ 即进入水的气相区,最后到终点 J。

　　OC 曲线称水的蒸气压曲线,代表水和蒸气的两相平衡体系。OC 线上各点表示在各该温度和对应的压力下,水的蒸气才能长久共存。C 点称临界点、该点的温度是 374℃,称为临界温度(高于这个温度时,不管使用多大的压力也不能使水蒸气液化);压力达到 218 个大气压时,称为临界压力(在临界温度时,使水蒸气液化所需要的压力)。

　　OA 线是冰的蒸气压曲线(即冰的升华曲线),OA 线上各点表示在各种温度和压力下,冰和蒸气两相才能长久共存。

　　OB 线是水的凝固曲线,线上各点是水和冰达到平衡时相应的压力和温度。这条线几乎与纵坐标平行,说明压力改变时水的凝固点变化不大。

　　三条曲线上的各点,代表两相处于平衡。指定温度压力就可确定,如果维持两相共存的状态,则不能同时独立地改变温度和压力,而只能沿着 OC、OA、OB 改变二者之一(温度或压力),否则将发生状态变化(亦称相变)。

　　例如,OC 线上的 g 点表明温度为 t 时与水成平衡的蒸气压为 p,该平衡体系中水和蒸气两相共存;当温度由 t 增加到 t_1 时,压力必须沿着 OC 线增加为和 h 对应的 P_1;假若压力维持 P 不变,则体系相当于 J 点,体系中的水将完全变为蒸气;如将压力增加到 P_1 而维持 t 不变,相当于 k 点,体系中的蒸汽将完全凝聚为水。因此,要维持两相共存,能独立改变的条件只有一个(温度或压力)。

　　三条线的交点(O 点)表示冰、水、水蒸气三相共存时的温度和压力,所以 O 点称为三相点。对应的压力是 4.579 mm·Hg,温度 0.01℃(273.16 K)。要维持三相平衡,则须保持此温度和压力;改变任何一个条件都会使三相平衡遭到破坏。

　　三条曲线将平面分为 3 个区:AOC 是气相区,BOC 为液相区,AOB 为固相区。在每个区中只存在水的一种状态,称为单相区。如 AOC 区域中,每一点相应的温度和压力下,水都呈气态。在单相区中,温度、压力可以在一定范围内同时改变而不引起状态变化(即相变),我们只有同时指定温度和压力,体系的状态才能完全确定。

　　其他物质也可以画出相图,研究相图可以掌握物质状态变化的规律。如在固相区里,高于三相点压力的任意点,当升高温度时,固体必须经过液相区变为液体再转变为蒸汽。但低于三相点压力的点,恒压下不断升温,并不经过液相区而直接从固态变为气态(升华)。就是说,只要其蒸汽压不超过三相点的压力,固体可以不经过液态而直接气化为蒸汽。显然,三相点的压力越高,固态物质越容易升华。碘、三氯化铁、樟脑等物质在常压下加热就能升华便是这个道理。这些物质都可以用升华的办法提纯。

十一、重水

由氘$^2_1$H 组成的水叫做重水或氧化氘 D_2O,普通水中重水所占的比例很小,约占普通水质量的 0.02%。

重水最初是通过电解水而得到的。在电解过程中,D_2O 向阴极迁移比 H_2O 慢得多,于是 H_2O 首先分解,D_2O 被留下,经长时间的电解,最后可以得到很纯的 D_2O。

现在,重水是通过一种交换平衡过程来生产的,这种方法比电解法成本低而效率更高。当水(含有少量重水)和气态硫化氢相混合时,氘原子在硫原子和氧原子间进行交换,低温下有利于同氧结合成 D_2O,而在高温下有利于同硫结合形成 D_2S。

如果在升温下让水蒸气和硫化氢彼此以相反方向对流,硫化氢就被水饱和,并且通过交换富集了 D_2S。将饱和了硫化氢的水蒸气冷却成液体时,就发生逆向交换过程,富集了 D_2O,其中含 D_2O 约 15%,然后通过电解,富集成 99.8% 的 D_2O。工厂中每生产 1 t 重水,必须加工 45 000 t 水,循环使用150 000 t H_2S。

重水在外观上和普通水相似,但许多物质性质与 H_2O 不同。

此外,重水的表面张力、离子积($[D^+][DO^-] = 2 \times 10^{-15}$)的数值及盐类在重水中的溶解度,都比普通水小。D_2O 的反应速度比水所参加的同样反应要慢些。

重水的主要用途是在核反应堆中作为"减速剂",它用于减小中子的速度,使之能符合发生裂变过程的需要。

由于重水比普通水约重 10%,它在一种水溶液中的存在量即使少到十万分之一也能检出。因此重水和氘在研究化学和生理变化中是一种宝贵的示踪材料。例如,用稀 D_2O 灌溉某些树木,可以测知水在这些植物中运行速度极快,每小时可行十几公尺到几十公尺。把金鱼养在含有很少 D_2O 的水中,可以确定水在鱼体与周围介质之间的全部交换在 4 小时内已经完成。测定饮过大量稀 D_2O 的人尿中氘的含量,证明水分子在人体中停留时间平均 14 天。可见,用氘代替普通氢,可以研究动植物的消化和新陈代谢过程。浓的或纯的 D_2O 不能维持动植物的生命,重水对一般动植物的致死浓度约为 60％。

第二节　简介水的几个物理特性

一、水的溶解性与食味

水的分子结构非常简单,由两个氢原子和一个氧原子呈一定对称性组成"V"形分子。这种结构导致水分子在氧的一边出现微弱的负电,而在氢的一边形成微弱正电,所以水分子很容易相互形成立体的连接,也使它很容易与其他物质的原子因电荷的吸引而相互接合,因而使水有很强的溶解其他物质的能力。

二、水的密度与地球生命

大多数物质在一定压力下,随着温度的下降,其密度会上升;而水却比较特殊,在温度>4℃时,水是遵循这一规律的,包括从气态水到液态的过程。但在<4℃后,水的密度反而开始减小,即水在 4℃时的密度最大。水的这种固态密度小于液态密度的特性在自然界中几乎是独一无二的。

三、水的表面张力与植物的吸水

水分子之间的吸引使得水有一定的形状,如在重力场中水滴是上小下大的尖椭圆球体而不是散开的。也正是水分子之间的这种内聚力使得水与空气接触的表面形成了与水内部不一样的特征,即表层分子因所受内聚力不同而具有比内部水分子更高的势能,于是产生表面的收缩,在表层上形成一定的张力,可以承受一定的重量。同样在水与容器的接触处,由于水分子之间和水分子与容器的固体分子间的分子作用力的共同作用,水会沿壁上升或是下降一定的位置,这就是水的毛细现象。对于植物的根脉来说水是浸润的,即水会在没有外来压力的情况下自动沿植物的毛细管或毛细缝上升,其上升高度与毛细管的宽度及水溶液本身所含物质以及地球的引力等因素相关。对于大多数长度不足1m的植物而言,利用水的毛细现象吸收水分是一个重要的手段。如果在生活中水没有了这一特性,你桌上的水也就无法用布或纸吸干。

四、熨斗对水潜热的利用

水蒸气当中蕴藏着大量的潜热。一旦水蒸气遇到冷物体就会液化,这一过程将快速地释放出潜热。人们利用水的这一特性制成的蒸汽熨斗,可以利用热能将衣服熨成我们想要的形状。当然,做饭时要小心,不要让水蒸气遇到你的手,否则蒸汽中放出的潜热将烫伤皮肤。

五、水的蒸发与凉爽的感觉

除了前面提到的对液态水加热可使其汽化之外,实际上在其他任何温度下水都可以小规模地汽化,我们把这一现象叫水的蒸发,比如一年四季晒在外面的衣服都有可能晒干,这就是因为水的蒸发的缘故。为什么在任意温度下水分子都能蒸发?从微观角度来说是少数的受束缚的水分子变成了可任意移动的水分子,从宏观角度来看就是液态水汽化了。当然在这一过程中,水是要吸热的。炎热的夏天洒一点水在手臂上或是自己体内冒出一点汗水,感觉是如此凉快,就是因为水在蒸发过程中带走了人体体表的热量。再加上水有强溶解其他物质和能流动的特点,所以再洗个澡会让人觉得身上又清洁又凉快。当然还有很多更容易蒸发的液体,如乙醇,但乙醇比水更贵,对老百姓来说再没有比水更方便、更便宜的散热剂了。

六、水的比热与地球温度

比热是指将1 g物质每升高1℃所要的热量。在一切固态和液态物质中,除氨之外,水有最大的比热,通俗地讲它能吸收大量的热而温度改变不多,这就是夏天在水边感觉更凉快,冬天在水上感觉更加冷的原因。在地球的海洋地区,由于水的调节,它的温度变化范围在-2~35℃之间,所以一般沿海地区都是冬季不太冷,夏季不太热。而在陆地干燥地区如沙漠里,其温度可以在-70~57℃之间变化。在没有水的月球上,其温度则可以在-155~135℃之间变化。当气温下降时,水会因为温度降低而放出大量的热以增高周围环境温度;当气温升高时,水会吸收大量的热而减低周围环境温度的升幅,这就是水对地球气温的调节作用。也正是水的这一气温调节作用,为相对脆弱的生命形式的存在提供了一个重要的保证。可见这个"温度弹簧"对形成今天适宜生命的特殊气候十分重要。

第三节　冰

水是一种特殊的液体。它在4℃时密度最大。温度在4℃以上,液态水遵守一般热胀冷缩规律。4℃以下,原来水中呈线形分布的缩合分子中,出现一种像冰晶结构一样的似冰缔合分子,叫做假冰晶体。因为冰的密度比水小,假冰晶体的存在,降低了水的密度,这就是为什么水在4℃时密度最大,低于4℃密度又要减小的奥秘。

到目前为止,已经能够在实验室里制造出8种冰的晶体。但只有天然冰能在自然条件下存在,其他都是高压冰,在自然界不易存在。

由于水分子间是由氢键缔合这样的特殊结构所决定的,所以根据近代X线的研究,证明了冰具有四面体的晶体结构。这个四面体是通过氢键形成的,是一个敞开式的松弛结构,因为5个水分子不能把全部四面体的体积占完,在冰中氢键把这些四面体联系起来,成为一个整体。这种通过氢键形成的定向有序排列,空间利用率较小,约占34%,因此冰的密度较小。

水溶解时拆散了大量的氢键,使整体化为四面体集团和零星的较小的水分子集团(即由氢键缔合形成的一些缔合分子),故液态水已经不像冰那样完全是有序排列了,而是有一定程度的无序排列,即水分子间的距离不像冰中那样固定,H_2O分子可以由一个四面体的微晶进入另一微晶中去。这样分子间的空隙减少,密度就增大了。

温度升高时,水分子的四面体集团不断被破坏,分子无序排列增多,使密度增大。但同时,分子间的热运动也增加了分子间的距离,使密度又减小。这两个矛盾的因素在4℃时达到平衡,因此,在4℃时水的密度最大。过了4℃后,分子的热运动使分子间的距离增大的因素占优势,水的密度又开始减小。

黄河流域是中华民族的摇篮,孕育了华夏五千年的文明。但是黄河洪水和冰害经常掠去两岸人民的财产和生命。

远在公元前四百多年,对于黄河的冰情已有详细的记载:"孟冬之月,水始冰,地始冻。仲冬之月,冰益坚,地始坼。季冬之月,冻方盛,水泽腹坚,命取冰,冰以入。孟春之月,东风解冻,蛰虫始振,鱼上冰。"这是世界上最早的有关结冰、封冻和解冻的冰情文字记录。

对冬季河流冻结作冰情观测,是水文工作者的日常工作。河水在冻结过程中会出现多种多样特殊的冰情,记载并研究这些冰情,对于防治河冰灾害有重要意义。一条河流,从开始结冰,河面封冻,一直到解冻,有以下这些主要冰情。

冰凇——漂浮在水中的针状或薄片状透明的冰晶,在水面或水中形成。冰晶多半聚集成松散易碎的团块。

棉冰——落在水面的雪聚集而成,好像浸湿了的棉花,一点点或一片片漂浮着。

岸冰——河流两岸冻结成的固定冰带,分为初生岸冰、固定岸冰和冲积岸冰3种。

水内冰——水中生长的冰,可以在水面、水中和水底同时生成,是一种海绵状或饭团状多孔而不透明的冰体,有些近似于浸透了水的雪。

冰花——浮在水面的水内冰。

冰礁——固结在河底的小冰岛,由水内冰堆积,或者与棉冰、冰凇和冰花等结合而形成,能迅速地从河底增长到水面。水内的冰礁不结实,长到水面后就冻结得很紧密。

流冰——河中漂流着的冰块,春季流冰对水上建筑物威胁很大。

冰坝——流冰在河道狭窄或浅滩处堆积起来,阻塞住整个河流断面,像一座用冰块堆成的堤坝。冰坝往往使河流发生严重阻水,抬高水位,对河堤造成威胁。

冰堆——由冰挤压而冻结在一起的冰块,有时分布在冰层表面,有时出现在岸边。

冰裂——气温和水位的剧烈变化,使冰盖上出现的裂隙。

冰塞——封冻冰层下面的河道,被冰花和碎冰临时阻塞。冰塞缩小了河流过水断面,使上游水位被迫提高,甚至高于洪水位,也会造成严重事故。

清沟——冻结的河道中的一段没有冻结的河段。清沟是由于暖的地下水或污水排入、或急流处不易封冻而形成的。小的清沟好像裸露的洞穴,所以也称为冰穴。清沟下能生成大量的水内冰。

冰丘(冰锥)——封冻冰层中发生裂缝,河水从缝中冒出来冻结而成。冰丘的冰也叫冒水冰。

连底冻——河流断面全部冻缩。

冰层浮起——岸边融冰或水位暴涨时,封冻冰层不碎裂而浮于水面。

冰滑动——封冻河流开河前冰层向下游滑动一段距离后又停滞下来,往往给河床堤岸以很大的破坏。

冰凌堆积——春季淌凌时河道断面被冰凌局部阻塞。冰凌堆积严重,往往形成冰坝,对河堤有相当危害。

根据一条河流的冰情观测资料,就能够绘制出该河的冰情图来,这是河流水文的基本资料之一。

河水是怎样结冰的?

根据书本知识,当温度降到0℃时水就会变成冰。但实际情况并非如此简单。一方面自然界中的水不是纯净的水,里面溶解了很多物质,水的凝固点降低,水需在0℃以下才能冻结;

另一方面,当温度刚好由零度以上降到 0℃时,水是不会结冻的,因为结冰时放出的潜热很大,如果正好是冰点,刚生成的冰晶又会很快融化掉。所以,一般温度在零度以下河水才出现冻结现象。

　　静水结冰需要较甚的过冷,实验室里曾经记录到蒸馏水过冷到−20℃还不见冰晶出现的数据。一般静水冷却到 4℃后,水面继续降温,仅能使表层发生冷却,底层在较长时间里还是维持在 4℃的温度,所以静水冻结是从水面开始的。

　　初冬时节河流淌凌是河流开始结冰的最初阶段。河水是汹涌流动的,流水结冰过程与静水很不相同。流水由于处在流动状态,紊流扰动强,不仅表层冷却迅速,就是底层也同时降温,水面和水内几乎可以同时结冰。大多数研究者认为,河流结冰是同时在水面和水中发生的。理由是河流混合作用强,在结冰前河水上下都能达到大体相同的温度,只要有结晶核,就可以在任何地方开始结冰。底冰的存在证明了这种理论的可能性。

　　河流封冻有两种情况。一种是从岸边开始,先结成岸冰,向河心发展,逐渐汇合成冰桥,冰桥宽度扩展,使整个河面全被封冻。还有一种是流冰在河流狭窄或浅滩处形成冰坝后,冰块相互之间和冰块与河岸之间迅速冻结起来,并逆流向上扩展,使整个河面封冻。

　　冰凌——河流解冻

　　当大地回春,气温升高的时候,河流里的冰开始化解,分解的冰块随着河水向下流动,河流开封。但是并不是所有的河冰都这样斯斯文文地解冻,让河流顺利开河,有时候解冻来得很快,特别是气温猛升或水位暴涨,大块冰凌汹涌而下,这样就容易造成冰凌。科学家们给这两种河流开河方式起了很有趣的名字,对于慢慢的解冻的开河方式叫文开河,对于迅速解冻容易引起冰凌的开河方式叫武开河。

　　由南向北的河流特别容易发生武开河。当上游已是春光明媚,下游还是冰封千里的时候,融水带着冰凌顺流而下,时而阻塞,水位抬高,时而溃决,横冲直撞,使下游冰层骤然胀破,于是形成巨大的冰排,向下猛冲,对桥梁、堤坝危害严重。冰凌对桥墩威胁最大。春季淌凌时出现大冰排威胁桥墩,需要用飞机或其他措施把冰排炸碎。

由冰凌壅塞引起的暂时涨水,叫做凌汛。黄河上游从宁夏到内蒙的河套段和下游在山东入海的地方,由于河段北流,经常出现凌汛。凌汛期间易出险情,一是凌汛来势猛烈,二是地冻未消,取土抢险困难。据统计,新中国成立前,黄河改道后的百余年间,仅山东境内因凌汛决口就有 35 次之多,给沿岸人民造成很大的损失和痛苦。

第四节 水的能量

水是由两个氢原子和一个氧原子组合而成的,水分子式为H_2O,这是人所共知的。自然界的液态水是以什么形式存在,直到 20 世纪中叶,科学界才搞清楚这个问题。由于水分子是极性分子的原因,自能界的液态水不是以单分子的形式,而是以分子团簇的形式存在。那么自然界最小的水分子团是由几个水分子缔合而成的呢? 是 6 个水分子,俗称六角水或六环水。自来水一般是由 13 个水分子缔合而成的水分子团;纯净水是由30～40个水分子缔合而成的水分子团;乡间的死潭水,是由200～300个甚至更多水分子缔合而成的水分子团。习惯上把小于 10 个水分子缔合而成的水分子团称为小分子团,把大于 10 个水分子缔合而成的水分子团称为大分子团。水分子团愈小,活性愈大,口感愈好,这种水就好喝;相反,水分子团愈大,活性愈小,口感愈差,这种水就不好喝。自然界的雪花就是六角形的,所以雪融水是天然的小分子团。在自然界中,雪融水有利于浮游生物、绿色藻类的生长,植物吸收雪融水的能力,比吸收自来水的能力大2～6 倍。雪融水进入生物体后,能刺激酶的活性,促进新陈代谢,所以"瑞雪兆丰年"是有科学根据的。除了雪融水之外,冰川水,来自深层地下岩层的矿泉水,山间溪水,瀑布水,流动的河水,在没有受到污染的情况下,都有小分子团的结构,属于天然的好水。人类就是在这种有自然属性的好水中繁衍生息,不断进化的。但是,由于污染的原因,人类赖以生存的水退化了。污染物进入水中,在给水造成污染的同时,也造成了水功能的降低,水分子的结构,由小分子团变成排列顺序杂乱无章的大分子团,这就是水的退化。由于水的退化,使水成为病态水、衰老水、失去活力的水。如果说水的污染是看得见的杀手,那么水的退化则是看不见的杀手。水的退化可以说是现代文明病发病率逐年升高的重要原因之一。水营养专家曾说,水退化是人们健康的隐形杀手。水退化了能不能重新启动?并不是随便什么水都能启动的。不管用什么先进的净化技术将水中的污染物都清除掉,哪怕是纯了又纯,这些退化了的水还是不能被复原。所以目前市场出现的种种品牌的纯净水只能是"至清的死水"。水的天然面目如下:第一,水中没有毒、没有有害的污染物(这些有毒有害的污染物是必须清除的,还水干净的本来面目);第二,水中必须含有一定比例的对生命有益的矿物质和微量元素(水孕育了生命,水中的生命动力元素促进了生命的产生和发展,因此水中的矿物质和微量元素是必不可少的);第三,必须给水一定的能量,这种能量的形式可以多样,如光能、热能、电能、磁能,包括远红外线能、电磁场能以及宇宙能等。能量的大小要能打断水分子团间的氢键,把水的大分子团打乱,让其以微量元素为支架,重新组成排列有序的小分子团(还水天然的小分子团结构的属性)。具备以上3条,才能重新启动退化水,即称为活化水。生水是好水的必要条件,开水是死水。

　　纯水和蒸馏水(不含矿物质)中是无法产生生命的,无论喝多少,都不能使生命充满活力。即使含有矿物质的水,在煮沸后仍然失去一些效用,唯有含有形成身体成分的微量矿物质的生水,才是充满活力的水,对维持体内新陈代谢至关重要。

　　自然界的生水中通常都含有丰富的矿物质和氧,通常却将其煮沸,开水中的氧气被蒸发掉了,对人体有益的矿物质也变成了壶垢沉在壶壁上,因此开水是"死水"。好的生水,钾、钠、钙等矿物质和氧巧妙地混合在一起进入到人体内,能够发挥恰当的功能来促进机体健康。

　　水的化学成分如果按质量百分比看,含有 11.11％的氢和 88.89％的氧。如果按体积来看,则有 2 份氢 1 份氧。单独存在的水分子叫做单水分子,水分子发生缔合可构成双水分子、三水分子等。水的特性包括沸点高、蒸发热大、热容高、反常膨胀、良好溶剂、能不断发生缔合等。

　　水同其他物质一样,受热时体积增大,密度减小。纯水在 0℃ 时密度为 999.87 kg/m³,在沸点时水的密度为958.38 kg/m³,密度减小 4％。在正常大气压下,水结冰时,体积突然增大 11％左右。冰融化时体积又突然减小。据科学家观测,在封闭空间中,水在冻结时,变水为冰,体积增加所产生的压力可达 2 500 atm。这一特性对自然界和工业有重要意义。岩石裂隙在反复融冻时裂隙逐渐增大就是这个道理。地埋输水塑料管为防冻坏,一般要求一定的埋深(大于冻土层深度)。

　　水的冻结温度随压力的增大而降低。大约每升高达 130 atm,水的冻结温度降低 1℃。水的这种特性使大洋深的水不会冻结。

　　水的沸点与压力成直线变化关系。沸点随压力的增加而升高。

　　水的热容量除了比氢和铝的热容量小之外,比其他物质的热容量都高。水的传热性则比其他液体小。由于这一特性,天然水体封冻时冰体会慢慢地增厚,即使在水面长期封冻时,河流深处可能仍然是液体,水的这种特性对水下生命有重要意义。水的这一特性对指导灌溉也有意义,如进行冬灌能提高地温,防止越冬作物受低温冻害。

　　水的流动特性形成了水循环,水的循环和空气循环一样带来了生命延续的活力。水同时具有固体和气体的特性。

　　1. 水很难被压缩　因为水具有像固体一样的分子间距,水很难压缩。

　　2. 水分子充满了活力　分子活性决定了物质的变形特性,分子活性高的物质受很小的外力影响就容易变形,按照分子活性来说气体→液体→固体的顺序排列。水的分子活性大约是气体的一半,这就是水会像气体一样容易流动的原因。

黏性与其说是物质的特性,不如说是物质形状改变的一种状态。或者可以说是指物体缓慢变形的一种状态。为什么在这里说黏性呢,因为水在不同的状态下会有不同的表现。当水介于固体之间时,根据固体间距的变化,水也会表现出不同的性状。水的半幅宽≤100 Hz。

第三章

水的生物学特性

第一节 天然水体的生物学特性

水中所有生物依其生态功能可分为三大类：①生产者；②消费者；③分解者。

1. 生产者

（1）水生高等植物

1）沉水植物，整个植物体完全沉没在水下，如鱼—草、尹绿藻等。

2）浮水植物，浮在水面。①浮叶植物：根扎入水体底泥中，只有叶片浮于水面，如菱等；②漂浮植物：全株浮于水面，如浮萍、风叶莲、水葫芦等。

3）挺水植物：茎叶大部分直立水面，如鸢尾、芦苇等。

（2）藻类：主要有浮游藻类和固着藻类两大类，如硅、绿、蓝、甲、金、黄等藻。

上述生产者的共同特点就是含有叶绿素，每年在春、秋两季出现藻类生长繁殖高峰，如果水体营养物质很丰富（含大量氮、磷），往往在水中大量繁殖，形成"水华"，对其他水生生物造成危害。

2. 消费者　指水生动物。①浮游动物：原生动物、轮虫类，枝角类，桡足类；②底栖动物：生活在水体底部的各种动物的总称；③游泳动物：主要指各种鱼类。

3. 分解者　主要是指细菌、真菌、病毒三类的微生物以及部分原生动物，这类生物的特点是身体结构简单、形体微小、生长繁殖快、种类和数量多、分布广,主要功能是分解所有水生动、植物残骸及其排泄物,使之转化为可供生产者重新利用的形态。

4. 初级生产和次级生产

(1)初级生产者:生产者在阳光作用下进行光合作用,以无机物碳水化合物、氮、磷等为原料生成有机物的生产过程。

(2)次级生产过程:是指消费者和分解者利用初级生产者的初级生产物的同化过程。它表现为动物和微生物的生长、繁殖和营养物质的贮存。

(3)次级生产量:在单位时间内由于动物和微生物的生产和繁殖而增加的生物量或所贮存的能量即为次级生产量。

5. 初级生产力 光合作用积累太阳能进入生态系统的初级能量,称为初级生产;初级生产积累能量的速率称为初级生产力。

初级生产力的计算:一般是根据产氧量进行计算,光合作用大、产氧量大;光合作用小,产氧量小。

具体为:白　瓶　　测 24 小时后的溶氧量

　　　　黑　瓶　　测 24 小时后的溶氧量

　　　　初始瓶　　测当时的溶氧量

(1)水层日产量的计算(MGO_2/L)

净生产力 = 白瓶溶解氧量 − 初始瓶溶解氧量

呼吸作用量 = 初始瓶溶解氧量 − 黑瓶溶解氧量

毛生产量 = 白瓶溶解氧量 − 黑瓶溶解氧量

(2)水柱日产量计算:指面积为 1 m^2,从水表面到水底的整个柱形水体的日生产量,可用算术平均值累积法计算。

第二节　生命起源的化学进化过程

米勒模拟实验(Miller simulated experiment):一种模拟在原始地球还原性大气中进行雷鸣闪电能产生有机物(特别是氨基酸),以论证生命起源的化学进化过程的实验。

指导思想：①太阳、历史上可能变化较小的巨行星（如木星和土星），它们的大气都是没有游离氧（O_2）的还原性大气，主要成分是氢（H_2）、氦（He）、甲烷（CH_4）和氨（NH_3）；由此推测原始地球的大气，大概也是这样的还原性大气。②据测定，现在能作用于地球大气层的能源，主要是太阳辐射中的紫外线、雷电和宇宙射线等。其中宇宙射线不足以合成有机物，还原性气体仅吸收短波紫外线，但短波紫外线（波长＜1500 Å）在太阳辐射紫外线中仅占极微量，可作有机合成能源的量极少；而每年雷电次数较多，可作有机合成的能量较大，又在靠近海洋表面处释放，这样在原始地球还原性大气中合成的产物就很容易溶于原始海洋之中。基于上述考虑，1953 年美国芝加哥大学研究生米勒在其导师奥雷（H. C. Orey）指导下，在实验室内进行了模拟原始地球还原性大气中雷鸣闪电的实验，看看能否合成有机物，特别是氨基酸、核糖、嘧啶、嘌呤等组成蛋白质和核酸的生物小分子。

氨基酸生成的可能机制：米勒在火花放电的头 125 小时内，不断打开 U 形管的活塞抽样，进行分析，发现首先合成了大量的氰化物和醛类；以后它们的合成速度逐渐下降，而在整个实验期间，均以近乎恒定的速度合成氨基酸。过程如下：首先甲烷与氨作用生成氰，甲烷与水作用生成醛类；然后氰、醛类与氨作用生成氨基腈（aminoni-trile）；氨基腈水解就生成氨基酸。

第四章

水的医学

如同阳光与空气一样,水是人类和生物的生命之源。生命的起源和孕育均离不开水,没有水就没有生命,水是生命的第一要素。地球上有不需要阳光的生物,有不需要氧气的生物,但是绝对没有不需要水的生物。在现实生活中,生命一刻也离不开水。一个人的体重中,水占有 2/3,其中脑脊液中的 95%、血液中的 80%都是水,就是被认为是比较坚硬的牙齿珐琅质中也含水 3%。如果机体失水 1～1.5 kg,首先就会出现口渴;失水量占体重的 20%时,就会发生代谢紊乱;失水量超过体重的 25%时,生命就会终结。

水对人类是如此的重要,但目前社会上却存在一些饮水问题。

(1) 现在水盲比文盲多,而且知识层次高的人群水盲反而多,他们往往自认为"懂水",但恰恰相反,这类人群中不懂喝水的大有人在。

(2) 一般人都喝水不足。缺水是百病之源,当身体出现一些轻微病症时,往往就是身体缺水的信号,其实这时候只要补水就可以缓解,但很多人却用药物来"治疗",以致步入缺水越来越严重,用药越来越多的恶性循环。

(3) 科学在发展和进步,人们对水的认识却在倒退,现代人对水的认识却远不及古人。古人曰"饮食应以水为先",而现代人在饮食上是以食为先;古人曰"厚水为佳",而现代人"薄水为佳";古人曰"七分水,三分茶",而现代人是"七分茶,三分水"。

(4) 人一天都不能离开水,却对水的认识少、关心少、珍惜少,错误地认为水是一种取之不尽、用之不竭的资源,每天都在不自觉地浪费水、污染水、破坏水。

(5) 古人曰"水是百病之源"。病既然因水而生,就应该可以因水而治。李时珍把"水篇"列为《本草纲目》首篇,自有他的道理的。

水可以具有一定的功能,并可以产生对人体健康有益的作用。水是生命之源、健康之本,水质决定体质,体质决定健康。根据世界卫生组织的一份报告,人类 80% 的疾病与水有关,这一科学论据充分说明了水与人类健康的重要关系。提高人们对饮用水与疾病和生命安全关系的重视度变得尤为重要。

第一节 水的生理学

水是人的机体内含量最多的物质,它是维持生命最重要的物质之一。体内各种生命现象几乎全部在水中进行,包括运输、排泄、交换、调节体温及各种生物化学反应过程,因此水是人体每日不可缺少的物质,水的供应一旦停止,人的生命仅能维持数天。要了解水的生理学,必须先弄清楚以下 3 个方面的问题,即水的需要量、水在体内的分布和水的生理功能。

一、水的需要量

人体对水分的需要量因环境中温度、湿度的变化,工种及劳动强度等不同而有很大的差别。人体为了调节体温、排出代谢废物及维持体内环境的稳定,需要足够的水分供应。水分的来源绝大部分依靠饮水及食物中所含的水,经胃肠道吸收进入体内;仅少量水分由体内代谢过程所产生(通常称为内生水、氧化水或代谢水)。水的排出途径有肾脏、皮肤、肺道、消化道。通常正常人在无明显出汗的情况下,每日排出的水分应在 2 500 ml 左右,最低不应少于 1 500 ml。正常成人每日出入体内的水量,见表 4-1 和表 4-2。

表 4－1　正常成人每日出入的水量(ml)

	水来源		排出	
摄入水	饮水	1 300	呼吸道(水蒸气)	400
			皮肤(汗)	500
	食物含水	900	胃肠渣(大便)	100
内生水		300	肾脏(尿)	1 500
合计		2 500		2 500

表 4－2　正常人非工作状态下每日水分出入量(ml)

	出水量			入水量
	尿	粪	不显性失水	
婴儿	200～500	20～40	75～300	330～1 000
儿童	500～800	40～100	300～600	1 000～1 800
成人	800～1 000	100～150	600～1 000	1 800～2 500

二、水在体内的分布

体内各组织的含水量并不相同,代谢越活跃的组织含水量越高;稳定而代谢不活跃的组织含水量低。其中含水量最多的组织为脑脊液、血液,含水量最少的组织为骨骼和牙齿的釉质(表 4－3)。

表 4－3　成人各器官、组织、体液中的含水量(%)

器官或组织名称	含水量	含水量占体重的
脂肪组织	25～30	18
骨	16～46	16
齿釉质	3	—
肝	70	2.3
皮肤	72	7.0
脑髓(白质)	70	2.0 ⎫ 包括脑和脊髓
脑髓(灰质)	84	2.0 ⎭
肌肉	76	41.6
心脏	79	0.5
结缔组织	60～80	—
肺	79	0.6

器官或组织名称	含水量	含水量占体重的比例
肾	82	0.3
血液	83	5.0(此值代表由尸体抽出的血)
红细胞	65	
血浆	92	
脑脊液	99	
胆汁	86	
乳汁	89	
尿液	约95	
唾液	99.4	
汗液	99.5	

另外,人体内含水量与人的年龄、胖瘦、性别有关。年龄越小,体内水分含量越高;瘦人体内所含脂肪少,水分含量就高;反之,胖人含脂肪多,体内所含水分就低;同龄的女性体内的脂肪比男性多,含水量比男性低。由表中可见脂肪含水量为25%～30%,而肌肉含水量为76%。因此肥胖者的含水量较体瘦者或肌肉发达者为少,一般临床粗略估计或计算人体含水量约占体重的60%。

三、水的生理功能

水是机体中含量最多的组成成分,是维持人体正常生理活动的重要物质之一,水的生理功能如下。

1. **构成组织的重要成分**　水在维持组织器官一定的形状、硬度和弹性上起重要作用。体内的水除一部分以自由状态存在外,大部分以与蛋白质、黏多糖等相结合的形式存在。因此,体内某些组织含水量虽多(如心脏含水约79%),但仍具有坚实的形状。

2. **调节体温**　水能维持产热与散热的平衡,1 g水在37℃完全蒸发时需要吸收2 407 J热量,所以蒸发少量的汗就能散发大量的热。水的流动性大,能随血液迅速均匀分布全身。由于水具有这些特性,故有利于体温的调节。

　　3. 参与体内物质代谢和运输养料　水是生物体内的良好溶剂,很多化合物都能溶解或分散于水中,是摄入人体内的各种营养物质的载体,这是体内生化反应得以进行的重要条件,没有水,其他营养物质就像干涸河床上的泥沙,失去了它们的功能。另外,水的介电常数高,有促进体内化合物解离和促进化学反应的作用。水还能直接参与体内的水解和水合等反应。此外,溶解与分散于水中的所有物质,可通过血液循环而运输。可见,水具有重要的运输作用(图 4 - 1)。

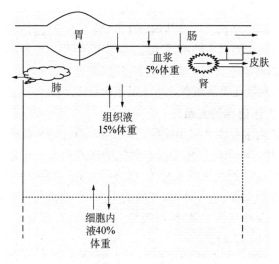

图 4 - 1　成人体内水的分布与交换

　　4. 润滑作用　泪液、唾液、关节囊的滑液、胸膜腔和腹膜腔的浆液等对于所在部位生理功能起到润滑作用,如防止眼球干燥有利于眼球转动,保持口腔和咽部湿润有利于吞咽、关节转动及减少组织间的摩擦等。

第二节　水的生物化学

　　人体健康要讲究生理平衡,其中保持人体每日水平衡非常重要。人体每日依靠饮水和饮食获得水分,又通过机体内各种排泄多余的水分排出。在正常情况下,机体每日摄入的水分和排出的水分基本相等,这就是水在机体内的动态平衡。

一、体内水的来源和去路

(一) 体内水的来源

人体内水的来源有饮水、食物中所含的水和代谢产生的内生水3种。每个人饮水量因人而异,变化很大,因气候、劳动强度、生理状况和个人生活习惯而不同。一般成年人每日约饮水1 200 ml;从固体或半固体食物中每日约摄入水1 000 ml;内生水为糖、脂肪、蛋白质等在体内氧化时,脱下的氢经呼吸链的传递最后与氧结合而产生的水,数量虽然不多,但相当恒定,每日约生成300 ml,其中脂肪氧化生水最多,其次是糖,蛋白质最少。每百克上述3种物质彻底氧化产生水量依次是107 ml、55 ml、41 ml。

(二) 体内水的去路

人体内水有4条排出途径:肺、皮肤、消化道和肾脏。

1. 肺　呼出的气体中以水蒸气的形式丢失一定量的水分。成人每日由呼吸丢失的水分为350～400 ml。丢失的水量与呼吸的频率和深浅,以及体温、气候的干湿、基础代谢等因素有关。在高热以及呼吸性中毒时,呼吸加强,失水量可增至1 000 ml以上,或为平时的5倍。

2. 皮肤　经皮肤散失的水分有两种方式:一种是非显性汗,即水分的蒸发,每日约排出500 ml,性质为基本不含电解质的纯水;另一种是汗腺分泌的汗液即显性汗,其排出量与外界环境的温度、湿度和劳动强度有关,变化很大。大量出汗时每小时丢失液体可达1 L左右。汗液为低渗液,NaCl的浓度约为0.2%,是血浆中的1/5～1/2,但尿素的含量则为血浆中4～5倍。汗液中还含有少量的K^+、Ca^{2+}、Mg^{2+}以及10种游离氨基酸。出汗不但丢失水分,同时也丢失电解质。

3. 消化道　消化道中每日从饮食中摄入水约2 200 ml,分泌进入胃肠道的各种消化液,包括唾液、胃液、胰液、胆汁、小肠液等,每日可达8 200 ml,上述液体绝大部分被肠道重吸收,正常随粪便排出的水分每日仅 150 ml 左右。

4. 肾脏 肾脏不仅是重要的排泄器官,而且是调节体液的主要器官,它通过尿量和尿液的浓度维持体液平衡。成人每日排出的尿量为 1 500～2 000 ml,尿液中除水和无机盐外还含有多种非蛋白质的含氮物质,统称为蛋白氮(NPN)。人体每日约有 35 g 的代谢废物需经肾脏排出,其中尿素占一半以上。成人每日至少需排尿 500 ml,才能将上述固体代谢废物全部排出体外。尿量<500 ml 为少尿,此时含氮的代谢废物在体内潴留,血液蛋白氮(NPN)含量升高,并引起多个系统严重中毒症状,称为尿毒症。

总之,正常人每日水的进出量相等,一般各为 2 500 ml,维持动态平衡,称为水平衡。临床上对不能进水的患者,每日应补给约 2 000 ml 的水量,以满足需要。若患者有额外的水分丢失,则给水量应酌情增加。

二、机体对水的调节机制

机体对水的调节主要通过神经、内分泌以及肾脏来进行,当然皮肤及呼吸也起一部分作用,但不是主要的作用。

1. 神经调节 口渴是人体对水分需要的一个最直接感觉。口渴的感觉来自大脑皮质。细胞外液渗透压增高刺激视上核及室旁核的渗透压感受器,其兴奋传入大脑,即感口渴。其次,血容量下降刺激颈动脉窦、主动脉弓的压力感受器及左心房张力感受器,兴奋传向下丘脑也可以产生口渴。此外,肾素-血管紧张素系统也参与口渴机制,血浆血管紧张素增高常可伴有口渴加重。口渴也可出现于某些大脑皮质紊乱的患者,或由于肿瘤、创伤、炎症等对口渴神经细胞的持续刺激所致。这种患者并无失水,甚至水过多,但是仍感觉烦渴,饮水量增多,尿量增多;反之,也有失水同时失盐的患者,既然有明显的失水,但因同时失盐,血浆渗透压无明显改变,因此并无口渴的感觉。另外,正常人进食大量食盐,或血循环中注入氯化钠、果糖、葡萄糖等高渗溶液时,机体虽无失水,也可出现口渴现象。

2. 内分泌调节　内分泌激素对水代谢的调节十分重要,其中以抗利尿激素(ADH)为最主要,其他如肾上腺皮质激素也有重要影响。

ADH 合成产生于下丘脑的视上核和室旁核,部分可储存于神经垂体(垂体后叶),需要时由神经垂体释放,进入血液。其主要作用是增加肾远曲小管和集合管对水的通透性,从而使肾小管对水的重吸收加强,于是尿量减少,保证水分不再丢失。反之,神经垂体释放 ADH 减少,肾远曲小管及集合管对水的通透性减低,水重吸收减少,尿量即可增加。

ADH 的分泌及释放受血浆及细胞外液渗透压的调节。渗透压增高可刺激下丘脑的视上核、室旁核及神经垂体,分泌和释放较多的 ADH。渗透压恢复正常,ADH 的释放即自行中止。ADH 在肝脏灭活,血液每通过一次肝脏可灭活约 10%。在正常水摄入情况下,每日分泌 ADH 为 $25\sim70$ ng,当水摄入受限时,分泌量会增加。

影响 ADH 分泌释放及对肾小管通透性作用的因素:①神经精神因素;②药物因素如 α 肾上腺素制剂、前列腺素、皮质醇、糖皮质激素等。

3. 肾脏调节　每日由肾小球滤过的水达 $170\sim180$ L,其中 99% 均由肾小管重吸收。每日尿量视饮水量及其他 3 个途径的失水量与调节功能而定,一般每日约 1 500 ml。因此,肾脏对体内水代谢的调节十分重要。肾脏对水分的重吸收一般有两种形式:①被动重吸收,②主动重吸收。在肾脏近曲小管通过重吸收大量葡萄糖、氨基酸、电解质及其他物质而同时依靠其渗透压梯度大量重吸收水分,即属被动重吸收。这是肾脏重吸收水分的主要形式,占重吸收水分的 $80\%\sim90\%$。在肾小管及远曲小管、部分集合管可主动重吸收水分,甚至形成肾小管腔内的渗透压高于肾小管围周毛细血管的渗透压。这种形式的重吸收占重吸收水分的 $10\%\sim15\%$。

肾小管重吸收水分受各种因素影响,其中最主要的是 ADH 及肾上腺皮质激素。其他影响肾小管重吸收水分的因素:①有效循环血量;②血浆渗透压;③尿中的溶质;④肾小管的浓缩稀释功能及各种利尿药物等。

三、水的体内平衡

细胞内和细胞外水含量依赖于:①液体迁移通过细胞膜;②从机体内丧失液体;③液体摄入。

1. **细胞膜迁移** 水自由通过细胞膜以适应两个相邻间隙渗透压的变化。另一方面,在钠泵影响下的钠和钾离子倾向于保持它们的各自间隙。钠是细胞外液(ECF)中主要的阳离子,所以 ECF 的渗透压很大程度上是由钠浓度来决定,钠浓度的变化将导致渗透性改变,因此液体在 ECF 和细胞内液(ICF)之间移动。

2. **体液丧失** 虽然水可从皮肤、肺和消化道损失,但控制水从机体排出的主要器官是肾脏。经过肾髓质的集合管细胞(渗透性可达 1 200 mmol/kg),在正常情况下不能让水通过;当 ADH 存在时,它们可渗透,从集合管腔到肾髓质沿着渗透梯度重吸收水。ADH 的化学本质为多肽,它的形成和分泌受下丘脑的渗透压感受器与左心房和颈动脉窦的压力感受器控制。

渗透压感受器对渗透性的响应:在 ECF 渗透性改变大约 2% 时渗透压感受器就能做出响应,而压力感受器需要血管内体积(IVV)改变 10% 才能做出响应。但在某些情况下,压力感受器的响应可与渗透压感受器相重叠,即在降低渗透压的情况下(使 ADH 分泌中止),IVV 下降将导致 ADH 分泌和水潴留。因此控制机制即使损害 ECF 的渗透性也要维持 IVV,以保障血液循环和它的功能。

3. **液体摄入** 控制水摄入的主要机制是口渴,其中心位于下丘脑,通过与控制 ADH 相同的因子来控制。降低血容量或增加血浆渗透性将刺激有关感受器而发生口渴的感觉,从而增加经口摄入液体。

4. **细胞外体积控制** 正常人的水体内平衡和细胞外体积(ECV)受细胞外钠含量的支配,细胞外总的钠增加将导致细胞外水增加。因此 ECV 最终是受总的钠平衡的控制。当改变 ECF 钠浓度的体内平衡状态时,主要通过 ADH 来保持 ECF 渗透性尽可能接近正常。在损害 ECV 的情况下,这样做是为了使水迁移和细胞内环境的变化降低到最小。但在细胞外液体过多或过少的情况下,为保证心血管处于正常状态,IVV 可以重叠控制,以维持正常的血浆渗透性。

四、水电势能

(一) 水为生命活动提供能量

在人体的生命活动过程中,有充足的水分供应时,各种生化反应都会变得更容易进行。水的作用可以比作生火前往木柴上浇的汽油,这样可以让原本很难燃烧的木柴变得很容易点着。1单位镁-ATP 水解时,能量会从 600 J 上升到 5 850 J。水让我们身体中生化反应的能量上升了一个数量级(图 4-2)。

在活体细胞中
水
是能量的最主要来源
$MgATP^{2-} + H_2O \Longrightarrow ADP^{3-} / ADPH^{2-} + Mg^{2+} / H^{+} + H_2PO_4^{-} / HPO_4^{2-}$
600　　　　1 500　　600　　998　1 168　318　1 251
能量单位为 kJ
(1 kJ 为 0.238 L 水温度升高 1℃需要的能量)

图 4-2　反应的具体方程式以及反应前后各种反应物能量计算

以上认识让我们对人体新陈代谢产生了全新的理解。例如,一枚鸡蛋含有约 293 J(70 cal)的能量,那么在水解过程中,释放出的总能量就可以达到 2 930 J(700 cal)。传统理论对食物能量的计算完全没有考虑到这一数量级的增加,可见,在进食之前先补充足够的水分有多么重要。水是人体内能量物质新陈代谢反应的主要能量来源,为身体提供充足的水是新陈代谢正常进行的关键。

(二)生理功能的直接能量来源——水电势能

水在人体的能量结构中还有一个更为重要的功能:提供水电势能。这是人体大脑和各部位体细胞工作的直接能量来源。这是一种"清洁"的能量,不会产生任何残余废物,多余的水仅以尿液的形式排出体外。水不会在人体中堆积,不像食物会以脂肪的形式在体内贮存。水电势能是大脑工作的最主要的能量来源。

水分在细胞能量供应中承担了极其微妙的角色。所有体细胞的膜结构中都含有一类蛋白,特别容易与各种矿物质离子结合,如钠、钾、镁、钙等离子(表4-4)。这些离子与蛋白质结合后,就能在水的作用下从膜的一侧跨越到另一侧,从而制造出膜两侧的电膜差,形成水电势能。这一过程中产生出的能量,最终会贮存在三磷腺苷(ATP)和三磷酸鸟苷(GTP)等高能物质中。同时,各种离子在细胞内外的浓度也会进行重新分配,以产生合适的内外渗透压比率。

表4-4 人体内电解质的分布

	电解质	细胞外液(meq/L)	细胞内液(meq/L)
阳离子	钠(Na^+)	140	13
	钾(K^+)	5	140
	钙(Ca^{2+})	5	微量
	镁(Mg^{2+})	2	7
	总量	152	160
阴离子	氯离子(Cl^-)	104	3
	重碳酸根(HCO_3^-)	24	10
	硫酸根(SO_4^{2-})	1	—
	磷酸根(HPO_4^{2-})	2	107
	蛋白质	15	40
	有机阴离子	5	—
	总量	151	160

菲利帕·M·维金博士的研究证明,离子泵的工作原理利用了水的能量转化性质:离子传输和 ATP 合成反应使用的能量,来自小离子和多磷酸根在反应中段的水解作用。人体处于

脱水状态时,体液浓度会加大,细胞产生能量的能力就会减弱。因此,我们应该有规律地喝水以预防脱水,而不是感到口渴时才想到喝水。我们要时刻确保身体有充足的水分,避免因为缺乏水分而造成能量代谢紊乱。

人体缺乏水分的时候,脱水最严重的是细胞内部。脱水发生时,损失的水分有60%来自细胞内,26%来自组织液,仅有8%来自血液。血液循环系统能够通过毛细血管的吸收维持循环,而脱水的细胞会陷入能量短缺,因而使各种生理功能陷于停滞。人体中受脱水影响最为严重的部位是大脑。

(三) 水电势能对大脑的影响

人体的脑细胞和神经元总数多达数百亿个,这些神经细胞不停地靠电信号彼此交流,以确保人体对周围环境的变化做出正常反应。水电势能是神经细胞工作最主要的能量来源。因此,一杯水是最好的"提神饮料",它能在几分钟之内会你感到思维顺畅。如果想要靠食物达到同样的目的,那么你不仅要喝下大量的水来消化食物,而且这一过程需要大量的时间,食物首先要转化为糖分,才能为大脑提供可以利用的能量。

大脑中有超过100亿个脑神经细胞,起到"计算芯片"的作用。脑细胞含有高达85%的水分。大脑重量约占人体总重量的2%,却有多达20%的血液循环通过大脑。夜里,大脑让身体陷入沉睡,自己却仍处于工作状态。它从来都不眠不休,正如心脏、肺、肝脏等关键器官一样。它对来自人体内外环境的繁杂信息进行处理,协调人体做出合适的反应。为了实现这些功能,大脑就需要消耗极多的能量。此外,还有许多能量用于合成神经递质,以实现神经信号的传递。大脑要消耗如此巨额的能量,所以才需要20%的血液供应,以从血液中获取足够的水分和原料物质,维持水电势能的供应和化学信号物质的合成。

大脑的反应功能受到能量阈值的限制,当能量供应不足时,大脑就会将有限的能量集中于最重要的功能。部分脑细胞ATP贮量不足时,对许多刺激都不会做出反应,这种状态称为疲劳。食物不能迅速而有效地缓解这种疲劳,但水可以。

大脑的"核心控制系统"能够判断能量供应是否短缺,饥饿和干渴的感觉都是由能量供应不足造成的。要动用贮存在脂肪中的能量,大脑要释放一系列的激素,这一过程需要漫长的时间,难以应付比较紧急的能量需求。大脑前部只能从水电势能或血糖中得到能量。

大脑对水分的需求永无止息,而且十分紧迫:①首先,用于形成水电势能,为信息传输的过程提供能量。②其次,用于维持细胞膜跨膜运输系统的正常运行。细胞膜需要充足的水分,才能让血液和脑细胞之间的物质交流畅通无阻。③最后,水电势能也是大脑与身体其他部分的神经连接中传递系统"水分通道"的能量来源。

因此,脑细胞中含有高达85%的水分,却仍然需要大量的水分补充。尽管干渴感同饥饿感非常相近,但如果你把两者混淆起来,用进食替代饮水,长期下来就会导致疾病和早衰,甚至英年早逝。

五、水、钠代谢紊乱——脱水

细胞外液中的主要阳离子为钠离子,水、钠代谢障碍总是同时或先后发生,导致体液容量和渗透压的改变,临床上常将两者的代谢障碍合并讨论,根据体液容量和血清钠浓度的变化不同将其分为:①低容量血症(hypovolemia)通常指细胞外液容量不足,包括低钠性低容量血症即低渗性脱水、高钠性低容量血症即高渗性脱水、血钠浓度正常性低容量血症即等渗性脱水;②高容量血症(hypervolemia),包括低钠性高容量血症即水中毒、高钠性高容量血症即钠中毒、血钠浓度正常高容量血症即水肿。

人体衰老的过程就是脱水的过程,例如皮肤的脱水、干燥引起皱纹的增多等等。随着人的年龄增长,水占人体体重的比例逐渐下降,而细胞外液的减少随着年龄的增长快于总体水分的下降。这里主要讨论临床上常见的水、钠代谢障碍——脱水。细胞外液容量明显减少的状态称为脱水(dehydration)。在脱水状态下,人体会被迫阻断一些生理功能。随着脱水的情况越来越严重,人体结构和功能的整体稳定性会逐渐遭到破坏。根据脱水时水钠丢失的比例不同分为高渗性脱水、低渗性脱水和等渗性脱水。

(一)高渗性脱水

高渗性脱水(hypertonic dehydration)的特点是失水多于失钠,血清钠浓度>150 mmol/L,血浆渗透压>310 mmol/L,细胞外液量和细胞内液量均减少,而细胞内液量减少更多。

1. 原因和机制

(1)水摄入不足:见于沙漠迷路、海难、地震灾难致水源断绝;患者不能或不会饮水;口渴中枢障碍;水的摄入减少,皮肤和呼吸不感蒸发,仍继续丢失水分。

(2)水丢失过多:①经肾丢失水过多。中枢性或肾性尿崩症时,因ADH产生和释放不足或肾远曲小管和集合管对ADH缺乏反应,远端肾小管对水的重吸收减少,排出大量稀释尿;以肾间质损害为主的肾脏疾病,因肾浓缩功能障碍,排出大量稀释尿;静脉输入甘露醇、山梨醇、尿素、高渗葡萄糖或长期静脉外营养使用高蛋白流质饮食以及糖尿病酮症酸中毒时,因肾小管液高渗而致渗透性利尿,失水多于失钠。②经消化道丢失水过多。严重的呕吐、腹泻,尤其是婴幼儿慢性腹泻排出大量钠浓度低的水样便,也可经胃肠道丢失大量低渗液体。③经皮肤、呼吸道丢失水过多。见于高温环境、剧烈运动、高热、甲状腺功能亢进或大量出汗及过度通气时,通过皮肤和呼吸道不感蒸发丢失几乎不含电解质的纯水或低渗汗液。

通常单纯由于水丢失过多很少引起高渗性脱水,因为血浆渗透压稍有增加,就会使口渴中枢兴奋。机体饮水后血浆渗透压降至正常,同时水摄入不足,才会引起明显的高渗性脱水。

2. 对机体的影响

(1)口渴:由于细胞外液渗透压增高,渴感显著,可促进患者主动饮水补充体液。

（2）细胞脱水：细胞外液渗透压增高，水由细胞内向细胞外移动，细胞外液量得到补充，而细胞内液量明显减少，致细胞脱水，导致细胞功能代谢障碍，尤以脑细胞脱水的临床表现最为明显，可引起嗜睡、昏迷等一系列中枢神经系统功能降退，甚至导致死亡。

（3）尿液改变：细胞外液渗透压升高，促进 ADH 分泌释放，肾小管吸收水增多，尿量减少，尿比重升高；在轻症或早期，血钠升高可抑制醛固酮的分泌释放，尿中仍有钠排出且其浓度因水重吸收增多而升高，在重症或晚期，由于血容量明显减少，机体优先维持血容量，醛固酮分泌释放增多致尿钠减少。

（4）休克倾向：高渗性脱水患者细胞外液可由饮水、细胞内水的外移、肾小管重吸收水增多三方面得到补充，在三型脱水中不太容易发生休克。

（5）脱水热：严重脱水时，从皮肤蒸发的水分减少，散热受影响，而小儿体温调节中枢发育尚不完善，兼之细胞脱水，易出现体温升高，称为脱水热。

（二）低渗性脱水

低渗性脱水（hypotonic dehydration）的特点是失钠多于失水，血清钠浓度＜130 mmol/L，血浆渗透压＜280 mmol/L，细胞外液减少，细胞内液视脱水的低渗程度可减少、不减少或轻度增加。

1. 原因和机制

（1）经皮肤丢失：见于大面积烧伤，大量出汗后只补水分而不补钠。

（2）消化道丢失：这是临床最常见的失钠原因。见于腹泻、呕吐、胃肠吸引时丢失大量含 Na^+ 消化液。如果只补水分，将导致低渗性脱水。

（3）经肾丢失：①肾实质性疾病使肾间质结构受损，肾脏浓缩功能障碍，钠水排出增加；②长期使用排钠利尿剂，如呋塞米（速尿）、依他尼酸（利尿酸）、噻嗪类利尿剂等，均能使肾小管重吸收钠减少而排出增多；③肾上腺皮质功能不全时，由于醛固酮分泌减少,肾排出钠增多。

通常因上述原因丢失的往往不是高渗液体,导致低渗性脱水几乎都是由于治疗措施不当,失液后只补充水,未补充电解质造成失钠多于失水。

2. 对机体的影响

(1)口渴:轻症或早期患者不会出现渴感,重症或晚期患者由于血容量明显减少可引起口渴中枢兴奋产生轻度渴感。

(2)细胞水肿:细胞外液渗透压下降,水由细胞外向细胞内移动,使细胞外液进一步减少,渗透压下降明显时可出现细胞水肿,细胞水肿导致细胞功能代谢障碍,以脑细胞水肿的临床表现最为明显,出现头痛、意识模糊、惊厥、昏迷等一系列中枢神经系统障碍症状。

(3)尿液改变:细胞外液渗透压下降,抑制 ADH 分泌释放,肾小管对水重吸收减少,轻症或早期患者尿量一般不减少;而重症或晚期患者由于血容量明显减少,机体优先维持血容量,ADH 分泌释放增多,尿量减少。由肾外原因所致低渗性脱水,因醛固酮分泌释放增多,尿钠减少;而肾性原因所致脱水患者尿钠增多。

(4)休克倾向:低渗性脱水时丢失的体液主要是细胞外液,使低血容量进一步加重,表现为静脉塌陷、动脉血压下降。在三型脱水中最易出现休克。

(5)脱水外貌:由于细胞外液减少,血液浓缩,血浆胶体渗透压升高使组织液的生成相对减少,回流相对增多,组织液明显减少,表现为皮肤弹性明显降低,黏膜干燥,眼窝和婴儿囟门凹陷等脱水外貌,在三型脱水中最为明显。

(三)等渗性脱水

等渗性脱水(isotonic dehydration)指患者水钠等比例丢失,血清钠浓度在 $130 \sim 150$ mmol/L 正常范围内,血浆渗透压在 $280 \sim 310$ mmol 的等渗状态,主要是指细胞外液减少,细胞内液减少不明显。

1. 原因和机制

（1）经消化道丢失：见于肠炎、小肠炎等所致小肠液的丢失。

（2）经皮肤丢失：见于大面积烧伤、创伤等丢失血浆。

（3）体腔内大量液体潴留：见于大量胸腔积液、腹水的形成。

2. 对机体的影响

（1）口渴：轻症或早期渴感不明显，重症或晚期可产生渴感。

（2）尿液改变：由于细胞外液量减少，血容量下降，可促进ADH 和醛固酮分泌释放，尿量减少，尿钠减少。

（3）休克倾向：介于高渗性脱水与低渗性脱水之间。

（4）脱水外貌：介于高渗性脱水与低渗性脱水之间。

必须注意，脱水的性质并不是一成不变的，它与引起脱水的原因、速度、程度、水钠丢失的比例、治疗的情况密切相关。例如，肠炎导致等渗性小肠液的丢失，为等渗性脱水，如不予治疗，患者的皮肤和呼吸道不断蒸发、不断失水后可转变为高渗性脱水；如大量饮水或输入糖水，不补充电解质，可转变为低渗性脱水。

六、解决脱水的方法

（1）防治原发疾病，去除病因。

（2）液体疗法：补液量包括累积损失量的补充、治疗过程中继续损失量的补充以及供给每日生理需要量。补液种类取决于脱水性质。一般来说，低渗性脱水补高渗溶液为主，等渗性脱水补等渗溶液为主，高渗性脱水补水为主，兼顾补钠、碱的原则。补足累积损失量后，继续损失量应给予与损失液体性质相似的溶液，生理需要量宜尽量口服，不足者予静脉滴注。

（3）密切注意观察患者每日液体出入量及监测水电解质等指标，及时评估患者的体液平衡状态，进行有效的治疗。不同人群的身体状况是不同的，因此补水也具有不同的特点。

第三节 水的营养学

当代营养学家重于研究固型营养物质,而轻于研究水营养物质,有些营养学家认为水不属于营养物质,我国营养学家共同推出的"膳食宝塔"也没有了塔底——水。营养包括人体营养和食品营养,人体营养是研究"需",食品营养是研究"供"。目前,营养学界确认,人所需的营养素共有七大类(水应占首位)、42种(其中婴幼儿需43种)。

水是仅次于氧气的重要营养物质。古人云:"药补不如食补,食补不如水补。"李时珍的《本草纲目》把"水篇"列为全书之首,并列举了水的保健和治疗作用的例子。但我们对水的营养学研究落后于国外,美国把水列为营养素之首,我国却只注意30%的"民以食为天",忽视占70%的"食以水为先"。

水是生命之源,健康之本;随着科学的进步,人们愈来愈注意到饮水对人体健康影响的重要意义。

一、水的种类

1. 根据水质的不同分类

(1) 软水:硬度低于8度的水为软水。

(2) 硬水:硬度高于8度的水为硬水。

2. 根据氯化钠的含量不同分类

(1) 淡水:含氯化钠量<500 mg/L的水。

(2) 咸水:指溶解有较多氯化钠(通常同时还有其他盐类物质)的水。

(3) 其他:包括汗水、盐水、尿水、蒸馏水等。

二、水的营养作用

(一) 健康水的标准

世界上长寿村的人长寿的原因之一是那里的水质好、活性高。根据当地的饮用水的系统调查和水质分析,好水的共性及特征即健康水的 7 条标准准则：①不含对人体有毒、有害及有异味的物质；②水硬度(以 $CaCO_3$ 计)适中(30～200 mg/L)；③人体所需矿物质含量适中，比例适宜；④pH 值呈中性及微碱性；⑤水中溶解氧及二氧化碳含量适中(水中溶解氧≥6 mg/L，二氧化碳在 10～30 mg/L)；⑥水分子团小(半幅宽≤100 Hz)；⑦水的营养生理功能(渗透力、溶解力、代谢力、氧化还原性)较强。

(二) 水中的生命元素

健康水强调在水中保持适宜的矿物质含量、适宜硬度、适宜氧和二氧化碳、pH 值呈中性或微碱性等。健康水具有这样的性质是因为含有许多活性物质，而人的生命活动是许多活性物质参与的各种化学反应的结果，这些活性物质称为生命元素。生命元素有氢、硼、碳、氮、氧、氟、钠、镁、硅、磷、硫、氯、钾、钙、钒、锰、铁、钴、锌、钼、硒、碘等。水中含有的这些生命元素，易被人体吸收，长期饮用不仅保健，还能有效预防多种疾病。

组成人体的诸元素中，占人体总重量万分之一以上者称为宏量(或常量)元素，宏量元素合计占人体总重量的 99.95%，是人体不可缺少的必需元素。宏量元素有氢、碳、氮、氧、钠、镁、磷、硫、氯、钾。组成人体的诸元素中，占人体总重量万分之一以下者称为微量元素，它们合计占人体总重量的 0.05%。微量元素有铁、锌、铜、钴、钼、锰、铬、硒、硅、氟、钒、碘、锶、溴、硼、钡、砷、锂、镍、锡等 40 多种。

微量元素虽然只占人体总重量的 0.05%，但对人体的营养作用、新陈代谢有着至关重要的作用。它们可以保存细胞中的水分，维持"李子型"细胞的形状和结构，并调节细胞内的酸碱平衡。主要表现在以下几个方面：①能把普通元素运到全身；②是体内酶的激活剂，丢失微量金属时，酶就会丧失活力，当重新得到时，酶就恢复了活力；③能帮助肌体的激素发挥效用，促进内分泌腺分泌物进入血液，调节生理功能；④在体液内能调节渗透压、酸碱平衡，维持人体的正常生理功能。

（三）生命元素的作用

中国平衡膳食宝塔的塔底应为水（包括水量、水质），它除了是生命体的主要组成部分，还参与所有固形营养素在人体内代谢的全过程。人长寿是（好）水养的，人患病是（坏）水害的。水中矿物质在人体中发挥着重要的作用。

（1）水中的矿物质是人体的保护元素。我们强调水中矿物质，首先应强调钙、镁离子的含量，它们被医学家称为人体的保护元素，能抵抗其他有害元素的侵袭。

（2）水中的矿物质不但具有营养功能，而且水中的钙、镁等离子对保持水的正常构架、晶体结构起了很大的作用，水的结构变化必然会带来水的性质和功能的变化。

（3）水参与机体内所有酶的构成及相应功效，因此，水的好或坏，对于人体的物质代谢、信息代谢、能量代谢和生命传递等都有很大的影响。

（4）维持人体体内酸碱平衡。人体体液的 pH 值为 7.3～7.4。去除水中矿物质后，水的 pH 值一般 <6.5。水愈纯净，pH 值愈低。pH 值 7～8.5 的水对于保持和协调人体酸碱平衡有很大的作用。

（5）维持人体体内的电解质平衡。纯净水属低渗水，容易造成人的体液及每个细胞的内外渗透压失调。

（6）国外医学实验报道，没有矿物质的水容易造成体内营养物质流失，而且不利于营养物质的吸收和新陈代谢。

（7）水中的矿物质呈离子态，容易被人体吸收，而且比食物中的矿物质吸收快。通过同位素测定，水中矿物质进入人体 20 分钟后，就可以分布到身体的各个部位。

（8）水中的矿物质可满足人体每日所需矿物质的 10%～30%。

（四）主要矿物质的具体作用

1. 钙离子　世界卫生组织认为，水质标准中应当明确规定钙的最低含量，并认为水中钙的含量应当 >20 mg/L。人体钙不足会导致动脉硬化、高血压、结石和骨质疏松等疾病。缺钙影响婴幼儿、青少年生长发育，以及中老年人身体健康。矿泉水富含钙，而且钙在水中以离子状态存在，极易吸收，能起到很好的补钙作用。

2. 镁离子 人体所含的镁元素是细胞内仅次于钾的第二重要的阳离子。它是大脑、心脏、肾脏、肝脏、胰腺、生殖器官和许多其他组织中维持能量代谢稳定的关键元素。它与线粒体和细胞膜完整性的生理过程有关，只有镁能够维持生理功能的连贯性。另外，镁是人体内合成过程必不可少的、与细胞核 DNA 的稳定以及骨骼矿化有关的元素。人体细胞内新陈代谢能否正常，酶的作用是关键，而好几百种酶的催化活动必须靠镁的激活。常喝含镁的矿泉水可以治疗心律失常和心肌坏死。

水中所含钙和镁的总量称为水的总硬度。当水中钙和镁与碳酸盐和重碳酸盐结合时，经过煮沸，碳酸钙镁出现沉淀，可以被除去，这种盐类形成的硬度一般称为暂时硬度；而一些硫酸盐和氯化物形成的盐类不能用煮沸的方法去除，这种硬度称为永久硬度。水中的钙、镁的重要性越来越被人们所认识。20 世纪 90 年代对心血管病的发病率进行的流行病学调查发现，水中的钙和镁与心血管病的患病率呈正相关。饮水中的钙和镁直接或间接地对健康具有作用。一般认为，水中的镁和钙含量分别应为 10 mg/L 以上和 20～30 mg/L。我国比较适合健康水的硬度应该为 50～100 mg/L，最高不得超过 450 mg/L，最低不得低于 30 mg/L（表 4-5）。

表 4-5 水的硬度范围表(mg/L)

分类	硬度范围	分类	硬度范围
软水	≤30	偏高硬度	200～450
低硬度	30～80	高硬度	≥450
适宜硬度	80～200		

3. 钾离子 钾是细胞内部最主要的水分调节因子，能够维持细胞内的渗透压。钾主要存在于细胞内液，有保持神经肌肉正常功能的作用，也有益于心肌收缩运动的协调，长期饮用含钾

矿泉水,可使低钾引起的心律失常得到改善。

4. 钠离子　钠大部分存在于细胞外液和骨骼中。钠对肌肉收缩和心脏血管功能的调节都是不可缺少的。人每日最少需要钠 500 mg,美国的心脏协会建议每日钠含量不得超过 2 400 mg。饮用含有钠离子的矿泉水,具有促进胃肠蠕动、胆汁排泄、血管收缩等作用。

水中的钠和钾是维持人体细胞内、外液电解质平衡的主要矿物元素。细胞膜上的钠钾泵蛋白不断工作,维持细胞内外钠钾离子的浓度差。每次有 2 个钾离子通过钠钾泵进入细胞,就会有 3 个钠离子排出细胞外。当人处于脱水状态时,就会导致一部分钾离子流出细胞,终以尿液或者汗液排出体外。人体长期处于缺乏钾离子的状态,导致肾脏中积存过多的钠离子,可诱发高血压、高胆固醇、心脏病和心律不齐等疾病。

5. 偏硅酸　可软化血管,可使人的血管壁保持弹性,对动脉硬化、心血管和心脏病有明显的缓解作用。

6. 锌　维持 DNA 的装配和基因的准确表达,在 200 多种酶和关键蛋白质的合成中起着重要作用。它可增强人体创伤的再生能力,加速创伤组织的愈合;还参与多种酶的组成,能够影响细胞的分裂、生长和再生。

7. 碘　人体缺碘会引起甲状腺肿大,碘对人体甲状腺的生长发育及甲状腺素的正常合成分泌具有不可替代的作用。

此外,水中所含的各种宏量和微量元素还具有促进细胞新陈代谢,保持神经肌肉兴奋;改善造血功能,提高人体免疫力;镇静安神,控制神经紊乱;刺激免疫球蛋白及抗体的产生,抗癌解毒;促进生长发育,增强创伤组织再生能力等功效。

(五) 水的营养代谢协同作用

在正常的消化代谢过程中,水是各种物质的溶剂,调节体内的所有生理功能,包括溶解和循环功能。我们每日吃的固体食物要在体内消化,就必须在水存在的情况下才能发生;体内所有的酶解和化学反应也都是在水存在的情况下进行的。水发生异常,就会影响各种酶的活力,酶的活力一旦降低或异常,各种营养代谢就会发生异常,出现不同症状的营养障碍代谢症。饮用健康水,对于营养障碍代谢病具有很好的预防、缓解作用。

第四节 水的药理学

水可以作为强体剂、镇静剂、溶剂、发汗剂、兴奋剂、新陈代谢促进剂。其功效如下。

1. 镇静、促进睡眠效果 慢慢饮少量水,胜饮好酒,有镇静之效。睡前半小时适量饮水有催眠效果。

2. 强壮效果 水的溶解力大,有较大的电离能力,可使体内水溶性物质以溶解态及电离态存在,有助于活跃人体内的化学反应。

3. 运送营养 水的流动性可协助和加快在消化、吸收、循环、排泄过程中营养物的运送。

4. 解热 外界温度高,体热可随水分经皮肤蒸发,维持体温。

5. 润滑效果 水是关节、肌肉及体腔的润滑剂,对人体组织和器官具有一定缓冲保护作用。

6. 稀释有毒物质 首先,喝进的水能够洗涤机体,清除污染。环境污染对人类的危害是在不知不觉中进行的。种类繁多的有害有毒物质,有的通过生物链的连锁反应和浓缩积累,最终进入人们一日三餐所必需的粮、菜、果和肉、蛋、奶中;有的通过呼吸道和皮肤直接侵入机体,对人体内蓄积造成潜在的毒害。水能有效地清除这些污染物质,减少肠道对毒素的吸收,防止有害物质慢性蓄积中毒,保证细胞的新陈代谢。

7. 预防泌尿系统疾病 清晨空腹喝水,15～30 分钟就有利尿作用,1 小时可达到高峰,清晨空腹饮水利尿作用表现最快速而明显。泌尿系统结石与尿液过浓以及尿酸盐、草酸钙等盐类沉积有关。水能稀释尿液,使积蓄的固体毒物溶解于尿液中排出,既冲洗了尿道,预防尿路感染,又可预防尿路结石,还能及时排出致癌物质,避免膀胱癌的发生。

8. **防止便秘**　水通过小肠,除大部分被吸收外,剩余部分进入大肠分成两路:一部分被肠壁继续吸收入血;另一部分成了粪便的稀释剂,保证排便顺利,有效地防止便秘。同时,还可减少痔疮的发生。

9. **防治高血压病、动脉硬化**　目前认为高血压病、动脉硬化的发生与食盐中钠离子在血管壁中沉积有关。若在清晨起床后马上喝杯温开水,可以把头天晚餐吃进体内的氯化钠(即食盐)很快排出体外;其次,喝进的水能滋润机体,稀释血液,降低血黏度,防止胆固醇等附在血管壁上引起血管老化与动脉硬化。

10. **美容、抗衰老**　人体衰老过程就是人体脱水过程。例如刚出生的婴儿身体含水量一般是80%,中青年70%,到了中老年一般为50%～60%。再比如,人过40岁皮肤开始不再有年轻时的细腻光滑,颜面干燥引起皱纹增多,尤其是在洗热水浴后,肢端皮肤瘙痒是机体衰老、皮肤细胞脱水的一个显见症状。平时饮用足量水,可使机体组织细胞水量充足,肌肤细嫩滋润,富有光泽,减少褐脂与皱纹,延缓衰老。

11. **预防感冒**　主要是因为水中含有对人体有益的成分。当感冒、发热时,多喝开水能帮助发汗、退热、稀释血液里细菌产生的毒素;同时,小便增多,有利于加速毒素的排出。

12. **防脱水**　大面积烧伤以及发生剧烈呕吐和腹泻等体内大量流失水分时,需要及时补充液体,以防止严重脱水,加重病情。

迄今为止,人们一直认为,"口干"是脱水的唯一信号。其实"口干"是身体极度脱水发出的最后信号。在发出"口干"信号前,脱水已经存在了,并且危及身体健康。此时,人们往往会犯最基本的、灾难性的错误:当身体急需水时,我们却给它茶、咖啡、酒或饮料,而不是纯净的天然水。不可否认,茶、咖啡和饮料含有大量水及一些对身体有益的物质;但茶、咖啡和饮料里含有大量脱水因子,不仅让进入身体的水迅速排出,而且还会带走体内储备的水。这就是我们越喝茶和咖啡等就越想小便的原因。久而久之,我们就会麻木,水的新陈代谢功能就会紊乱。身体的某些区域缺水,干旱管理机制发出的信号就不仅是口渴,而会表现出比"口干"多得多的症状,如腰疼痛、颈椎疼痛、消化道溃疡、血压升高、哮喘和过敏,以及胰岛素非依赖型糖尿病等。

当然,只有长期、持续缺水才会引发慢性缺水症。缺水症和其他紊乱性疾病有相似之处。比如,缺少维生素 C 的人容易得败血症,缺少维生素 B 的人容易得脚气,缺少铁元素的人容易患贫血,缺少维生素 D 的人容易患佝偻病等,因此,治疗这些疾病,最好的办法就是缺什么补什么。

第五节　水的卫生学

饮用水的质量直接或间接地影响着人们的生活和健康,如果水质不好,就会给人体带来疾病。因此,饮用水必须符合一定的卫生学要求。

一、饮用水的卫生要求

1. 感官性状良好　要求无色、无味、无臭,无肉眼可见物。

2. 流行病学上安全　饮用水中不得含有病原体和寄生虫卵,以防介水传染病的发生。

3. 化学组成对人体无害　饮用水中所含有害物质的浓度和微量元素的含量对人体不产生任何不良影响。

4. 水量充足,使用方便

1976 年我国颁布了《生活饮用水卫生标准》(TJ20—7G);规定了水质标准、水源选择、水泥卫生防护和水质检验等有关内容。2006 年 12 月 29 日我国发布最新《生活饮用水卫生标准》,并自 2007 年 7 月 1 日起实施。

二、饮水不良对人群健康产生的主要危害

与饮水有关的疾病主要如下。

(一) 介水传染病

通过饮用含有病原微生物的水,或接触这样的水,如洗涤食

品、漱口、洗澡等而得的病,称为介水传染病。

早在 1849 年人们尚未发现肠系传染病病原体以前,就已经认识到水和居民区的给水条件能引起疾病的传播。直至 18 世纪后半叶,由于细菌检测方法的发展,能从患者排出物和外界环境中,包括在水中检出霍乱、伤寒的病原体,才使肠系传染病的介水传播有了证据。在 1888 年的维也纳第六次国际卫生学会上,专家们一致认为饮用水存在传播传染病的可能性。

以生物污染(指水中含有细菌、真菌、酵母菌、病毒等微生物,热敏原,浮游生物,藻类,寄生虫及虫卵的污染)为主的水质污染,它发生最早,延续时间最长,对人类的危害也最大。这种污染通过水传播病原性微生物,从而引起霍乱、伤寒、登革热、脊髓灰质炎、病毒性肝炎、寄生虫等传染病,并已夺去千百万人的生命。

1. 介水传染病的流行病学特征

(1) 发病率骤然上升,呈急性暴发流行,根据受污染水利用的时间长短。在一定时期内患病率维持一个较高的水平。

(2) 水中存在着同一病原体。

(3) 流行区和给水区一致,患者多集中在水源附近。

(4) 对污染的饮用水给予适当的处理后,发病率呈现下降趋势。

2. 主要的介水传染病　由介水引起的传染病是多种多样的,有细菌性疾病、病毒性疾病、寄生虫性疾病。此外,啮齿类的某些疾病也可随动物的排泄物污染水源后引起人间的介水传播。主要的介水传染常可导致霍乱、伤寒、副伤寒、痢疾及其他肠道传染病。水中含有致病性大肠埃希菌、变形杆菌时,可引起重症腹泻,尤其是婴幼儿更容易发生。

常见的病毒有脊髓灰质炎病毒、腺病毒、传染性肝炎病毒等。水质污染引起的寄生虫病主要有阿米巴痢疾、血吸虫病、钩端螺旋体病及蛔虫病。

以上这些疾病常呈爆发流行,患者多是饮用同一水源的人。如果及时对水源加强防护,消除污染源,严格饮水消毒,流行很快得到控制。

（二）由微量元素引起的地方病

在一定地区内由于微量元素所引起的疾病，称为地球化学性疾病，亦称地方病。水致地方性疾病的流行特点，有明显的地方性，受地势、地形影响很大，微量元素是由空气、水、食物多种途径进入人体，有明显的脏器选择性等。与水中所含微量元素有关的地方病如下。

1. 地方性甲状腺肿　俗称大脖子病。地方性甲状腺肿的发生，主要与肌体严重缺碘有关，亦可因摄入过量碘所致。在严重病区的许多重症患者常表现为反应迟缓、智力低下、疲乏无力、劳动能力降低及不同程度的甲状腺功能低下等。

2. 地方性氟中毒　有斑釉症及氟骨症两种疾病。我国很多省份都有此病流行。地方性氟中毒的发生，与饮水及食物中含氟量有关。由于水中含氟主要呈可吸性状态，水中含氟量多少是地方性氟中毒的主要原因。资料表明，水中含氟量与斑釉症发病率关系为含氟量越多，发病率越高，发病程度也越严重。

3. 水的硬度与健康　大量的文献表明，在美国及其他发达国家，许多慢性病的发病率尤其是心血管疾病（如心脏病、高血压病和脑卒中等）与各种水所特有的硬度有关。

（三）饮水化学污染的危害

20世纪中叶，由于工业污水、废气、废液的"无机污染"（指水中含有重金属及无机化合物，如铅、镉、氰化物、砷化物等无机物污染）日益严重，造成许多化学污染事故。

1. 急性和慢性中毒

（1）汞中毒：汞作为催化剂广泛地应用于塑料和化工等生产中。短期内吸入大量汞蒸汽，引起发热、肺炎和呼吸困难、肾衰竭、接触性皮炎。长期吸入，最先出现一般性神经衰弱症状，如轻度头昏头痛、健忘、多梦等，部分病例可有心悸、多汗等自主神经系统紊乱现象。发展到一定程度时，出现三大典型表现：易兴奋症、意向性震颤、口腔炎。

在日本的熊本县水俣湾附近的渔村，由于工厂排放废水，使有机水银经过海生物分级浓缩,在人体内累积至一定程度而发病。这种疾病称为"水俣病",是由于氯化甲基汞中毒引起的。患者表现为倦怠,易激动,头痛,四肢麻木,以及吞咽困难。视觉变得模糊,视野缩小,共济失调,活动不协调。有些人经常感到口内有金属味,多有腹泻。

(2) 砷中毒:含砷废水或废渣污染水体后,饮用污染水能引起急性和慢性砷中毒。砷和砷化物的毒性与它们的溶解度有关,三氧化二砷的毒性大,最易引起中毒。砷是蓄积性的原浆毒物,可与细胞酶蛋白的巯基结合,影响细胞正常代谢,引起中毒性神经系统症群和多发性皮炎,甚至导致胎儿畸形。

(3) 镉中毒:镉进入人体后能在体内长期贮存,不易排出,分布在全身各器官,主要积存于肝脏和肾脏中,主要由肾脏排出。疼痛病开始表现为腰、手、脚等关节疼痛,多年后表现为全身神经痛和骨痛,使人不能行走,骨软化易折,晚期饮食不进,因虚弱疼痛而死亡。饮水中镉含量不应超过 0.01 mg/L。

(4) 铅中毒:铅中毒主要是工业生产环境中的铅蒸汽及烟尘所引起,环境铅污染引起的中毒事件较少,且多在局部地区发病。铅在人体内蓄积生物半衰期约为 1 460 天。对神经系统的作用,可使大脑皮质的兴奋和抑制过程发生紊乱,从而出现皮质-内脏调节障碍。主要表现为神经衰弱症群、中毒性多发性神经炎以及中毒性脑病。

(5) 氰化物中毒:饮用含氰废水及废渣污染水体后,可引起中毒。氰化物在体内作用于某些呼吸酶引起细胞内窒息。因此,主要表现为急性中毒,如恶心、呕吐、口中有苦杏仁味、头昏、头痛、耳鸣、震颤、全身无力、呼吸困难,出现痉挛、麻痹等。饮用水中氰含量不应超过 0.05 mg/L。

(6) 五氯酚钠中毒:五氯酚钠是农业用除草剂,在血吸虫病流行地区往往用作灭钉螺。水体中喷入五氯酚钠后,处理不当,可因饮水引起急性中毒。

除上述列举的化学物质中毒外,铅、汞、铬、酚、亚硝酸盐、有机磷农药、有机氯农药、多氯联苯、烃等污染水体后,也可产生人体中毒性危害。

2. 致癌作用 20 世纪 80 年代,全世界各种水体中检查出 2 221 种污染物。美国有 2 090 种属有机化学污染物或碳化物,自来水中存在 765 种。其中,20 种确认为致癌物,23 种为可疑致癌物,18 种为促癌物,56 种为致突变物。那些尚未被发现或尚未为人所知以及新增的有机污染物,还在与日俱增。

3. 饮水污染的其他危害 饮水污染还可引起胎儿畸形,使某些敏感人群发生致敏反应,饮水受到污染后还能产生恶臭等不良卫生状况,给人类的精神状况带来不良的影响。

三、水退化对人类健康的影响

(一)水退化概述

水退化现象在日常生活中随处可见。目前全世界只关注、研究水污染问题,忽视了水退化问题。对人体危害而言,水污染的危害是直接的,而水退化的危害是缓慢的、间接的。如果说水污染是看得见的杀手,那么水退化则是看不见的、长期的、潜在的杀手。

水是吸收、贮存和传递自然界能量和生物信息的媒介物质。经过有害物质污染的水即使经过净化处理,水中有害物质被去掉,那些有害物质的负面信息仍将残留在水中。

水退化就是指水中的结构已发生异常变化,水的结构异常变化,就会使水的内在的能态降低。水自身功能的降低,意味着水的自净功能和抗污染能力降低。对于人体而言,退化的水实际上是一种"病态"的水,不仅不适应人体的需要,而且会对人体产生不良的影响。长期饮用这种"病态水",会使人的免疫功能、适应能力和细胞活力降低,对病原微生物的抵抗力下降,代谢疾病罹患率增加,这些疾病都属于营养障碍代谢病。

(二)水退化的原因

1. 自然和人为原因 自然规律的作用,例如地球磁场强度的变化和降低,可以造成水退化,但这种结论目前还只是推测。人为地造成水的退化,使水功能降低的现象处处可见,而且已被大量实验所证明。例如,我们当前许多水利工程的技术把流水变为"静水"、"死水",不流动的水抗污染能力很弱,这种将流水变成死水的过程就是水退化的过程,是水功能降低的过程,也是水抗污染能力降低的过程。

2. 解决水退化问题　解决水退化就要与水分子的化学结构研究联系起来。水分子团与生理功能关系的相关研究发现小分子团水更有利于被人体吸收和利用。只要采用恰当的物理技术把大的分子团"打碎"成小分子团水,水分子就可被激活,就可恢复和接近到水的原有功能。现在已经有许多技术可以把水分子变为小分子团,例如磁化、电解等技术,但关键是使水的小分子团稳定化、持久化。把无序结构的水分子变为有序结构的水分子,把已退化的水变成健康的水,把死水变为活水。

第六节　水的医学实践

随着人们生活水平的提高,个人的生活用水量不断增加。在现代化的生活节奏里,我们每一个人都应该掌握科学的饮用水方式。

一、水疗法

水疗法(hydrotherapy)是指利用水的物理化学性质,以各种方式作用于人体,达到防治疾病目的的方法。水疗源于希腊词"hydro"和"therapy",分别指"水"和"康复",是一种在公元前2400年时,就已开始使用的物理治疗方法。它主要借助水本身、水温及水波震动等物理特性治疗关节僵硬、软化瘢痕、减少粘连及减轻关节炎造成的疼痛。

水疗的生理作用是水的物理性质的表现结果,水疗法治疗作用的基本因素有三:温度刺激作用、化学刺激作用和机械刺激作用。各种水疗法作用与3种因素所占比重有关。如一般淡水浴治疗作用主要为温度刺激作用;而药水浴则以化学刺激为主,温度其次;淋浴则主要为机械性刺激,温度刺激为次。

　　水疗法根据不同水温、水中所含物质成分及治疗方式,其效果与其他理疗方法一样,包括血流动力学的改变、新陈代谢的改变、减轻软组织的过度敏感等,具有镇静、催眠、兴奋、发汗、退热、利尿、抗炎、止痛、吸收、促进新陈代谢、锻炼机体等作用。

　　各种水疗法主要作用于皮肤,亦可作用于体腔黏膜,通过神经和体液反射而致局部、节段性或全身性反射作用。水疗按其作用方式不同可对体内各系统产生强弱不等的反应,其中神经系统和心血管系统对水疗的反应最敏感,就温热作用而言,水疗可迅速引起机体对温热刺激的一系列反应,由于水的物理性能及人体生理调节功能,水疗不易直接达到使机体深部组织加热的目的,但可通过反射途径引起深部组织器官甚至全身一定的反应。

(一) 水疗作用

　　1. 清洁作用　临床上水疗用于清疮和移除内生性的碎屑,可以在水中加入一些杀菌剂或表面活性剂增加效果。

　　2. 对皮肤的作用　全身受冷水刺激时(特别是水温与皮温相差较大时),会出现下列变化:

　　(1) 皮肤血管收缩,皮肤呈苍白色,并出现鸡皮疙瘩(立毛肌收缩),此时皮肤是冷的;与此同时,心脏排血量增加,血压随之短暂性升高。此为反应第1期。

　　(2) 皮肤血管短暂(约1分钟)收缩后,表现为主动性充血,患者可能会有很舒适的温热及精神感。此为反应第2期。

　　(3) 如冷刺激仍持续下去,进入第3期。此时血管持续扩张,但血管的张力因神经调节疲劳而下降,主动性充血变为被动性充血,血管中的血流变慢,继之血管神经麻痹,局部呈淤血现象,皮肤变为紫红色或紫蓝色,若再继续则会发生冻伤。

　　温、热水刺激时,也会引起短暂血管收缩致皮肤苍白,但其反应较弱,反应的持续时间也较冷刺激引起者为短,随后再进入第2期——主动充血期,表现为外周血管扩张,皮肤血液增加,皮肤温度上升,增加排汗。第2期反应的持续时间及强度不如冷刺激般强,可能因热使血管张力变弱之故。如持续刺激时,则主动引起烫伤。

不感温水刺激对血管无明显的刺激作用,但能使身体贮藏热能。

3. 对运动系统(肌肉、骨骼)的作用 水的浮力可以增加人体对重力的承受度,因此可以使承受重力较低的关节在运动时避免外伤和疼痛,这种效果使得关节炎、韧带不稳定、软骨受伤或因退化、外伤而无法承重的关节得到康复。例如,当全身75%泡在水中时,下肢可减少大约75%的承重,这时患者可以进行一些陆地上需要拐杖辅助的动作。另外,对于肥胖的患者,因为脂肪较多使得浮力变大,所以可以进行一些在陆地上会增加关节承重的运动,促进肥胖患者的健康和动作功能,一般不建议用于减肥。水的阻力可以增进肌力,例如肌肉损伤的患者,如果水流方向和动作方向相同,则可以帮助动作的完成;水流方向和动作方向相反,则可以增强肌力。另外,全身泡在水中时,由于水压的作用,可以使肌肉血流速度增加100%~225%,这时可以减少外周血管收缩和增加血液回流量,增加血液代谢,促进肌肉训练效果。

4. 对心血管系统的作用 水疗在心脏血管方面的作用主要是因为水压的结果。全身泡在水中时,水施加在远端肢体的压力,会促使外周血液流回到中心血管最后流回心脏。全身泡在水中时,回流血量可以增加60%、心脏容量增加30%,右心房压力达到 14~18 mmHg,根据弗兰克-斯大林心脏定律[Frank—Starling 定律反映心脏的一个重要的代偿功能,即增加心室的舒张末期容量可以增加心脏的每搏排血量。如在运动时,全身的循环加快,每分钟(或每搏)的回心血量增加,使心室的舒张末期容积及压力增加,心排血量相对增多,以适应运动的需要],心肌纤维被拉长,收缩力亦增加,以将回心之血泵出,结果离心血量约增加30%。另外,水温在 18~30℃,入水 30~60秒内,脉搏会减少到入水前的 10%~20%;水温>38℃时,末梢循环系统的微血管、动静脉会扩张,血流量、流速增加,末梢血管阻力减低。随着水温的上升,收缩压、舒张压都会下降,游泳时的平均动脉压在最大强度运动时,较相同强度的陆上运动为高,但排血量却相同,乃因末梢血管阻力较大之故。

5. 对呼吸系统的作用　全身泡在水中时,会增进呼吸作用,这是由于外周静脉血向中心回流,加快肺部的循环,而且施加于胸壁的水压增加呼吸阻力的结果。全身泡在水中时,可以减少大约50％呼气贮备量和6％～12％肺活量,导致增加60％呼吸作用,因此呼吸系统工作量可被激发到比在陆地上运动更好的效率和强度。但这样的工作量对于呼吸或心脏血管的患者也许是有害的。另外,研究还发现水中运动较陆地上运动更能避免运动引发的哮喘。

6. 对神经系统的作用　皮肤有丰富的感受器,冷热刺激后,由向心神经传导到中枢而起各系统的反应。由于温热刺激皮肤可引起大脑抑制过程,故进行温水或不感温水全身浸浴时有镇静作用,治疗后嗜睡。短时间的热水浴(40℃,1～2分钟)可致兴奋,但长时间则可能导致疲劳、软弱、欲睡。

冷刺激亦有兴奋作用,如民间常用冷水喷头面部以帮助昏迷者苏醒。短时间的冷疗法还可提高交感神经的紧张度,发挥强身作用。冷刺激能锻炼周围神经系统的功能,长时间则使神经系统的兴奋性降低,因此可用冷冻进行麻痹及炎症部位镇痛。

不感温对皮肤刺激性非常小。不感温浸浴能使从周围到大脑皮肤的冲动减少,因此可减轻中枢神经系统的负担,使其得到休息,从而增强其抑制过程,起镇静作用。水疗除了生理作用外对患者还有心理作用。

7. 对新陈代谢的作用　在水疗作用下,代谢过程加强,低温水疗时更是如此。低温水疗主要作用于脂肪代谢,提高气体代谢,过热或过冷水疗时,还可使氮与蛋白质代谢增高,停止水疗后即可恢复。

8. 对排泄功能的作用　在热作用下,汗腺分泌加强,汗液大量排出,而使血液浓缩,组织内的水分进入血管,故可促使渗出液的吸收,许多有害代谢产物及毒素随汗排出。但大量出汗则可使氮化钠大量损失,令身体有衰弱感,因此,水疗时应注意患者排汗的情况,因为在热作用下,有时汗液分泌可达 1～2 L 或更多。

全身泡在水中时,会增加尿液的产生,也会促进尿、钠和钾的排泄,一般认为这是肾脏血流增加、抗利尿激素和醛固酮减少的结果。临床上可用以治疗多血症、高血压病和外周血肿。

水疗的方法种类繁多,现代的、新的水疗法有助于身心的协调。按作用部位的不同可分为局部和全身水浴;按温度的不同可分为冷水、温水及热水浴;按水中是否加入药物可分为清水浴和药物浴;按治疗方法可分为淋浴、浸浴、水电浴等。

(二) 水疗主要方法

1. 温水疗法 温水温度在 37～38℃,与我们体温相近,是属于一种相当宜人的温度,可以在水中做体操等各种运动。由于温度适中,在浸泡或淋冲的过程中,会使紧绷的肌肉渐渐放松,再做些体操运动或伸展运动,可以达到促进新陈代谢、刺激免疫系统、镇定感觉运动神经、缓解疼痛等疗效。凡有肌肉关节神经疼痛者、肌肉痉挛或紧张、扭伤拉伤、僵硬或瘀伤者皆适合温水疗,但高热、心脏血管疾病、癫痫、外伤、皮肤病等患者不适用此疗法。根据不同的疾病,应选择不同的水温进行治疗(表 4 - 6)。

表 4 - 6 根据不同的疾病选择不同的水温(℃)

温度	临床使用
0～26	急性发炎
26～33	适合运动、急性发炎但病患无法忍受更低温时
33～35.5	循环、感觉或心脏失调、减少张力
35.5～37	增加烫伤痛患的活动度
37～40	减少疼痛
40～43	增加软组织伸展性,关节炎,但不可用于大范围部位
>43	可能引起烫伤,不推荐使用

2. 冷水疗 冷水疗确保冷水充分地接触皮肤,水温 13～18℃,<13℃的沉浸令人很不舒服。所以水温愈低、浸泡时间要短。<15 分钟的浸泡,会使局部血管收缩。水盆充满水加碎冰是一常用的冷水浴法。冷水疗的临床适应证:创伤水肿、肌筋膜

痛、痉挛等。有冻疮或雷诺病(Raynaud disease)、老人和小孩、对冷过度敏感者,皆不宜使用冷水疗。

3. **冷热交替疗法**　表皮血管会因热而扩张、因冷而紧缩,冷热交替疗法被认为是一种血管运动,借以增加血流、促进愈合。冷水温度为 15～20℃,热水温度为 40.6～43.3℃,浸泡时间可有变化,建议时间为:3～4 分钟于热水、30～60 秒于冷水。开始于热、止于冷,总时间约为 30 分钟。此法常用于治疗运动伤害,如关节扭伤、肌肉拉伤等。但前提是使用者对温度感觉要正常。心脏血管疾病患、易出血、感觉丧失、怀孕及对温度变化敏感者,皆不宜接受此疗法。

4. **温泉疗法**　温泉自古就是人们用来作为水疗及养生的天然资源,它可使肌肉放松、关节松弛,达到消除疲劳功能;亦可扩张血管,促进血液循环,加速新陈代谢,常葆青春。露天温泉的日光浴如森林浴,对骨质疏松症患者有特别帮助,温泉中的钙质、适当的紫外线交互作用,对身体有益。空腹、进食过后或酒醉时应避免泡温泉,空腹容易疲劳,后两者会因流经胃部的血液减少而导致消化不良与不适;孕妇泡温泉则应以胎儿安全为优先考虑;而容易失眠者则须避免过长时间浸泡温泉,以免因精神亢奋而加重症状。水温大约高过人体温度约 5℃ 即可;每日最多可泡浴 3 次,每次时间应控制在 30 分钟以内。

(1) **中草药浴**:消炎、抑菌、活血脉、消除疲劳、增强足部底气,是中草药浴的主要作用。适用于摄影记者、市场调研人员和业务员等长时间站立奔走者。

配对方式:①当归可以活血通络;肉桂可以温肾助阳,消除腰部疲乏;藏红花有止痛效果,这些均是很好的足疗原料。②把双脚放入有中草药浴盐的热水中浸泡 30 分钟,同时用双足互相摩擦。或者把手指穿插在脚趾中,用力向外拉伸脚趾,这样能起到很好的舒缓效果。

(2) **盐浴**:温泉浴中含有硫黄、镁盐、钙盐等多种矿物成分,可以在浸泡的时候活络筋骨,增加血液循环,很好地解决亚健康问题。尤其适合睡眠不好、容易疲劳,或是脖颈和腰部酸痛,但身体又无任何病变者。

配对方式：①把大约 3 勺的温泉浴盐放入洗澡水中溶解，边放边搅动。把水温调至 38～40℃最适合身体的温度，以使浴盐的功效发挥到极致。②在泡浴之前，最好先用淋浴的方式把身体洗净，帮助身体很好地适应水温。泡浴时间以 20～30 分钟为宜。③温泉本身的矿物质也会透过表皮渗入身体皮肤，起到很好的美肤作用。

（3）精油浴：精油又称植物的激素（荷尔蒙），可改善人的心理、情绪和心灵，非常适合那些日夜颠倒而丧失了对自然的感受能力的白领们。

配对方式：①天竺葵精油能缓解压力、平抚焦虑；洋甘菊浴盐、玫瑰浴盐帮助舒缓紧张的神经，安抚情绪；熏衣草浴盐可以舒缓头痛；而迷迭香浴盐则能增强记忆力。②如果无条件泡澡，就将它们倒在已打湿的浴巾或搓澡巾上，在已淋湿的身上来回搓拭，浴盐中的精油随着热水的温度散发在空气中，从而使人心旷神怡。

（4）天然海盐：天然海盐是一种粗盐，带有天然的海藻成分，而海藻又能去除水肿。它能让身体发汗，帮助无用的水分排出体外。

配对方式：①用少许热水将海盐调成糊状，涂在手、腿等处，如果附着力不好，就用橄榄油或葡萄籽油来调和。调和后轻轻按摩，大约 15 分钟后用温水冲净。②可以单独用海盐浸泡小腿，让小腿浸泡 20 分钟左右，使之完全放松。

二、饮水疗法

饮水与伤寒、霍乱、痢疾、胃肠炎、传染性肝炎、毒物中毒症等，以及心血管病具有密切关系。饮用水质对心血管疾病的影响，除水的硬度外，还与水中的钾、钠、镁等含量有关。

饮水可以治疗便秘，称为杯水疗法。每日晨起，未活动前即喝水 1 杯，每日喝水 5～7 杯，且宜在餐前 1 小时喝。饮水最好是凉白开水。杯水疗法，不仅可治疗便秘，还可促进人体代谢功能,清洁肠胃,净化血液,减少脑血栓、心肌梗死、急性和慢性胃炎、胆囊炎等疾病的发生。一般人都可运用杯水疗法。

医学研究发现,补充体液和解渴的理想液体是凉开水。美国学者研究发现,煮沸后自然冷却的凉开水,具有特殊的生物学活性,很容易透过细胞膜,因而能促进新陈代谢,并能增加血液中的血红蛋白含量,改善免疫功能。经常喝凉开水的人,体内乳酸脱氢酶的活性较高,肌肉组织中乳酸积累减少,不容易感到疲劳。

凉开水中氯气比一般自然水减少 1/2,水的表面张力、密度、黏滞度、电导率等理化特性都发生了改变,近似生物活细胞中的水。因此,容易透过细胞膜而具有奇妙的生物学活性。用凉开水洗眼睛,可以改善近视、远视者的视力。对白内障患者,不仅可以改善视力,还可延缓白内障程度。用凉开水擦脸,进行按摩,不仅能清洁脸面,而且能使水分浸入皮肤表层。经常用凉开水按摩,可使脸部皮肤细嫩、滋润、光泽、肌肤丰满。

那么何时喝水、喝多少水最适宜呢?

一般来说,人体每日总共需要 4 L 左右的水分,其中 2 L 可通过饮水补充,另外 2 L 则来自新陈代谢和食物中的水分。这些水分中,2 L 左右用于排尿——这样肾脏的工作压力相对较轻(尿液透明澄清略带黄色,说明肾脏有充足的水分供应),1 L 多随呼吸蒸发,剩余部分则供汗液和皮肤表面的水分蒸发。粪便也会携带一些水分,以使肠道正常蠕动。如果天气炎热,人体就需要更多的水分了。体重超标者饮水标准:每日喝体重 1/32 的水,即体重为 96 kg 的肥胖人士每日应该喝 3 L 左右的水。

如果你感到口渴,一定要立即喝水,即使你正在吃饭。吃饭时喝水并不会对消化功能造成太大的影响,但在脱水状态下吃饭会对身体造成损伤。

第五章

水的污染

第一节　水污染概述

水污染是指水体因某种物质的介入,导致其化学、物理、生物等方面特性的改变,影响水的有效利用,危害人体健康或者破坏生态环境,造成水质恶化的现象。

卫生学上通常把水污染分为 4 类,即生理性污染、物理性污染、化学性污染和生物性污染。它们的衡量指标如下。

1. **生理性污染**　是指污水排入水体后,引起感官性状恶化,又称感官性污染。衡量指标主要有臭、味、外观、透明度等。

2. **物理性污染**　是指污水排入水体后,改变水体的物理特性,使浑浊度增高,悬浮物增加,出现颜色,水面漂浮泡沫、油膜等。衡量指标主要有浑浊度、色度、悬浮物等。

3. **化学性污染**　是指污水排入水体后,改变了水体化学性质。如许多有机物在水体分解时要消耗大量溶解氧;酸碱污水使水体 pH 值发生变化;钙、镁盐等物质使水硬度提高;某些有毒物质超过一定量时,使水体变成"毒水"等。衡量指标主要有 pH 值、硬度、化学需氧量、生化需氧量、溶解氧化及汞、镉、砷、氰、铬等有毒物质含量。

4. **生物性污染**　是指病原微生物排入水体后,直接或间接地传染各种疾病。衡量指标主要有细菌总数、大肠菌群等。

水污染常规分析指标:①臭味,是判断水质优劣的感官指标之一,清洁水是无臭的,受到污染后才产生臭味。②水温,是水体一项物理指标。水体水温升高,表明受到新污染源的污染。③浑浊度,地面水浑浊主要是泥土、有机物、微生物等物质造成的。浑浊度升高表明水体受到胶体物质污染。我国规定饮用水的浑浊度不得超过 5 度。④pH 值,是水中氢离子活度的负对数,pH 值为 7 表示水为中性,>7 的水呈碱性,<7 的水呈酸性。清洁天然水的 pH 值为 6.5~8.5,pH 值异常,表示水体受到酸碱性化学物质的污染。⑤电导率,是测定水中盐类含量的一个相对指标。溶解在水中的各种盐类都是以离子状态存在的,因此具有导电性,所以电导率的大小反映出水中可溶性盐类含量的多少。⑥溶解性固体,主要是指溶于水中的盐类,也包括溶于水中的有机物、能穿透过滤器的胶体和微生物,因此溶解性固体的大小反映上述物质溶于水中的多少。⑦悬浮性固体,包括不溶于水的淤泥、黏土、有机物、微生物等细微物质。悬浮物的直径一般<2 mm。它是造成水质浑浊的主要来源,是衡量水体污染程度的指标之一。⑧总氮,是指水中含有机氮、氨氮、亚硝酸盐氮和硝酸盐氮的总量,主要反映水体受污染的程度。⑨总有机碳(TCO),是指溶解于水中的有机物总量,折合成碳计算。总有机碳含量反映废水中有机物总量,是水体污染程度的重要指标。⑩溶解氧(DO),是评价水体自净能力的指标。溶解氧含量较高,表示水体自净能力强;反之表示水体中污染物不易被氧化分解,此时厌氧性菌类就会大量繁殖,使水质变臭。⑪生物化学需氧量(BOD),水中有机物在微生物作用下,进行生物氧化,从而消耗了水中的氧。因此生化需氧量的大小反映水体中有机物质含量的多少、说明水体受有机物污染的程度。⑫化学需氧量(COD),是指用化学氧化剂氧化水中需氧污染物质时所消耗的氧量,主要反映水体受有机物污染的程度。COD 数值越大,说明水体受污染越严重。⑬细菌总数,反映水体受到生物性污染的程度。细菌总数增多表示水体的污染状况恶化。⑭大肠菌群,表示水体受人畜粪便污染的程度。大肠菌群越高,水体污染越重。我国生活饮用水水质卫生标准规定大肠菌指数每升水不得大于 3 个。

第二节　水污染源类型

常见的水污染源分类方法如下。

（1）按污染物属性分类：有物理污染源、化学污染源、生物污染源（致病菌、寄生虫与卵）以及同时排放多种污染物的复合污染源。

（2）按污染源在空间分布方式分类：有点污染源（如城市污水和工矿企业与船舶等废水排放口）和非点污染源（如农田排水、地表径流）。

（3）按污染物分类：有汞污染源、酚污染源、热污染源、放射性污染源等。

（4）按受纳水体分类：有地面水污染源、地下水污染源、海洋污染源。地面水污染源还可分为河流污染源、湖泊污染源和水库污染源。

（5）按污染源排放时间分类：有连续性污染源、间断性污染源和瞬时性污染源。连续性污染源又可分为连续均匀性污染源和连续非均匀性污染源。

（6）按污染源位置分类：有固定污染源和流动污染源。固定污染源数量多、危害大，是造成水污染的最主要污染源。

（7）按导致水污染的人类社会活动分类：有工业污染源、农业污染源、交通运输污染源和生活污染源。其中，工业污染源是造成水污染的最主要来源。工业门类繁多，生产过程复杂，污染物种类多，数量大，毒性各异，污染物不易净化，对水环境危害最大。

同一污染源有多种分类名称，例如电镀厂排污口，可分别称为人为污染源、固定污染源、点污染源、工业污染源、铬污染源、氰污染源和地面水污染源；如果废水渗漏进入地层，则是地下水污染源。此外，还有扩散型污染源，即随大气扩散的有害有毒物质，通过重力沉降或降水过程等途径污染水体（如酸雨、放射性污染等）。

一、化学水污染

水中元素及其化合物数量异常的一种水污染现象。天然水是溶有多种元素和化合物的一种混合溶液,其中有天然的和人工合成的物质、有无机物和有机物。在正常情况下,水中元素和化合物含量很低,不影响水的使用。但人类不断地向水中排放废弃物和污水,使污染水体的化学物质愈来愈多。据估计,水中化学物质种类达 100 多万种。因此,化学污染物是当今世界性水污染中最大的一类污染物。

水中化学污染物可分为无机物和有机物两大类,每一类又可分为若干小类(表 5-1)。

表 5-1　化学水污染物分类表

污染物分类	典型污染物
非金属有毒物	氰化物、氟化物、硫化物、砷化物
重金属	汞、镉、铬、铅、铜、锌
放射性物质	^{235}铀、^{90}锶、^{137}铯、^{239}钚
酸碱盐类	硫酸、硝酸、磷酸、氢氧化钠(钙)、无机盐
致色物质	铁盐、锰盐、色素、染料、腐殖质
致臭物质	氨、硫化物、酚、胺类、硫醇
营养物质	硝态氮、亚硝态氮、氨氮
需氧有机物质	碳水化合物、蛋白质、油酯、动植物尸体
易分解有机毒物	酚、苯、醇、有机磷农药
难分解有机毒物	有机磷农药、洗涤剂等
油类	石油及其制品

化学水污染是由于水域接纳工业废水、农田排水和生活污水所致。冶金、机电、电镀、造纸、制革、石油、农药、化肥、食品、印染、选矿等工业废水所含的污染物种类多、毒性强,是化学水污染的主要来源;农田排水中的大量农药、化肥和农作物的残枝败叶,生活污水中的很多需氧有机物,也是造成化学水污染的原因。

化学水污染造成的危害:①需氧有机物使水中溶解氧大幅度下降(参见下文"有机物水污染");②剧毒物质(如氰化物、砷化物、农药等)使水生物慢性中毒或急性中毒;③汞、铜、铅等重金属,不仅能使生物发生急性中毒,而且能在水体中沉积成为次生污染源,并易在生物体内累积,造成慢性中毒(如甲基汞引起水俣病,钢引起癌痛病);④砷、铬、镍、铰、苯胺,多环芳香烃、卤代烃等有致突变、致畸、致癌作用;⑤致色物、致臭物和油类使水体失去旅游、观光和疗养价值;⑤有机氯农药、多氯联苯等有机氯化合物能毒死幼鱼和虾类,或在成鱼体内累积,使繁殖力衰减,影响胚胎发育和鱼苗成活率。这些化合物经过食物链逐级被富集,威胁居于营养级顶端生物的生存(如某些鸟类因此趋于灭绝)。

防治化学水污染的主要途径:①改革生产工艺,减少生产中有毒、有害物的发生量;②节约用水,减少废水量;③进行污水的净化处理,综合利用工矿企业废水,减少排放量和排放浓度;④严禁向水体排放有毒、有害的化学物质。

二、酸碱水污染

水中酸碱浓度异常的一种水污染现象。天然水的 pH 值常为 6.5~8.5,当 pH 值<6.5 或>8.5 时,表示水体受到酸类或碱类污染。

水中酸性物质主要来自制酸厂、化工厂、黏胶纤维厂、酸洗车间等的含酸废水,以及矿山排水和酸雨等。

水中碱性物质主要来自制浆厂、造纸厂、制碱厂、印染厂、制革厂和炼油厂等的含碱废水。

酸碱水污染增大了水体腐蚀性,从而使输水管道、水工建筑物和船舶等受到损坏;破坏水体的缓冲系统,使水中的 pH 值发生异常变化,造成生物回避或死亡(对微生物影响最大);使水体自净能力降低,破坏了水生态系统;使生物种群发生变化,严重时会使鱼虾等水生物绝迹。

防止酸碱水污染的主要途径:①对于酸碱制造厂和使用酸碱的企业,严禁生产过程中发生酸碱滴漏;③降低燃料含硫量和改善燃烧条件,降低二氧化硫和氮氧化物的排放量,以减轻酸雨危害；③酸碱废水经中和处理后排放。

三、无机物水污染

水中金属和非金属的矿物质浓度异常引起的一种不污染现象。

水污染的无机物主要来自：①矿山排水和运输途中落下的矿石（水中无机物的最大来源之一）；②冶金、化工、化肥、机械制造、电子仪表、涂料等工业废水；③地表径流（特别是来自含有某种矿物成分的特殊地质层的径流）；④农田排水；⑤大气中降落于水体的无机粉尘；⑤岩石风化、火山爆发等自然过程中进入水体的无机物。

无机物水污染的危害：①水中无机物微量元素过低，引起生物的摄入量不足，使生物体内某些功能失调和导致疾病；②污染水体中某些元素及其盐类的浓度增大，水的渗透压力增加，对生物产生不利影响；③无机毒物可通过饮水或食物链引起生物或人类急性和慢性中毒，例如甲基汞中毒（水俣病）。镉中毒（痛痛病）、砷中毒、氰化物中毒、铬中毒、氟中毒等；④某些元素（如砷、铬、镍、被等）及其化合物污染水体后，能在悬浮物、底泥和水生物体内蓄积，若长期饮用这种水，则可能诱发癌症；⑤一些金属元素（如铅、铜、锌等）在一定浓度下抑制微生物生成和繁殖，影响水体自净过程；⑥某些重金属（如汞、铅等）在底泥中经微生物甲基化作用，成为水体次生污染源。

四、有机物水污染

耗氧有机污染物引起水体溶解氧含量大幅度下降。水中有机物大多数能够被微生物分解与利用。这类有机物在分解过程中需要消耗水中溶解氧，故称耗氧污染物。溶解氧大幅度下降，是水体遭受有机物污染后的最显著的特征。

水中有机物按来源分类：①天然有机物，指生物产品、代谢产物和生物残体，主要为碳水化合物、蛋白质和油脂。②人工合成有机物，主要指塑料、合成纤维、洗涤剂、溶剂、染料、涂料、农药、食品添加剂和药品等。有机合成工业发展迅速,人工合成有机物种类和数量也随着增加。

水中有机污染物的主要来源是城市污水、农业污水、工业废水和石油废水。①城市污水:水中含有碳水化合物、蛋白质、油脂和合成洗涤剂。②农业污水:来源广,数量大,危害严重。1977 年,美国农业污水使水中生化需氧量的增长比城市污水和工业废水大 5～6 倍;受影响的水域面积占水域总面积的 68%。农业污水包括农田排水和农副产品加工的有机污水,其中含有化肥、农药、农家肥(人和农畜的粪便,以及动植物残体)和农副产品加工的有机废弃物。③工业废水:来自造纸、制革、石油化工、农药、药品、染料、化纤、炼焦、煤气、纺织印染、食品、木材加工等工厂废水。这类废水所含的有机物种类多,人工合成物所占的比例高,有机毒物多,生物不易降解。④石油废水:主要污染物是各种烃类化合物——烷烃、环烷烃和芳香烃,其中多环芳香烃具有致癌性。

水中有机污染物的次要来源是水体本身产生的。例如,湖泊、池塘等静水水体,当外界输入氮、磷等营养物质过多时,会刺激藻类和水草过度生长。藻类和水草死亡后的残体,沉入水底,水中有机物便随之大量增加。

水体遭受有机物污染的危害如下。

(1)大量需氧有机物进入水体,被好氧微生物分解,使溶解氧大幅度下降,甚至造成缺氧状态,危害水生物,有时使大批鱼类死亡。溶解氧耗尽时,有机物转入厌氧分解过程,产生甲烷、硫化氢、氨等还原性物质和恶臭,使水质变坏。

(2)流动缓慢、更新期长的水体,如湖泊、池塘等封闭性水域,接纳大量含氮、磷有机废水后,促使藻类大量繁殖,形成"水华"。藻类死亡后沉入水底,厌氧分解,释放出氮、磷等,使藻类更加增殖,形成水体质量恶性循环,不适宜鱼类生存。

(3)水体遭受油污染后,油膜覆盖水面,阻止气液界面问的气体交换,造成溶解氧短缺,发生恶臭。油脂亦可堵塞鱼鳃,致鱼呼吸困难,引起死亡。鱼受石油污染,肉有异味,致食用品质降低或不堪食用。

（4）水体遭受高毒性的酚类有机物污染，能使蛋白质变性或沉淀，对生物细胞直接损害，对皮肤和黏膜有强腐蚀作用。长期饮用酚类污染水，可引起头晕、出疹、发痒、贫血及各种神经系统疾病。低浓度酚影响鱼类洄游、繁殖，引起鱼肉酚臭；高浓度酚可使鱼类大批死亡。

（5）有机氯农药、多氯联苯、多环芳烃等有机物，大多属剧毒物或强致癌物，进入水体后能长期存在，而且难以分解，常经食物链逐级浓缩、放大，造成危害。

有机水污染防治措施：①有机污水和废水应选择适当方法进行处理以达到排放标准；②对有毒有害的有机废水，严禁直接排入水体，应尽量减少生产过程中的污染物发生量，加强对废水的综合利用，变废为宝，通过废水处理，降低或消除有毒有害物质；③合理和适当使用农药，控制农田排水，减少非点源污染。

五、热污染

热污染为水温异常升高的一种污染现象。天然水水温随季节、天气和气温而变化。当水温＞33～35℃时，大多数水生物不能生存。水体急剧升温，常是热污染引起的。

水体热污染主要来自工业冷却水。首先是动力工业，其次是冶金、化工、造纸、纺织和机械制造等工业，将热水排入水体，使水温上升，水质恶化。根据美国统计，动力工业冷却水排放量占全国工业的冷却水总排放量的 80% 以上。一个装机 100 万 kW 的火电厂，冷却水排放量为 30～50 m^3/s；装机相同的核电站，排水量较火电厂约增加 50%。年产 30 万吨的合成氨厂，每小时约排出 22 000 m^3 的冷却水。

水体增温显著地改变了水生物的习性。活动规律和代谢强度，从而影响到水生物的分布和生长繁殖。增温幅度过大和升温过快，对水生物有致命的危险。

水体增温加速了水生态系统的演替或破坏。硅藻在 20℃

的水中为优势种;水温 32℃时,绿藻为优势种;37℃时,只有蓝藻才能生长。鱼类种群也有类似变化。对狭温性鱼类来说,在 10~15℃时,冷水性鱼类为优势种群;>20℃时,温水性鱼类为优势种群;当水温为 25~30℃时,热水性鱼类为优势种群。水温>33~35℃时,绝大多数鱼类不能生存。水生物种群之间的演替,以食物链(网)相联结,升温促使某些生物提前或推迟发育,导致以此为食的其他种生物因得不到充足食料而死亡。食物链中断可使生态系统组成发生变化,甚至破坏。

水体升温加速了水及底泥中有机物的生物降解和营养元素的循环,藻类因而过度生长繁殖,导致水体富营养化;有机物降解又加速了水中溶解氧消耗。

某些有毒物质的毒性随水温上升而加强。例如,水温升高 10℃,氰化物毒性就增强一倍;而生物对毒物的抗性,则随水温的上升而下降。

水体热污染区域可分为强增温带、适度增温带和弱增温带。热污染的有害效应一般局限在强增温带,其他两带的不利影响较小,有时还产生有利效应。热污染对水体影响程度取决于热排放工业类型、排放量、受纳水体特点、季节和气象条件等。

各国对水体热污染及其影响进行了多方面的研究,并制定了冷却水温度的排放标准。美国、前苏联等国按不同季节和水域制定了冷却水温度的排放标准;联邦德国以不同河流的最高允许增温幅度为依据,制定了冷却水温度排放标准;瑞士则以排热口与混合后的增温界限为最高允许值,确定排放标准。中国和其他一些国家尚未制定有关标准。

水体热污染的防治:①根据水体热容量和技术经济条件,制定热排放标准;②加强各工矿企业之间的余热利用;③对高温冷却水要采取降温措施,使受纳水体水温达到排放标准。

六、生物水污染

有害生物进入水体或某些水生物繁殖过程引起的一种水污染现象。

水体生物污染是由于水体接纳了医院、畜牧场、屠宰场和生物制品厂等的污水以及城市污水和地表径流而引起的。这些污水含有大量的病原微生物(病原菌、病毒和真菌)、寄生虫或卵。病原微生物水污染危害的历史最久,至今仍威胁着人类健康。

病原微生物数量大、来源多、分布广;病原微生物在水中存活时间长短与微生物种类、水质、水温、pH 值等环境因素有关,在水中存活时间长,人畜感染概率大;有些病原微生物不仅在生物体内(包括水生生物),而且在水中也能繁殖;有些病原微生物抗药性很强,一般水处理和加氯消毒的效果不佳。

钩端螺旋体、病毒和寄生虫及卵等常与病原菌共存而污染水体。钩端螺旋体来源于带菌宿主——猪和鼠类的尿液,它以水为媒介,经破损的皮肤或黏膜进入人体,引起血性钩端螺旋体病。水中常见病毒有脊髓灰质炎病毒、柯萨奇病毒、腺病毒、肠道病毒和肝炎病毒等。世界各地广泛传播的传染性肝炎,主要是水体受污染后所引起的。水中柯萨奇病毒和人肠细胞病变为病毒侵入人体后,在咽部和肠道黏膜细胞内繁殖,进入血液形成病毒血症,可引起脊髓灰质炎、无菌性脑膜炎等疾病。常见寄生虫有阿米巴、麦地那龙线虫、血吸虫、鞭毛虫、蛔虫等,这些寄生虫通过卵或幼虫直接或经中间宿主侵入人体,使人患寄生虫病。其卵和幼虫在水中可以长期生存。

传播疾病的昆虫,如蚊、舌蝇等,其生活史中某一阶段必须在水中度过,它们传播多种疾病(如疟疾、尾丝虫病等),对人类健康危害很大。

此外,某些藻类在水中营养元素(如氮、磷等)过剩时,会大量繁殖,改变水体感官特征,使水体带霉烂气味,严重时可危及鱼类等生存。

大坝、水库等水利工程的兴建,使原来流动的水体成为静水水体,消落区和较浅的淹没区可能成为传播疾病的昆虫幼虫和某些寄生虫中间宿主适宜生存繁殖场所。

生物水污染的防治措施:①加强污水管理,特别是医院、畜牧场、屠宰场、制革厂等污水,不经灭菌处理,不允许任意排放;

②控制向水域排放含氮磷的废水;③加强水生生物监测等。

七、次生污染

积累于悬浮物和底质中的污染物质重新引起水污染的现象。

河流流量增加,流速增大,泛起底质,使原来沉积在底质中的污染物质再次进入水中,重新污染水体。水体的抑值和温度发生变化,破坏了污染物质在水悬浮物和水底质界面的动态吸附平衡,发生解吸作用,使污染物质重新进入水中。水体中汞、铅等重金属污染物和多氯联苯、有机氯农药等难以降解的有机污染物,大部分因静电吸引。离子交换和络合等作用被吸附于悬浮物和底质的表面,发生一系列复杂的物理、化学、生物反应(微生物和腐殖质在反应过程中起着重要作用),引起次生污染。例如重金属汞,在微生物作用下,因烷基化作用转变为甲基汞和二甲基汞等有机金属化合物,毒性剧增,易在生物体内积累,危害人体健康。

次生水污染是一种较为复杂的污染现象,往往对环境和人体健康产生很大影响。

八、岸边污染带

水域岸边形成的带状污染水体。污染源向河流、湖泊、水库、港湾等水域岸边排泄污水,受到水域水流的掺混、稀释和扩散;当水域宽深比值较大,污水排泄速度与水域水流运动速度的比值不大时,常出现岸边污染带现象。

污水从排污口排入河流并与河水逐渐混合,一般在顺直河段可分为3个阶段:第一阶段排出污水的动量起主要作用,常形成喷流或射流,为初始稀释阶段,在此阶段中,低流速水体会掺混到高流速水体中去。第二阶段是排出污水的初始动量已消失,污水在水体中由于扩散、对流作用而向深度、宽度和水流方向输移,但尚未达到河床全断面混合,称为对流扩散阶段。第三阶段是在离开排污口较远,污水在河道全断面混合的阶段。实际上,3个阶段的情况将视污水初始动量、污染物质的密度、河道特性、水流条件而定。大江大河的径污比大,河道宽深比大,即便污水有较大的动量,污染物质在很长一段距离内也到不了河道中段,故而形成岸边污染带。均匀混合性能较差的水库、湖泊和港湾等水域,也易形成岸边污染带。

研究岸边污染带的随流转移规律,对于确定排污方式制定排放标准、编制水质规划具有重要意义。岸边污染带中污染物质转移问题,通常采用二维或三维数学模型进行研究。

九、地下水污染

地下水水质受污染的地下水影响,所含溶解质深度增大,颜色、气味或其他质量指标变差,使用价值降低。

1. 污染类型　①化学污染,包括在水中起反应的和不起反应的有毒和无毒的化学元素污染,以及有机和无机化合物污染,如盐污染、油污染、重金属污染、硝酸盐污染等;②微生物污染,包括病毒、大肠埃希菌、链球菌等;③放射性污染,主要由于大气核试验和放射性废物理入或排入地下;④微量元素污染和异常,主要是水体中一些微量元素(如碘、硒、氟、钡、铅、锌等)含量过多或过少而引起的;⑤热污染,主要指发电、冶金、机构加工等工业排放的冷却水,其热量进入地下水体后,能明显影响水体的化学变化。

2. 污染来源　①工业排放的废渣、废水,生活垃圾,污水等;②污水灌溉的土地;③农田施用的农药和化肥等。

3. 污染机理　污染物向地下入渗,一般在土层的包气带内呈垂向运动。当到达地下水位后,就随着地下水的运动而进行迁移和扩散,形成一个沿地下水流向延伸扩张的污染带。地下水污染的机理是污染物作为一种溶质在水中溶解或混合,沿着水流路径(即土层或岩层中的孔隙和裂隙)而运动。在运动过程中,有的溶质相互作用或与含水层作用,进行化学反应,形成一种新的毒性减小或增大的物质;有的溶质相互不起化学反应,但可彼此吸附,形成络合物,从而体积增大,被孔隙所阻挡,使地下水获得一定程度的净化。此外,地下水中的污染物还存在生物化学反应,其程度主要取决于地下水所含微生物、温度、压力等条件,这种作用可导致地下水质的净化或恶化。

4. **污染检测** 地下水污染的程度,一般通过检测以下各项指标来确定:pH 值、总硬度、总碱度、总溶解固体、悬浮固体、溶解氧、生化需氧量、化学需氧量、有毒元素(砷、汞、铬、铜、铅等)、酚、氨氮、细菌总数、放射性等。

地表水和地下水彼此有着不可分割的联系,在大多数情况下,地表水污染往往导致地下水污染。两者在污染源方面经常是相同的,但在污染机理和治理方法上则有区别,地下水污染要比地表水污染复杂得多。地下水一旦被污染,不但治理费时、费钱,而且很难恢复原来的水质。

5. **污染防治** 地下水污染的防治,宜以预防为主。即严格控制污染源,调查了解地下水污染的范围和深度,执行国家和地方的水资源保护法规,建立地下水管理机构,采取综合技术措施,建立地下水补给区防护带和污水净化工程,对难以控制的污染和已经发生的污染,及时进行治理。

第三节　水污染危害

水污染对人体健康的影响,主要有以下几个方面。

(1) 引起急性和慢性中毒:水体受化学有毒物质污染后,通过饮水或食物链便可造成中毒,如甲基汞中毒(水俣病)、镉中毒(痛痛病)、砷中毒、铬中毒、农药中毒、多氯联苯中毒等。这是水污染对人体健康危害的主要方面。

(2) 致癌作用:某些有致癌作用的化学物质,如砷、铬、镍、铍、苯胺、苯并(a)芘和其他多环芳烃等污染水体后,可在水中悬浮物、底泥和水生生物内蓄积。长期饮用这类水质或食用这类生物就可能诱发癌症。

(3) 发生以水为媒介的传染病:生活污水以及制革、屠宰、医院等废水污染水体,常可引起细菌性肠道传染病和某些寄生虫病,如伤寒、痢疾、肠炎、霍乱、传染性肝炎和血吸虫病等。

(4)间接影响:水受污染后,常可引起水的感官性状恶化,发生异臭、异味、异色、呈现泡沫和油膜等,抑制水体天然自净能力,影响水的利用与卫生状况。

一、水污染实例

1. 重金属污染:水俣病　1950年,在日本水俣湾附近的小渔村中,发现一些猫的步态不稳,抽筋麻痹,最后自己跳水溺死,当地人称它们为"自杀猫"。后来又有大批自杀猫、自杀狗出现。此后,水俣镇发现了一个怪患者,开始时步态不稳,面部呆痴,进而是耳聋眼瞎,全身麻木,最后精神失常,一会儿酣睡,一会儿兴奋异常,身体弯弓,高叫而死。1956年又有同样病症女孩住院,引起当地熊本大学医院专家注意,开始调查研究。最后发现原来是当地一个化肥厂(日本氮肥公司)在生产氯乙烯和醋酸乙烯时,采用成本低的汞催化剂工艺,把大量的含有有机汞的废水排入水俣湾,使鱼有毒,人和猫、狗吃了毒鱼生病而死。因为此病发生在水俣湾,故称水俣病。该病真相大白,成为世界八大公害之一被曝光。

1991年3月底有2 248例被确认为公害病患者,其中1 004例死亡,制造氮肥的公司(TISSO株式会社的前身)累计支付的补偿金额到1993年底为908亿日元,现在仍每年支付30多亿日元。直到现在仍能从一部分鱼类贝类的体内检测出高于日本厚生省规定的"汞的暂行控制值"(因底泥污染严重)。

2. 赤潮　是由于浮游生物异常繁殖使海水变色的现象。种类繁多的浮游生物,其中多数具有一定颜色,少部分还有发光本领。当港区海面养分过分时,带有各种颜色的浮游生物大量浮于水面,在阳光的照射下五光十色。赤潮并非都是红色,它是随着引起红潮的浮游生物的颜色不同,而呈现发光的和不发光的红色、红褐色和绿色。发生赤潮时,大量浮游生物浮在水面,减少或隔绝水中溶解氧的来源,使大量鱼类等水生生物缺氧而死。同时浮游生物在代谢过程中或尸体分解时,往往产生多种有毒物质。这些有毒物质通过食物链而富集在鱼类、贝类体内，产生毒害作用，被人食用就有中毒的危险。

3. 多瑙河污染　2000 年 2 月 12 日，从罗马尼亚边境城镇奥拉迪亚一座金矿泄漏出的氰化物废水不可阻挡地流到了南联盟境内。毒水流经之处，所有生物全都在极短时间内暴死，迄今为止流经罗马尼亚、匈牙利和南联盟的欧洲大河之一蒂萨河及其支流内 80% 的鱼类已经完全灭绝，沿河地区进入紧急状态。这是自前苏联切尔诺贝利核电站事故以来欧洲最大的环境灾难。

二、水污染防治

对水污染要采用"管"、"治"、"防"的措施。"管"是指对污染源，水体及处理设施的管理。"治"是水污染防治中不可缺少的一环。通过各种治理措施，对污（废）水进行妥善的处理，确保在排入水体前达到国家或地方规定的排放标准。"防"是指对污染源的控制，通过有效控制使污染源排放的污染物量减少到最少量。具体措施：①加强法制建设。②综合整治城市水系。③建城市污水处理厂。④防治工业污染。⑤节约用水。

第六章

水的处理技术

常见饮用水深度水处理技术主要有反渗透技术、超滤膜技术、活性炭技术、电解离子水技术、矿泉壶技术、电凝聚技术、磁化水技术、微电解技术（氧化还原技术）、离子交换技术、精密机械过滤技术和化学处理剂技术等。当前国内外水处理技术不断出现新的研究成果，特别是国外研究的三大水处理技术：膜处理技术、超临界水氧化技术、光催化氧化技术。还有可再生能源在水处理中的开发和应用、新型混凝剂技术、电子射线消毒技术、新型接触载体技术、剩余污泥炭化技术等。本章主要介绍反渗透技术的基本原理、处理工艺、应用实例、出现的问题及其解决的方法，并介绍了不同的工艺处理流程。

第一节　反渗透技术

反渗透（RO）技术是当今最先进和最节能有效的膜分离技术。在高于溶液渗透压的作用下，依据其他物质不能透过半透膜而将这些物质和水分离开来。由于反渗透膜的膜孔径非常小（仅为 10 Å 左右），因此能够有效地去除水中的溶解盐类、胶体、微生物、有机物等（去除率高达 97％～98％）。反渗透技术是目前高纯水设备中应用最广泛的一种脱盐技术，它的分离对象是溶液中的离子范围和分子量几百的有机物；反渗透、超过滤（UF）、微孔膜过滤（MF）和电渗析（EDI）技术都属于膜分离技术。

近 30 年来，反渗透技术已进入工业应用，主要应用于电子、化工、食品、制药及饮用纯水等领域。

一、反渗透膜的发展史

1748 年 Nollet 发现渗透现象。1920 年建立了稀溶液的完整理论。19 世纪 30 年代硝酸纤维素微滤膜商品化。1953 年美国佛罗里达大学的 Reid 等最早提出反渗透海水淡化。1960 年美国加利福尼亚大学发明了第一代高性能的非对称性醋酸纤维素膜,反渗透(RO)首次用于海水及苦咸水淡化。人类首次制成醋酸纤维素反渗透膜。1961 年美国 Hevens 公司首选提出管式膜组件的制造方法。1965 年美国加利福尼亚大学制造出用于苦咸水淡化的管式反渗透装置。1970 年杜邦公司开发成功高效芳香聚酰胺中空纤维反渗透膜,使 RO 膜性能进一步提高。20 世纪 80 年代后进入工业应用的膜用渗透汽化进行醇类等恒沸物脱水。20 世纪 90 年代出现低压反渗透复合,为第三代 RO 膜,膜性能大幅度提高,为 RO 技术发展开辟了广阔的前景。1998 年低污染膜研发成功,进一步扩大了反渗透的应用范围。

二、膜的分类

从 20 世纪 50 年代开始,随着有机高分子化学的发展,出现了以高分子有机分离膜为代表的膜分离技术,它具有分离效率高、能耗低、操作简单等优点,取得了长足发展,已经成为分离提纯的主要手段。根据分离精度和驱动力的不同,分离膜的种类见表 6 - 1。

表 6 - 1　分离膜的种类

	膜的功能	分离驱动力	透过物质	被截流物质
微滤	多孔膜、溶液的微滤、脱微粒子	压力差	水、溶剂和溶解物	悬浮物、细菌、微粒子、大分子有机物
超滤	脱除溶液中的胶体、各类大分子	压力差	溶剂、离子和小分子	蛋白质、各类酶、细菌、病毒、胶体、微粒子

	膜的功能	分离驱动力	透过物质	被截流物质
反渗透和纳滤	脱除溶液中的盐类及低分子物质	压力差	水和溶剂	无机盐、糖类、氨基酸、有机物等
透析	脱除溶液中的盐类及低分子物质	浓度差	离子、低分子物、酸、碱	无机盐、糖类、氨基酸、有机物等
电渗析	脱除溶液中的离子	电位差	离子	无机、有机离子
渗透气化	溶液中的低分子及溶剂间的分离	压力差、浓度差	蒸汽	液体、无机盐、乙醇溶液
气体分离	气体、气体与蒸汽分离	浓度差	易透过气体	不易透过液体

从上表可见,除了透析膜主要用于医疗用途以外,几乎所有的分离膜技术均可应用于任何分离、提纯和浓缩领域。反渗透和纳滤作为主要的水及其他液体分离膜之一,在分离膜领域内占重要地位。

三、反渗透膜工作原理

对透过的物质具有选择性的薄膜称为半透膜,一般将只能透过溶剂而不能透过溶质的薄膜称为理想半透膜。把相同体积的稀溶液(例如淡水)和浓溶液(例如盐水)分别置于半透膜的两侧时,稀溶液中的溶剂将自然穿过半透膜而自发地向浓溶液一侧流动,这一现象称为渗透。当渗透达到平衡时,浓溶液侧的液面会比稀溶液的液面高出一定高度,即形成一个压差,此压差即为渗透压。渗透压的大小取决于溶液的固有性质,即与浓溶液的种类、浓度和温度有关而与半透膜的性质无关。若在浓溶液一侧施加一个大于渗透压的压力时,溶剂的流动方向将与原来的渗透方向相反,开始从浓溶液向稀溶液一侧流动,这一过程称为反渗透(图 6 - 1)。

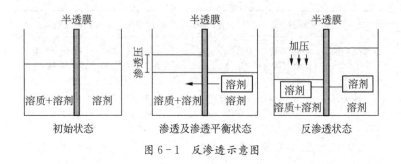

图6-1　反渗透示意图

反渗透是渗透的一种反向迁移运动,是一种在压力驱动下,借助于半透膜的选择截留作用将溶液中的溶质与溶剂分开的分离方法,它已广泛应用于各种液体的提纯与浓缩,其中最普遍的应用的实例便是在水处理工艺中,用反渗透技术将原水中的无机离子、细菌、病毒、有机物及胶体等杂质去除,以获得高质量的纯净水。

四、反渗透膜性能参数

1. 脱盐率和透盐率

脱盐率:通过反渗透膜从系统进水中去除可溶性杂质浓度的百分比。

透盐率:进水中可溶性杂质透过膜的百分比。

脱盐率(％)＝(1－产水含盐量／进水含盐量)×100％
透盐率(％)＝(1－脱盐率)×100％

膜元件的脱盐率在其制造成形时就已确定,脱盐率的高低取决于膜元件表面超薄脱盐层的致密度,脱盐层越致密脱盐率越高,同时产水量越低。反渗透对不同物质的脱除率主要由物质的结构和分子量决定,对高价离子及复杂单价离子的脱除率可以＞99％,对单价离子如钠离子、钾离子、氯离子的脱除率稍低,但也＞98％;对分子量＞100 的有机物脱除率也可达到98％,但对分子量＜100 的有机物脱除率较低。

2. 产水量(水通量)

产水量(水通量):指反渗透系统的产能,即单位时间内透过膜水量,通常用吨/小时来表示。

渗透流率:渗透流率也是表示反渗透膜元件产水量的重要指标。指单位膜面积上透过液的流率。过高的渗透流率将导致垂直于膜表面的水流速加快,加剧膜污染。

3. 回收率　指膜系统中给水转化成为产水或透过液的百分比。膜系统的回收率在设计时就已经确定,是基于预设的进水水质而定的。回收率通常达到希望最大化以提高经济效益,但是应该以膜系统内不会因盐类等杂质的过饱和发生沉淀为其极限值。

$$回收率(\%) = (产水流量 / 进水流量) \times 100\%$$

五、反渗透膜的污染及清洗方法

常用反渗透膜元件有许多规格,使用注意事项:①在任何情况下不要让带有游离氯的水与复合膜元件接触,如果发生这种接触,将会造成膜元件性能下降,而且再也无法恢复其性能,在管路或设备杀菌之后,应确保送往反渗透膜元件的给水中无游离氯时,应通过化验来确证,应使用酸溶液来中和残余氯,并确保足够的接触时间以保证反应完全。②在反渗透膜元件担保期内,建议每次渗透膜清洗应与公司协商后进行,至少在第一次清洗时,公司的现场服务人员应在现场。③在清洗溶液中应避免使用阳离子表面活性剂,以免造成膜元件不可逆转的污染。

(一) 反渗透膜元件的污染物

在正常运行一段时间后,反渗透膜元件会受到在给水中可能存在的悬浮物质或难溶物质的污染,这些污染物中最常见的为碳酸钙垢、硫酸钙垢、金属氧化物垢、硅沉积物及有机或生物沉积物。

污染物的性质及污染速度与给水条件有关,污染是慢慢发展的,如果不尽早采取措施,污染将会在相对短的时间内损坏膜元件的性能。定期检测系统整体性能是确认膜元件发生污染的一个好方法,不同的污染物会对膜元件性能造成不同程度的损害。常见污染物对膜性能的影响见表6-2。

表6-2 反渗透膜污染特征及处理方法

污染物	一般特征	处理方法
钙类沉积物 (碳酸钙及磷酸钙类,一般发生于系统第二段)	脱盐率明显下降 系统压降增加 系统产水量稍降	用清洗系统
氧化物 (铁、镍、铜等)	脱盐率明显下降 系统压降明显升高 系统产水量明显降低	用清洗系统
各种胶体 (铁、有机物及硅胶体等)	脱盐率稍有降低 系统压降逐渐上升 系统产水量逐渐减少	用清洗系统
硫酸钙 (一般发生于系统第二段)	脱盐率明显下降 系统压降稍有或适度增加 系统产水量稍有降低	用清洗系统
有机物沉积	脱盐率可能降低 系统压降逐渐升高 系统产水量逐渐降低	用清洗系统
细菌污染	脱盐率可能降低 系统压降明显增加 系统产水量明显降低	依据可能的污染种类选择3种溶液中的一种清洗系统

注:必须确认污染原因,并消除污染源,如需帮助可与厂商联系。

(二)常见污染物及其去除方法

污染物的去除可通过化学清洗和物理冲洗来实现,有时亦可通过改变运行条件来实现,作为一般的原则,发生下列情形之一时应进行清洗。①在正常压力下如产品水流量降至正常值的10%～15%。②为了维持正常的产品水流量,经温度校正后的给水压力增加了10%～15%。③产品水质降低10%～15%。盐透过率增加10%～15%。④使用压力增加10%～15%。⑤RO各段间的压差增加明显(也许没有仪表来监测这一迹象)。

1. **碳酸钙垢** 在阻垢剂添加系统出现故障时或加酸系统出现而导致给水 pH 值升高,碳酸钙就有可能沉积出来,应尽早发现碳酸钙垢沉淀的发生,以防止生长的晶体对膜表面产生损伤,如早期发现碳酸钙垢,可以用降低给水 pH 值 3.0~5.0 之间运行 1~2 小时的方法去除。对沉淀时间更长的碳酸钙垢,则须采用清洗液进行循环清洗或通宵浸泡。应确保任何清洗液的 pH 值≥2.0,否则可能会对 RO 膜元件造成损害,特别是在温度较高时更应注意,最高的 pH 值≤11.0。常使用氨水来提高 pH 值,使用硫酸或盐酸来降低 pH 值。

2. **硫酸钙垢** 清洗剂是将硫酸钙垢从反渗透膜表面去除掉的最佳方法。

3. **金属氧化物垢** 可以使用上面所述的去除碳酸钙垢的方法,很容易地去除沉积下来的氢氧化物(例如氢氧化铁)。

4. **硅垢** 对于不是与金属化物或有机物共生的硅垢,一般只有通过专门的清洗方法才能将它们去除。

5. **有机沉积物** 有机沉积物(例如微生物黏泥或霉斑)可以使用清洗剂去除,为了防止再繁殖,可使用杀菌溶液在系统中循环、浸泡,一般需较长时间浸泡才能有效,如反渗透装置停用 3 天时,最好采用消毒处理,确定适宜的杀菌剂。

6. **清洗液** 清洗反渗透膜元件时建议采用 RO 膜系统清洗剂。确定清洗前对污染物进行化学分析十分重要,以保证选择最佳的清洗剂及清洗方法。记录每次清洗时清洗方法及获得的清洗效果,为在特定给水条件下,找出最佳的清洗方法提供依据。

所有清洗可以在最高温度为 40℃ 以下清洗 60 分钟,所需用品量以每 379 L 中加入量计算,配制清洗液时按比例加入药品及清洗用水,应采用不含游离氯的反渗透产品水来配制溶液并混合均匀。

清洗时将清洗溶液以低压大流量在膜的高压侧循环,此时膜元件仍装压力容器内而且需要用专门的清洗装置来完成该项工作。

(三) 清洗反渗透膜元件的一般步骤

(1) 用泵将干净、无游离氯的反渗透产品水从清洗箱(或相应水源)打入压力容器中并排放几分钟。

(2) 用干净的产品水在清洗箱中配制清洗液。

(3) 将清洗液在压力容器中循环 1 小时或预先设定的时间,对于 8 英寸(1 英寸 = 2.54 厘米)或 8.5 英寸压力容器时,流速为 133～151 L/min(35～40 加仑/分钟),对于 6 英寸压力容器流速为 57～76 L/min(15～20 加仑/分钟),对于 4 英寸压力容器流速为 34～38 L/min(9～10 加仑/分钟)。

(4) 清洗完成以后,排净清洗箱并进行冲洗,然后向清洗箱中充满干净的产品水以备下一步冲洗。

(5) 用泵将干净、无游离氯的产品水从清洗箱(或相应水源)打入压力容器中并排放几分钟。

(6) 在冲洗反渗透系统后,在产品水排放阀打开状态下运行反渗透系统,直到产品水清洁、无泡沫或无清洗剂(通常需15～30 分钟)。

六、反渗透系统故障分析

有许多原因可造成反渗透设备发生故障,不能正常运行。最好的方法是进行防范。

1. 设计建议　设计 RO 系统时应有水质全分析。如果水质存在季节性的变化(在地表水中十分常见)或水源变化(在市政供水中十分常见),尽量获取你所能得到的所有分析数据并确认它们取自于最新的材料。

现场进行 15 分钟污染密度指数(SDI)试验,以确定发生胶体污堵的可能性。

先确认在设计 RO 系统时已设计有足够的预处理。

在设计 RO 时(特别是有可能发生污染时)应留有余地,在设计以干净井水作为给水水源的反渗透系统时,可以采用比地表水系统更加激进的设计。

在保守的 RO 系统设计时选用较低的水通量,因为减少单位膜面积上的产水量会减少污染物在膜对于以井水作为给水水源的系统,设计水通量应控制在 8~14 gf/d 的范围内。对于井水作为给水水源系统,设计水通量应控制在 14~18 gf/d 的范围内。

回收率应取较为保守的值,以使污染物的浓度降至最低。

一个保守的设计应尽量增加进水横向流速和浓水流速,横向流速越高,膜表面盐分和污染物向主体溶液的扩散速度越快,因而可以减少膜表面盐分和污染物的浓度。对于不同的使用场合选择合适的膜元件类型。有时,在处理难于处理的地表水和工业废水水源时,使用电中性的醋酸纤维素(CAB)膜元件优于使用带负电荷的聚酰胺复合(CPA)膜元件。

2. 查明故障　建议对所记录的运行数据运行"标准化",以确定系统污堵的规律,并制订洗涤的时间表,确认系统有无故障。膜元件供应商开发出一种"标准化"电脑软件,能够计算出标准化后的产水量、盐透过量及给水-浓水压降。这些标准化的参数是通过将每日的主要运行数据,如温度、进水 TDS、回收率和压力等与第一天的运行数据进行比较。并根据变化作相应调整而得到的。例如,如果第 100 天的标准化产水量是 80 gpm (gal/min),而第一天的产水量是 100 gpm (gal/min),说明膜元件受到了污堵并损失了 20% 的产水量,因而建议进行清洗。如果 RO 系统进行参数发生波动,合理的做法是判断反渗透系统的真实状态。

RO 系统停运是否正确? 系统运行时,应将系统中的浓水冲洗出来,否则污染物会沉积在反渗透膜表面。冲洗时最好采用 RO 产品水作为冲洗水源。

RO 系统停运时间是否太长? 如果水长时间不流动(特别是在温暖的气候条件下),会造成严重的微生物污染问题。

如果为了控制碳酸钙(石灰)结垢而加酸以调低 pH 值,是否调到了所要求的 pH 值?

确认给水与浓水间的压降增加值≤15%。反之,也就意味着给水通道受到污染,膜表面水流量受到限制,系统需要清洗了。监测段间压降会有助于判断哪段发生污堵,从而可判断出可能的污染物。

确认给水和产水间的压降≤15%,反之则表明反渗透膜表面已受到污染需及时进行清洗。

确认产水导电度增加值≤15%,反之则表明反渗透膜表面已受到污染需及时进行清洗。确认各仪表已经过校准。

有可能的话,测量每段产水水质及每支压力容器产水水质。有些污染物会污染系统前半部分;另一些污染物会污染系统后半部分。使用 RO 系统故障分析表可以帮助确认污染物的种类。

从产品水管取样并测定产水导电度以检查 O 环有无损坏,取样时采用向取样管插入 1/4 英寸塑料管的方法并测量插入深度。

检查 RO 前保安过滤器中有无污染物,因为相对来说比较容易做到。

在 RO 膜元件中有无污染物或是否受到损伤。

取样并分析 RO 给水、浓水和产品水水质,并将分析结果与膜元件制造厂家提供的设计值比较。

在 RO 出现故障时,如能排除因外部损伤而引起的原因,就需要推测污染物的类型,并据此进行一次或一系列的清洗工作。

采集清洗液并对所去除的污染物、颜色变化或 pH 值变化情况进行分析,清洗效果可在 RO 系统重新投运时得到证实。

如果并不知道污染物是什么,并且不想亲自在现场做实验以选择合造的清洗液及清洗方法。那么,会有供应专用清洗剂和提供 RO 膜元件非现场评估服务可以进行服务。在初次清理 RO 时,这样的服务十分有价值。

如果以上所有检查 RO 膜元件中污染物的方法均未奏效,那么只能进行膜元件解剖分析,此时拆开膜元件并对膜表面和污染物进行分析测试以确定问题所在(表 6-3)。

表 6-3 膜元件的膜表面污染物分析

可能原因	可能位置	压降	产水流量	盐透过率
金属氧化物	第一段	通常会增大	下降	通常会增大
胶体污堵	第一段	通常会增大	下降	通常会增大
结垢	最后一段	增大	下降	增大
生物污堵	任何一段	通常会下降	增加	增大
有机物污垢	所有各段	正常	下降	通常会增大
氧化剂(如 Cl_2)	第一段最严重	通常会下降	增加	增大
表面磨损(如碳粒、淤泥)	第一段最严重	减少	增加	增大
O 环或胶合处裂缝	随机	通常会减少	通常会减少	增大
回收率过高	所有各段	减少	通常会减少	增大

七、纯净水反渗透机组通用操作指南简述

1. 反渗透机组的使用注意事项 机组安装调试完毕后投入正常工作,在以后的使用过程当中要特别注意如下。①不能缺水;②三相供电的机组不能缺相;③定期进行反冲洗,保持管路畅通;④定期对管路进行消毒;⑤严格按操作规程操作;⑥每次工作完毕放掉机组里的存水。冬季注意保暖。机组室内温度不得低于3℃。因为结冰能把 RO 膜冻坏;⑦工作完断开机组电源。

2. 操作规程(一级反渗透) ①打开机组电源,查看压力调节阀要处于全开状态。②打开进水阀门,查看低压表不到正常工作压力不得开高压泵。(一般压力应>0.2 MPa)。③给高压泵送电,运转正常后调节压力调节阀至工作压力。④制水过程操作人员不得长时间离开机组。密切注意供水情况。

3. 操作规程(二级反渗透) ①按一级反渗透机组的操作规程把一级制水过程调节正常。②一级正常制水后,调节二级制水的压力调节阀至工作压力。③关机时先关二级机组,再关一级机组。④工作完毕对机组进行反冲洗。

第二节　超滤膜技术与超滤膜设备

超滤（UF）是以压力为推动力,利用超滤膜不同孔径对液体进行分离的物理筛分过程。分子切割量（CWCO）一般为6 000～50 万,孔径为 100 nm。起源于 1748 年,Schmidt 用棉花胶膜或璐膜分滤溶液,当施加一定压力时,溶液（水）透过膜,而蛋白质、胶体等物质则被截留下来,其过滤精度远远超过滤纸,于是提出超滤一词,1896 年,Martin 制出了第一张人工超滤膜。20 世纪 60 年代,是现代超滤的开始,70 年代和 80 年代是高速发展期,90 年代以后开始趋于成熟。我国对该项技术研究较晚,70 年代尚处于研究期限,80 年代末才进入工业化生产和应用阶段。

一、超滤原理

超滤和微滤也是以压力差为推动力的膜分离过程,一般用于液相分离,也可用于气相分离,比如空气中细菌与微粒的去除。

超滤所用的膜为非对称膜,其表面活性分离层平均孔径为10～200 Å,能够截留分子量为 500 以上的大分子与胶体微粒,所用操作压差为 0.1～0.5 MPa。原料液在压差作用下,其中溶剂透过膜上的微孔流到膜的低限侧,为透过液。大分子物质或胶体微粒被膜截留,不能透过膜,从而实现原料液中大分子物质与胶体物质和溶剂的分离。超滤膜对大分子物质的截留机制主要是筛分作用,决定截留效果的主要是膜的表面活性层上孔的大小与形状。除了筛分作用外,膜表面、微孔内的吸附和粒子在膜孔中的滞留也使大分子物质被截留。实践证明,膜表面的物化性质对超滤分离有重要影响,因为超滤处理的是大分子溶液,溶液的渗透压对过程有影响。从这一意义上说,它与反渗透类似。但是,由于溶质分子量大、渗透压低,可以不考虑渗透压的影响。

微滤所用的膜为微孔膜,平均孔径 $0.02 \sim 10\ \mu m$,能够截留直径 $0.05 \sim 10\ \mu m$ 的微粒或分子量 >100 万的高分子物质,操作压差一般为 $0.01 \sim 0.2\ MPa$。原料液在压差作用下,其中水(溶剂)透过膜上的微孔流到膜的低压侧,为透过液,大于膜孔的微粒被截留,从而实现原料液中的微粒与溶剂的分离。微滤过程对微粒的截留机制是筛分作用,决定膜的分离效果是膜的物理结构、膜孔的形状和大小。

超滤膜一般为非对称膜,制造方法与反渗透法类似。超滤膜的活性分离层上有无数不规则的小孔,且孔径大小不一,很难确定其孔径,也很难用孔径去判断其分离能力,故超滤膜的分离能力均用截留分子量予以表述。能截留 90% 的物质的分子量定义为膜的截留分子量。工业产品一般均是用截留分子量方法表示其产品的分离能力,但用截留分子量表示膜性能亦不是完美的方法,因为除了分子大小以外,分子的结构形状、刚性等对截留性能也有影响,显然当分子量一定,刚性分子较之易变形的分子,球形和有侧链的分子较之线性分子有更大的截留率。目前用作超滤膜的材料主要有聚砜、聚砜酰胺、聚丙烯氰、聚偏氟乙烯、醋酸纤维素等。

微滤膜一般均为均匀的多孔膜,孔径较大,可用多种方法测定,可直接用测得的孔径表示其膜孔的大小。

反渗透、超滤和微滤均以压差作为推动力的膜分离过程,它们组成可以分离溶液中的离子、分子、固体微粒的三级分离过程。根据所要分离物质的不同,选用不同的方法。值得一提的是,这 3 种分离方法之间的分界并不十分严格。

水在膜组中的流动模式由内向外渗出(图 6-2),即注入的原水流经膜组时就会通过多孔毛细管壁呈向外辐射状的渗出。膜组中的过滤膜被设计用于清除杂质微粒的。水被加压后渗出隔膜,而微粒被留在了隔膜的表面。由于隔膜孔的尺寸小,所有的悬浮固体颗粒包括微生物都被有效地阻隔下来,这些微粒汇集增多形成了一个污垢层聚在膜表面,因此必须定期进行反洗清除这些微粒物质。

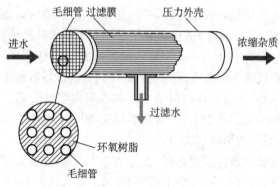

图 6-2 膜组的结构

不同尺寸的膜组产品,可以适合不同的具体需求。为了确保经过过滤膜时水流分配均匀,已经开发一种特殊的栅格结构分流装置并整合到每一个膜组中。

此外,这种膜组技术所拥有的去除细菌病毒能力使得这种模块成为处理地表水和地下水并用于饮用水的最理想的选择,而且它在去除胶状物方面具有独特之处,因而该系统对于反渗透系统的原水也能进行很好的预处理。

二、膜组的去杂质能力

对病毒和细菌去除能力的度量用单位"log"表示(例如:5 log的减少量),用以下的公式可以把 log 转换为百分比。

$$R = \left(1 - \frac{1}{10^{\log}}\right)100 \qquad (\%)$$

1. MS2 噬菌体的去除量　膜组对病毒和 MS2 噬菌体的去除能力是很难测定清楚的。这是由于膜组超强的过滤能力使得被膜阻隔下来的高浓度的噬菌体需要长时间的药物清除。技术上所能达到的指标是每升含有 10 万个噬菌体的浓度,但是膜组的去除噬菌体浓度却高于这个指标,所以已经很难通过技术指标来确定膜组除菌的能力了。经测,MS2 噬菌体通过膜组后,它的减少量>99.999%(5 log)。膜组的除菌能力指数:反洗一小段时间后含菌量指数和反洗前含菌量指数反洗前有少量附着物,反洗后无附着物,第三个指数是在两次反洗之间记录下来的。

2. 隐孢子(*Cryptosporidia*)的减少量　在广泛的试验中,隐孢子(大小为 4~6 μm)通过膜组过滤系统时减少量>99.99%。

3. 浊度的降低　过滤后水的质量并不随原水的质量变化而变化。特别是当原水浊度很高时,膜组也能保证持续高效的过滤质量。而且,此过程可以轻易地全自动操作,事实证明某市政污水排放处实际测试,膜组具有降低混浊程度的能力。

4. 降低淤泥浓度(SDI)指数　SDI 指数作为水的过滤能力指标,它的降低主要由注入过滤器的原水的黏度决定。除了某些特殊的物质,胶状污物和溶解有机物也影响 SDI 指数。可以通过使用该新型超滤膜,彻底清除胶状污物和溶解有机物,然而对溶解有机物的清除,还要由其分子大小决定。此外,通过添加凝聚剂的方法,可以显著提高过滤效果和 SDI 指数。有时根据原水质量的不同,不加凝聚剂,也可以得到范围从 1~4 波动的 SDI 指数。

5. 总有机物含量(TOC)的降低　TOC 指特殊的胶状物,而且包含部分溶解有机物。由于超滤膜根据分子重量的不同过滤各种不同杂质,但整个过滤效果只体现在单个数据上。在 UF 系统之前,加入凝聚剂,可以帮助提高对低分子有机物的过滤效果。

通过提高凝聚剂的凝聚程度和改善原水 pH 值的方法,优化凝聚剂的投入量,以便最大限度去除溶解有机物。比起传统的处理方法,不必顾忌沉淀物或者装置的过滤能力,因为超滤膜的过滤性能和过滤装置的大小及重量是没有直接关系的。从表 6-4 中可以看到,TOC 的过滤指标可以达到 60%。

表 6-4　测量项目与移除量之间的关系

测量项目	移除量(%)
TOC 降低量(无凝聚剂)	0~25
TOC 降低量	25~60

三、微滤、超滤过程与操作

与反渗透过程相似,微滤、超滤过程也必须克服浓差极化和膜孔堵塞带来的影响。一般而言,超滤和微滤的膜孔堵塞问题十分严重,往往需要高压反冲技术予以再生。因此在设计微滤、超滤过程时,像设计反渗透过程一样,注意膜面流速的选择、料液的湍动、预处理以及膜的清洗等因素以外,尚需特别注意对膜的反冲洗以恢复膜的通量。

由于超滤过程膜通量远高于反渗透过程,因此其浓差极化更为明显,很容易在膜面形成一层凝胶层,此后膜通量将不再随压差增加而升高,这一渗透量称为临界渗透通量。对于一定浓度的某种溶液而言,压差达到一定值后渗透通量达到临界值,所以实际操作应选在接近临界渗透通量附近操作,此时压差一般为 $0.4 \sim 0.6$ MPa,过高的压力不仅无益而且有害。

超滤过程操作一般均呈错流,即料液与膜面平行流动,料液流速影响着膜面边界层的厚度,提高膜面流速有利于降低浓差极化影响,提高过滤通量,这与反渗透过程机制是类似的。

微滤过程以前大多采用折褶筒过滤,属终端过滤,对于固相含量高的料液无法处理,近年来发展起来的错流微滤技术的过滤过程类似于反渗透和超滤,设计时可以借鉴。

微滤、超滤过程的操作压力、温度以及料液预处理、膜清洗过程的原理与反渗透极为相似,但其操作过程亦有自己的特点。

超滤过程流程与反渗透类似,采用错流操作,常用的操作模式有以下 3 种。

(1)单段间歇操作:在超滤过程中,为了减轻浓差极化的影响,膜组件必须保持较高的料液流速,但膜的渗透通量较小,所以料液必须在膜组件中循环多次才能使料液浓缩到要求的程度,这是工业过滤装置最基本的特征。两种回路的区别在于闭式回路中料液从膜组件出来后不进料液槽而直接流至循环泵入口,这样输送大量循环液所需能量仅仅是克服料液流动系统的能量损失,而开式回路中的循环泵除了需提供料液流动系统的能量损失外,还必须提供超滤所需的推动力即压差,所以闭式回路的能耗低。间歇操作适用于实验室或小规模间歇生产产品的处理。

(2)单段连续操作:与单段间歇操作相比,其特点是超滤过程始终处于接近浓缩液的浓度下进行,因此渗透量与截留率均较低,为此,可采用多段连续操作。

(3)多段连续操作:各段循环液的浓度依次升高,最后一段引出浓缩液,因此前面几段中料液可以在较低的浓度下操作。这种连续多段操作适用于大规模工业生产。

四、超滤、微滤的应用

1. 超滤的应用　在水处理领域中,超滤技术可以除去水中的细菌、病毒、热源和其他胶体物质,因此用于制取电子工业超纯水、医药工业中的注射剂、各种工业用水的净化以及饮用水的净化。

在食品工业中,乳制品、果汁、酒、调味品等生产中逐步采用超滤技术,如牛奶或乳清中蛋白和低分子量的乳糖与水的分离,果汁澄清和去菌消毒,酒中有色蛋白、多糖及其他胶体杂质的去除等,酱油、醋中细菌的脱除,与传统方法相比,具有经济、可靠、保证质量等优点。

在医药和生物化工生产中,常需要对热敏性物质进行分离提纯,超滤技术优势突显。适合用超滤来分离浓缩生物活性物(如酶、病毒、核酸、特殊蛋白等),从动、植物中提取的药物(如生物碱、荷尔蒙等)提取液中常有大分子或固体物质,很多情况下可以用超滤来分离,使药物质量得到提高。

在废水处理领域,超滤技术用于电镀过程淋洗水的处理是成功的例子之一。在汽车和家具等金属制品的生产过程中,用电泳法将涂料沉积到金属表面上后,必须用清水将产品上吸着的电镀液洗掉。洗涤得到含涂料 $1\% \sim 2\%$ 的淋洗废水,用超滤装置分离出清水,涂料得到浓缩后可以重新用于电涂,所得清水也可以直接用于清洗,即可实现水的循环使用。目前国内外大多数汽车工厂使用此法处理电涂淋洗水。

超滤技术也可用于纺织厂废水处理。纺织厂退浆液中含有聚乙烯醇(PVA),用超滤装置回收 PVA,清水回收使用,而浓缩后的 PVA 浓缩液可重新上浆使用。

随着新型膜材料(功能高分子、无机材料)的开发,膜的耐温、耐压、耐溶剂性能得以大幅度提高,超滤技术在石油化工、化学工业以及更多的领域应用将更为广泛。

我国的人均水资源占有量仅为世界的人均的 1/4。缺水矛盾突出。在城市供水中生产用水占 90%,居民生活用水占 9%,而饮用水仅占 1%。分质供水就是把这 1% 的水使用膜技术进行深度处理,使之达到饮用水标准。城市污水是一个重要的潜在水资源,使用膜生物反应器进行城市污水处理,可以生产出不同用途的再生水,是解决水资源匮乏的重要方法。

新型超滤膜除了用于饮用水和中水处理方面外,在医药制造、化学工业等方面也有着巨大的市场潜力。

2. 微滤的应用　微滤主要用于除去溶液中 >0.05 μm 的超细粒子,应用十分广泛。

在水的精制过程中,微滤技术可以除去细菌和固体杂质,可用于医药、饮料用水的生产。

在电子工业超纯水制备中,微滤可用于超滤和反渗透过程的预处理和产品的终端保安过滤。微滤技术亦可用于啤酒、黄酒等各种酒类的过滤,以除去其中的酵母、真菌和其他微生物,使产品澄清,并延长存放期。

微滤技术在药物除菌、生物检测等领域也有广泛的应用。

超滤同反渗透技术类似,是以压力为推动力的膜分离技术。在从反渗透到电微滤的分离范围的图谱中,居于纳滤(NF)与微滤(MF)之间,截留分子量范围为 50～500 000,相应膜孔径大小的近似值为 50～1 000 Å。

超滤膜是利用筛分原理进行分离,它对有机物截留分子量范围为 10 000～100 000,适用于大分子物质与小分子物质的分离、浓缩和纯化过程。

　　从膜分离装置发展过程来看,超滤装置是伴随着反渗透装置的开发而发展起来的。在 20 世纪的最后 10 年,世界范围内水处理设施的拥有者开始出现了转变。可饮用水开始逐渐由大规模的、政府控制运营的方式转变为私人拥有的,多个国家共同参与的事业,并且也被视为 21 世纪的又一个商业机会。由此,出现了对新的水处理技术以及降低水处理成本的需求。此种需求必然导致膜技术的兴起。从 20 世纪 60 年代开始,起源于海水淡化的反渗透膜膜技术得到了非常迅速的发展,并且被广泛应用于越来越多的领域。继脱盐反渗透后,一系列更疏松的渗透膜被开发出来,包括纳滤(疏松反渗透)、超滤(去除细菌和病毒)、微滤(去除悬浮固体),任何一种应用都有其独特的、特殊设计的膜来满足要求。在早期大部分膜过滤采用错流过滤的形式,即液体沿着与膜面水平的方向流动,这样的过滤形式可以防止"膜垢"的产生,但却仅有一小部分的液体真正能够过滤出来。因此这种过滤形式导致非常高的能耗,从而阻碍了膜在大规模水处理设施上的应用。

　　由于对饮用水的质量要求越来越严格,水处理公司投入越来越大的精力控制供水管网中存在的微生物的量。为此,必须进行昂贵、频繁的水质检验,或者在供水终端设置防止细菌和病毒进入的屏障。

　　水处理,尤其是大规模的水处理设施,能耗已经成为一个非常明显的重要指标。要使膜技术成为大规模的水处理设施的主要技术之一,就一定要降低能耗。因此,许多膜制造商开始开发低能耗的膜过滤系统,即所谓的死端过滤或半死端过滤。

　　此系统的工作原理类似咖啡过滤机,水中的固体悬浮物沉降在膜的表面。这部分固体通常被成为"污垢",只要水中含有固体悬浮物,就必然会有"污垢"产生。为保证膜的产水量保持不变,膜过滤压力必然不断增加,因此运行一段时间后需要从与过滤相反的方向对膜进行清洗,因此有时也称为半死端过滤。沉积在膜表面的固体被清洗排出,膜又可恢复最初设计的性能。虽然反冲洗能够去除系统中大部分的膜污染,但有时仍然需要更有效的办法对膜进行彻底清洗。因为许多物质黏附在膜表面，仅通过机械力无法将其去除。这部分物质通常为有机物或微生物有机物，经过较长时间的运行，这部分物质即"污垢"会堵塞膜孔。它是运行过程不希望发生的情况。堵塞物对膜表面的黏附不是非常强，可以溶解（对于一些小分子有机物）并通过膜，或者被膜截留。对于一些微生物有机物，当它们附着在膜表面后，还会进一步繁殖。这种膜污染通过化学方法清洗去除，也是一种可逆污染。膜污染面临的真正的问题是那些无法去除的不可逆的污染。

五、超滤膜的分类

超滤膜主要分为卷式、板框式、管式和中空纤维式。其中，中空纤维式是国内应用最为广泛的一种，典型特点为没有膜的支撑物，靠纤维管的本身强度来承受工作压力。

根据膜的致密层是在中空纤维的内表面或者外表面，又分为内压式和外压式。现在应用的为清一色外压式。主要优点为单位容积内装填的有效膜面积大，且占地面积小。

超滤膜的污染主要有 3 个方面：表面吸附、颗粒阻塞、表面吸附着。一个膜如果能够很好地克服这些方面的污染，这个膜通过简单的反洗就可以达到理想的清洗效果，从而可以更好地应用于大规模的水处理工程。使用永久强亲水性的膜材料，可克服表面吸附；膜的生产过程中都要经过严格的质量检验，膜的孔径分布很窄，没有大孔缺陷，可以克服颗粒阻塞；在实际产水过程中定期加入次氯酸钠杀菌，可以杜绝膜的表面吸附；从而保证超滤膜组件大规模水处理工程应用的可靠性。

第三节　活性炭水处理技术

活性炭（GAC）是一种非常优良的吸附剂，它利用木炭、各种果壳和优质煤等作为原料，通过物理和化学方法对原料进行破碎、过筛、催化剂活化、漂洗、烘干和筛选等一系列工序加工制造而成。它具有物理吸附和化学吸附的双重特性,可以有选择地吸附气相、液相中的各种物质,以达到脱色精制、消毒除臭和去污提纯等目的。检验标准可按照中国国标 GB,或按照其他国家标准,如美国 ASTM、日本 JIS、德国 DIN 标准等。

活性炭已被广泛应用于水的常规处理和深度处理中。由于活性炭自身的物理特性——超强的吸附能力,用于解决吸附水中难闻的味道、余氯、脱色等,已成为去除水中有机污染物的最成熟、最有效的方法之一。国内有研究发现,活性炭对水中氯化产生的致突变物质亦有去除作用。

然而活性炭在水处理,特别是用于饮用水深度处理的净化设备中,也存在着无法解决的问题,即活性炭介质的自身污染问题。它就像一个超级的海绵,在吸附大量的有毒有害污染物的同时,在它的微孔中会繁殖大量的细菌。实验表明,当活性炭过滤器使用一定期限,活性炭吸附大量的有机污染物,而具有杀菌作用的余氯又不存在,此时微生物极易繁殖;有机物在微生物的作用下于活性炭的界面上发生分解,有机氮逐步分解为蛋白氮、氨氮、亚硝酸盐氮,致活性炭过滤器出的水中亚硝酸盐含量增加,反而污染水质。

一、载银活性炭

1. 概述　银的杀菌作用早在远古就被人类发现。19 世纪末路易斯·巴斯德就发现将金属银放入盛水的容器中,显示出银的杀菌性能。在中国银餐具的使用,在国外人们在鲜牛奶中放入银币以延长牛奶的保存时间等,都是最早应用银抗菌的实例。随着科学的进步,人们发现胶质银(粒径 10～100 nm 的微细颗粒)能有效地对抗 650 种以上不同的传染疾病,另有 8 种病菌能够对抗胶质银。在青霉素发现以前,银有"古老的抗生素","纯银对人体是百益而无一害","许多不同种类的耐抗生素病菌都能被胶质银杀灭"之说,因此美国食品药品监督管理局(FDA)允许胶质银开架销售。

正因为银的这种抗菌性能,因此被首选为抗菌剂的材料。

在国外,抗菌制品已形成为一项产业,日本在 1993 年就成立了"银等无机系抗菌剂研究会(银研会)",1998 年 6 月以"银研会"成员为基础成立了"抗菌制品技术协会",并制定了行业标准。

据此,科学家将活性炭的吸附能力与银的抗菌性结合,生产出活性炭和银的结合产物——载银活性炭(亦称渗银活性炭),使其不仅对水中有机污染物有吸附作用,还具有杀菌作用。使水在活性炭内不会滋生细菌,避免活性炭过滤器出现亚硝酸盐含量增高的问题。在世界范围内所有公开的研究中,使用的方法都是以化学浸润为基础的——这是早期技术,但这种方法并没有达到预期的效果。

2. 生产工艺　载银活性炭在水处理中有一定的优势,它符合"耐热性好、抗菌谱广、有效期长"的要求,是对微生物不产生耐药性的无机抗菌剂。在国内有很多企业研究和生产载银活性炭,采用的工艺原理普遍为物理吸附法。

过去活性炭载银,人们往往直接用硝酸银($AgNO_3$)水溶解浸渍后干燥,此方法未改变硝酸银结构,所以一遇水便很快溶解流失。后来,有专家将硝酸银转化氯化银以减少流失。目前在国内最先进的方法是采用 $Ag(NH_3)_2$＋络合物的方式,使其转变为活性炭可以吸附的物质。然后再经高温煅烧使之成为单质银和氧化亚银。活性炭对银氨络合物的吸附为物理吸附,其键能为范德华引力。载银活性炭通常用于小型家用或集团用的净水器,载银活性炭选用粒度 20～30 目的颗粒果壳炭。常用的银剂是 $AgNO_3$。渗银量以银计<1％(重量比),当水通过载银活性炭时,银离子就会慢慢释放出来。有资料介绍,银离子在水中的浓度为 0.1～0.2 mg/L 时就能达到杀菌目的,但此浓度已高于《生活饮用水水质标准》中 0.05 mg/L 银含量。银是一种重金属,对人体是有害的,在饮用水净化中是必须去除的物质。解决载银活性炭在水处理中银的脱落问题,已成为载银活性炭生产工艺的一个关键问题。

3. 技术上的突破

（1）工艺原理：从 1993 年开始，法国科学家 Cyril Heitzler 与法国国家科学院多名水处理专家经过 8 年多研究试验，成功解决了这一世界难题，生产出一种新型的载银活性炭（法语为 CARTIS）。其基本原理是利用等离子技术实现银和炭的共价键结合。这是一种质的飞跃，使载银活性炭由传统的物理结合变为化学结合。

（2）CARTIS 介质的物理特性

表面密度（g/ml）：	$0.45 \sim 0.53$
包装湿度（%最大）：	5
灰状物（%最大）：	4
硬度（%最大）：	98
比表面积（m^2/g）：	$1\,100 \sim 2\,000$
碘指数（最小 mg/g）：	$1\,000$
吸收 CCl_4（%）：	$60 \sim 75$

（3）CARTIS 介质的水处理能力与普通活性炭的比较：根据美国 NSF 标准，1 g 活性炭可处理 18 200 g（4 加仑）水，原水氯含量为百万分之二（2 ppm），去除率为 75%。处理能力为 1：18 200

CARTIS 介质标准：1 g 介质可处理 2 000 000 g 的水。

处理能力为 1：2 000 000

结论：CARTIS 介质的水处理能力是普通活性炭的 109.89 倍。

（4）CARTIS 介质的使用寿命与普通活性炭的比较：CARTIS 介质的使用寿命为 2 年，是普通活性炭（使用寿命半年）的 4 倍。

（5）CARTIS 介质和普通载银活性炭的比较特点：银与炭的结合方式不同前者为化学结合（共价键），后者为物理结合；前者银永远不会脱落，后者银会脱落；前者的吸附能力是后者的 109.89 倍；前者不会滋生细菌；前者不需要再生，后者需要再生。

（6）物理吸附（范德华键距）与化学吸附（共价键距）：物理

吸附的分子可以吸收能量而激发。目前生产的载银炭,经过等离子技术处理,即可达到共价键结合的形式。

4. 共价键结合的载银炭用于饮用水处理的优势　这种载银活性炭用作水处理介质,处理后的水质具有如下特性:可有效地去除余氯、重金属、有机污染物;活性炭表面的银不会脱落;口感明显改善;处理后的水保留了对人体有益的天然矿物质;水质偏碱性;溶解氧平均增加 30% 左右;具有长效抑制细菌、病毒、藻类的功效;特别是在桶装水生产中,不用另外进行臭氧消毒处理即可长期保鲜,且处理后的水质不易结垢。

(1) 长效抑菌原理:由于 Ag^+ 具有较高的氧化还原电位($\pm 0.798eV$,25°),所以反应活性大(随着其价态的升高,还原势也升高),能使周围空间内的氧分子(O_2)转变成原子态的氧$[O]$。

活性炭载上银后,在其表面分布着微量的银元素,它能起到催化活性中心的作用。这个活性中心能吸收环境的能量,激活吸附在活性炭表面的空气和水中的氧,产生羟自由基($\cdot OH$)和活性氧离子(O_2^-),这些物质具有很强的氧化能力,能破坏细菌细胞的增殖能力,实现抑菌或杀灭细菌的目的。

(2) 溶解氧增加原理:清洁的银蒸发膜在室温下并不对氢产生化学吸附,而氧化后的银膜则有缓慢的吸附。一般认为银也像铜那样,并不吸附分子态的氢,而是吸附原子态氢。据此推论其和水的反应过程为:

$$H_2O \xrightarrow[\text{Ag 的催化}]{} H_2 + [O]$$

这个过程之所以缓慢,是因为它是一个吸热过程。尽管这个过程是缓慢的,它仍然造成水中溶解的氧增加$(1 \sim 2) \times 10^{-8}$($1 \sim 2$ ppm)。

(3) 不易形成水垢:水垢是由水中的钙镁离子沉淀形成的。当水经过这种介质过滤的时候,在矿物质和介质的金属表面间发生电化学反应。这种反应使钙镁离子的状态发生改变,改变后的钙镁离子具有一种不易与碳酸根结合的能力,不易结垢。

二、活性炭过滤原理

活性炭的吸附能力与水温的高低、水质的好坏等有一定关系。水温越高,活性炭的吸附能力就越强;若水温≥30℃时,吸附能力达到极限,并有逐渐降低的可能。当水质呈酸性时,活性炭对阴离子物质的吸附能力相对减弱;当水质呈碱性时,活性炭对阳离子物质的吸附能力减弱。所以,水质的 pH 值会影响活性炭的吸附能力。

活性炭的吸附原理:在其颗粒表面形成一层平衡的表面浓度,再把有机物质杂质吸附到活性炭颗粒内,使用初期的吸附效果很高。但时间一长,活性炭的吸附能力会不同程度地减弱,吸附效果也随之下降。如果水族箱中水质混浊,水中有机物含量高,活性炭很快就会丧失过滤功能。所以,活性炭应定期更换。

活性炭颗粒的大小对吸附能力也有影响。一般来说,活性炭颗粒越小,过滤面积就越大。所以,粉末状的活性炭总面积最大,吸附效果最佳,但粉末状的活性炭很容易随水流入水族箱中,难以控制,目前已很少采用。颗粒状的活性炭因颗粒成形不易流动,水中有机物等杂质在活性炭过滤层中也不易阻塞,其吸附能力强,携带更换方便。

活性炭的吸附能力和与水接触的时间成正比,接触时间越长,过滤后的水质越佳。需要注意的是,过滤的水应缓慢地流出过滤层。新的活性炭在第一次使用前应洗涤洁净,否则有墨黑色水流出。活性炭在装入过滤器前,应在底部和顶部加铺 2～3 cm厚的海绵,以阻止藻类等大颗粒杂质渗透进去,活性炭使用2～3 个月后,如果过滤效果下降就应调换新的活性炭,海绵层也要定期更换。

三、活性炭水处理的主要影响因素

活性炭水处理所涉及的吸附过程和作用原理较为复杂,

影响因素也较多,主要与活性炭的性质、水中污染物的性质、活性炭处理的过程原理以及选择的运转参数与操作条件等有关。

1. 活性炭的性质　由于吸附现象发生在吸附剂表面上,所以吸附剂的比表面积是影响吸附的重要因素之一,比表面积越大,吸附性能越好。因为吸附过程可看成 3 个阶段,内扩散对吸附速度影响较大,所以活性炭的微孔分布是影响吸附的另一重要因素。此外,活性炭的表面化学性质、极性及所带电荷,也影响吸附的效果。

用于水处理的活性炭应有 3 项要求:吸附容量大、吸附速度快、机械强度好。活性炭的吸附容量附其他外界条件外,主要与活性炭比表面积有关,比表面积大,微孔数量多,可吸附在细孔壁上的吸附质就多。吸附速度主要与粒度及细孔分布有关,水处理用的活性炭,要求过渡孔(半径 20~1 000 Å)较为发达,有利于吸附质向微细孔中扩散。活性炭的粒度越小吸附速度越快,但水头损失要增大,一般在 8~30 目范围较适宜,活性炭的机械耐磨强度,直接影响活性炭的使用寿命。

2. 吸附质(溶质或污染物)的性质　同一种活性炭对于不同污染物的吸附能力有很大差别。

(1) 溶解度:对同一族物质的溶解度随链的加长而降低,而吸附容量随同系物的系列上升或分子量的增大而增加。溶解度越小,越易吸附。如活性炭从水中吸附有机酸的次序是按甲酸→乙酸→丙酸→丁酸而增加。

(2) 分子构造:吸附质分子的大小和化学结构对吸附也有较大的影响。因为吸附速度受内扩散速度的影响,吸附质(溶质)分子的大小与活性炭孔径大小成一定比例,最利于吸附。在同系物中,分子大的较分子小的易吸附。不饱和键的有机物较饱和的易吸附。芳香族的有机物较脂肪族的有机物易于吸附。

(3) 极性:活性炭基本可以看成是一种非极性的吸附剂,对水中非极性物质的吸附能力大于极性物质。

（4）吸附制裁（溶质）：吸附质的浓度在一定范围时，随着浓度增高，吸附容量增大。因此吸附质（溶质）的浓度变化，活性炭对该种吸附质（溶质）的吸附容量也变化。

3. 溶液 pH 值的影响　溶液 pH 值对吸附的影响，要综合活性炭和吸附质（溶质）考虑。溶液 pH 值控制了酸性或碱性化合物的离解度，当 pH 值达到某个范围时，这些化合物就要离解，影响对这些化合物的吸附。溶液的 pH 值还会影响吸附质（溶质）的溶解度，以及胶体物质吸附质（溶质）的带电情况。由于活性炭能吸附水中氢、氧离子，因此影响对其他离子的吸附。

活性炭从水中吸附有机污染物质的效果，一般随溶液 pH 值的增加而降低，pH 值＞9.0 时，不易吸附，pH 值越低时效果越好。在实际应用中，通过试验确定最佳 pH 值范围。

4. 溶液温度的影响　因为液相吸附时吸附热较小，所以溶液温度的影响较小。吸附是放热反应。吸附热，即活性炭吸附单位重量的吸附质（溶质）放出的总热量，以 kJ/mol 为单位。吸附热越大，温度对吸附的影响越大。温度对物质的溶解度有影响，因此对吸附也有影响。用活性炭处理水时，温度对吸附的影响不显著。

5. 多组分吸附质共存的影响　应用吸附法处理水时，通常水中不是单一的污染物质，而是多组分污染物的混合物。在吸附时，它们之间可以共吸附，互相促进或互相干扰。一般情况下，多组分吸附时分别的吸附容量比单组分吸附时低。

6. 吸附操作条件　因为活性炭液相吸附时，外扩散（液膜扩散）速度对吸附有影响，所以吸附装置的型号、接触时间（通水速度）等对吸附效果都有影响。

综上所述，影响吸附的因素很多，应综合分析，根据具体情况选择最佳吸附条件，达到最好的吸附效果。

四、活性炭的吸附能力

吸附分为液相吸附和气相吸附两类。液相吸附能力常以吸附等温线进行评价，气相吸附能力以溶剂蒸气吸附量进行评价。

吸附等温线表示一定温度下吸附系统中被吸附物质的分压或浓度与吸附量之间的关系,即当保持温度不变,可测得平衡吸附量和分压或浓度间的变化关系。以剩余浓度为横轴,以活性炭单质量的吸附量为纵轴,可绘出关系曲线。

当保持分压或浓度不变,可测得平衡吸附量和温度间的变化关系,绘出关系曲线,即吸附等压线。由于在工业装置中少量成分吸附大致在等温状态下进行,所以吸附等温线最为重要和常用。

溶剂蒸气吸附量表示气相吸附性能,以颗粒活性炭的四氯化碳吸附率的测定为例,在规定的试验条件下,即规定的炭层高度、气流比速、吸附温度、测定管截面积、四氯化碳蒸气浓度的条件下,持含有一定四氯化碳蒸气浓度的混合空气流不断地通过活性炭,当达到吸附饱和时,活性炭试样所吸附的四氯化碳的质量与试样质量之百分比作为四氯化碳的吸附率。

活性炭应用中对于吸附能力,最好用实际拟用的活性炭、操作的条件、具体的处理物进行评价测试。

活性炭的吸附量,即单位活性炭所吸附的吸附质的量,工业上也有称为活性炭的活性,活性有两种表示方法:①静活性,即通常所指的吸附剂达到平衡的吸附量。②动活性,是指流体混合物通过活性炭床层,其中吸附质被吸附,经一些时间的运作,活性炭床层流出的流体中开始出现含有一定的吸附质,说明活性炭床层失去吸附能力,此时活性炭上已吸附的吸附质的量,称为活性炭的活性。

用液相等温线法测定活性炭吸附能力的标准实用方法,可用于测定原始的、再活化的和粉状活性炭的吸附能力。

五、活性炭的选用

根据具体工艺目的,结合粉状和粒状活性炭的各自优点选用。粉状活性炭通常在液相应用,加入液体后经搅拌混合、过滤或沉降,而得所需液体。适用于间歇工艺,易控制加入量,可利用现成过滤设备,价格较低。粒状活性炭可用于液相,也可用于气相。一般将需处理的液体或气体连续通过活性炭柱。适用于连续工艺与自动控制;较少活性炭耗量,使用的炭、液比高;较易清洁操作;因价较高大量使用时应予再生,且较易再生。

六、活性炭应用中的安全问题

通常认为应用活性炭没有安全问题,但实际应用中,对活性炭应用中的安全不能掉以轻心。

(1) 活性炭不列入危险品类,但是可燃的。着火后不会发生有焰燃烧,只是阴燃。

(2) 活性炭不会自燃,在空气中可能会着火,与汽油、柴油等混合可引起燃烧。

(3) 活性炭燃烧时通风不足,会生成有毒的一氧化碳。

活性炭主要是以含碳量较高的物质制成,如木材、煤、果壳、骨、石油残渣等。而以椰子壳为最常用的原料,在同等条件下,椰壳有最大的比表面,其活性质量及其他特性是最好的。

七、活性炭产品的再生

活性炭吸附是一个物理过程,因此还可以采用高温蒸汽将使用过的活性炭内杂质进行脱附,并使其恢复原有活性,以达到重复使用的目的,具有明显的经济效益。再生后的活性炭其用途仍可连续重复使用及再生。

第四节 电解离子水技术

电解离子水生成过程:自来水经过过滤后,流过离子水生成器的电解板(一般为钛铂合金)进行电解。水中的钾、钠、钙、镁等带有正电荷的离子向阴极流动形成碱性离子水;氯硫磷等带有负电荷的离子向阳极流动形成酸性电解水,电解 pH 值 4～10。通过电解生成两种活性水,集中于阴极流出来的为碱性离子水(供饮用),集中于阳极流出来的为酸性离子水(供外用)。电解水生成器的制造原理:以分离膜为媒介在水中施以直流电压,而分离出碱性水和酸性水。由于水中的钙、镁、钠、钾等矿物质多聚集至阴极,氢氧离子增加而成为碱性水;氧、硫酸、硫黄等被吸引至阳极,增加氢离子而生成酸性水,阴极水溶含较多矿物质,成为适合饮用的碱性水,阳极水则可当作消毒用的收敛酸性水。

它以自来水为原料,自来水在通过电解水机时,水在电解过程中被功能化。电解水行业面市至今,已在欧、美、日、韩、台和东南亚等地得到了极大发展。以日本为例:日本是电解水机的发源地,也是目前发展最好的国家。1931 年,日本研制出世界上第一台电解水机。1966 年日本厚生省将电解水机作为医疗器械,并承认它对于胃肠疾病的疗效。1994 年日本厚生省成立"电解水研究委员会"。中国台湾 20 世纪 70 年代末期引入电解水产品,1974 年电解水机引入韩国,1976 年引入美国,1995 年进入中国。

电解离子水机一般有 4 级或 5 级过滤器,前置为 3 级,机器内置 1 级,内置滤芯为椰壳纤维活性炭滤芯。

第一级与第二级:PP 棉滤芯。能去除水中 $>5\ \mu m$ 的颗粒杂质、可能引起结石的污泥浆渣、可能引起胃病的沙石、污染食用水的红虫、胶体、悬浮物质、可能引起器官功能异常的微生物状物和石棉等,采用气孔大小分类的阶段过滤方式能去除水中的细微粒子及可能引起肝炎的铁锈渣等。预先防止堵塞并可延长产品的寿命。规格:长 16 cm;直径:5 cm。更换时间:依水质而定,3～6 个月。实际更换时间需根据用户使用情况与水质来确定(建议每 1～3 个月更换,夏季 1 个月,冬季 3 个月)。

第三级:活性炭滤芯。吸附水中异味、异色。利用活性碳的强吸附作用,吸附水中余氯、重金属,去除致癌物质,调节纯水的pH 值,改善口感。优质的椰壳活性炭,吸附力更强,过滤后的水,口感好,更甘醇可口。规格:长 16 cm;直径:5 cm。更换时间:依水质而定,12～18 个月。实际更换时间需根据用户使用情况与水质来确定。

第四级:精细过滤。阻止活性炭细小粉末,除菌。

第五级:重金属置换(KDF 材料)添加微量矿物质。

第五节　矿泉壶

矿泉壶集净化、矿化、活化、磁化、生化、灭菌六大功能于一体。①生化:依据大自然形成天然矿泉水的原理,选择天然材料,仿效不同地质层结构加入标准的自来水,自然缓慢地渗透过滤,转化为可直接饮用的弱碱性活力矿化水。②净化:特选优质活性炭,并以红外矿化球、生化球与高级硅砂制成过滤芯,有效过滤水中残存的氯、三氯甲烷致癌物、化学农药、重金属、混浊异色、异味异气及其他有害杂质,根据矿泉水形成原理,将自来水进一步净化、达到最佳净化效果。③灭菌:采用陶瓷滤芯特别进行速效杀菌抑菌,经过矿泉壶处理的水可直接饮用,细菌不会滋长,可长期存放。④活化:经矿化的平衡水中的矿物质和微量元素,经过微弱酸碱反应,自然调节中和水的酸碱度,使之呈微碱性(pH 值 7.2~7.7),与人体血液的酸碱度相近,适宜人类饮用。⑤矿化:主过滤芯和矿砂、硅砂和稀有矿石均衡释放出人体所需的 20 多种常量矿物质微量元素,包括钙、镁、钾、锰、铬、硅、锌、锶、锗、硒等,使其溶解在水中,化普通自来水为优质弱碱性活力矿化水。⑥磁化:特制永磁体使水分子磁化,形成小分子团,排列有序,渗透力强,达到水分子团的最佳状态,促进人体的新陈代谢。

第六节　电凝聚技术

一、电化学水处理技术概述

电化学水处理技术是指在导电介质存在和一定条件(加电或自发)时,通过电化学反应而除去污水中污染物的方法。电化学净化技术分为有电能消耗(加电)和无电能消耗(自发过程)两类。有电能消耗的技术又分为电凝聚电气浮、电沉积、磁电解法、微电解法、三维电极水处理技术和电化学氧化等。电化学净化技术的一般原理:在直流电场的作用下,废水污染物通过电解槽在阳极氧化或阴极还原或发生二次反应而被去除,最终使废水得到净化。电化学水处理技术的优点如下。

(1) 电子转移只在电极及废水组分间进行,不需另外添加氧化还原剂,避免外添加药剂而引起的二次污染问题。

(2) 可以通过改变外加电流、电压随时调节反应条件,可控制性较强。

(3) 过程中可能产生的自由基无选择地直接与废水中的有机污染物反应,将其降解为二氧化碳、水和简单有机物,没有或很少产生二次污染。

(4) 反应条件温和,电化学过程一般在常温常压下就可进行。

(5) 反应器设备及其操作一般比较简单,如果设计合理,费用并不贵。

(6) 若排污规模较小,可实现就地处理。

(7) 当废水中含有金属离子时,阴、阳极可同时起作用(阴极还原金属离子,阳极氧化有机物),以使处理效率尽可能提高,同时回收再利用有价值的化学品或金属。

(8) 既可以作为单独处理,又可以与其他处理相结合,如作为前处理,能提高废水的可生物降解性。

(9) 兼具气浮、絮凝、消毒作用。

(10) 作为一种清洁工艺,其设备占地面积小,特别适合于人口拥挤城市污水处理。

二、电凝聚技术概述

电凝聚气浮法又称电絮凝,应用可溶性电极铝或铁产生氢氧化铝氢氧化铁的电解法,通常称为电凝聚法。这种方法生成的氢氧化铝要比从硫酸铝水解生成的更为活泼,活性也大,对水中的有机物、无机物具有强大的凝聚作用,可广泛地应用于饮用水处理、工业用水预处理和污水处理。

电凝聚技术是近年来研究的一种新技术。国内外都有研究成果的报道,这种新的混凝技术,至今尚未普及。国内研究的技术工艺简介如下。

电凝聚污水处理装置,同轴上设有阴极内管和阳极外管,阴极内管为污水进水管,该管伸入阳极外管内部,外管壁带有螺旋形槽道,阳极外管的头端与阴极内管之间有绝缘性密封固定连接并设有污水排出口。工作时,污水流过阴极内管和内外管之间的环形污水流道,污水中的污染物在正负电场充分作用下凝聚,最后从污水排出口排入沉淀池。这种方法可缩短污水处理时间,提高处理量,降低运行费用,设备成本也较低。电凝聚是一种使用电能代替昂贵的化学试剂,去除水中重金属、悬浮固体、乳化有机物和其他多种污染物的电化学过程。电凝技术以某些形式已经存在一个多世纪了。1906年,Dietrich取得一个电凝技术的专利。现在,电凝技术的发展已进入产业化阶段,包括解决电化学反应槽的设计和设备的生产。

电凝聚技术主要用于处理印染废水、乳化油废水,可去除水中的有机物、细菌、浊度、重金属及其他毒物,是一种有前途的净水方法。电凝聚原理及优点如下。

电凝聚气浮法是一项有效的废水处理技术。其基本原理是废水在外电压作用下,利用可溶性阳极,产生大量的金属阳离子,对废水中的胶体颗粒进行凝聚。通常选用铁或铝作为阳极材料,将金属电极(如铝)置于被处理的水中,然后通以直流电,此时金属阳极发生氧化反应产生的铝离子在水中水解、聚合,生成一系列多核水解产物而起凝聚作用,其过程和机制与化学混凝法基本相同。

而阴极则产生氢气,与凝聚后产生的絮体发生黏附,从而使絮体上浮而得到分离。此外,电场的作用以及电极上发生的氧化还原反应使废水中的部分有机物被氧化,从而去除废水的部分化学需氧量(COD)。

同时,在电凝聚器中阴极上产生的新生态的氢,其还原能力很强,可与废水中的污染物起还原反应,或生成氢气。在阳极上也可能有氧气放出氢气和氧气以微气泡的形式出现,在水处理过程中与悬浮颗粒接触可获得良好的黏附性,从而提高水处理效率。

此外,在电流的作用下,废水中的部分有机物可能分解为低分子有机物,还有可能直接被氧化为 CO、H、O 而不产生污泥。未被彻底氧化的有机物部分还可和悬浮固体颗粒被 $Al(OH)$ 吸附凝聚并在氢气和氧气带动下上浮分离。总之,电凝聚处理原水和废水是多种过程的协同作用,污染物在这些作用下易被除去。

第七节　磁化水处理技术

磁处理法结构主要包括 3 个同轴复合套筒组成的管状体,两端安装有标准法兰可直接连接在水路上,也可旁路安装;外磁处理器为片状永磁体,安装在水管线外壁。磁场水处理实验用紫外分光光度仪、焦利秤、酸度计、电导率仪及黏度计测量。通过磁化后,水表面张力系数、pH 值和黏度增大,电导率减小,能够除垢、防垢、杀菌、灭菌、清除腐蚀的铁表面,使水中金属长时间不发生腐蚀。

一、防垢除垢机制

物质的分子可分为极性和非极性两种,对称分子如 H_2、O_2 和 N_2 是非极性的,而 H_2O、N_2O 则是极性的。极性分子在无磁场作用时,以任意方式排列,但当磁场作用于极性分子时,会使偶极朝向磁场方向作定向排列;非极性分子在磁场作用下极化而诱导成极性分子,从而带有偶极矩,产生相互吸引作用,形成定向排列。两种极性分子在产生异极吸引同极相斥作用时,会使分子产生某些变形,极性增大,水中盐类的阴阳离子分别被水偶极子包围使之不易运动,抑制了钙、镁等盐垢析出。运动的电子在磁场作用下产生一个与电子运动方向垂直的力（洛伦兹力），这样就会使电子偏离正常晶格，从而抑制固体正常结晶的生成，同时可以减少水垢附着在金属表面。由于经电磁场处理的水分子极性增强，对水垢的渗透性增强，能破坏水垢与管道壁之间的结合力，从而使水垢脱落。

二、物理化学过程强化作用机制

实验表明，磁场作用后废水体系的电势下降，反应速度加快；磁场具有使复杂大分子体系变为简单小分子体系的效应，提高了分子的反应活度；磁场有能使基团的活性和对金属的亲和力增加的作用，促使更多的络合反应进行；磁场可以使胶体双电层变薄，强化吸附作用。总之磁场的作用对水体的絮凝、吸附等物理化学过程起到了强化作用。

三、防腐机制

水中正负离子在磁场作用下，分别向相反方向运动，形成微弱电流，水中 $O_2 + e \longrightarrow O_2^-$，由于 O_2^- 的生成，使水中的 O_2 减少。同时由于因管道自身的电位差腐蚀而产生的 $Fe_2O_3 \cdot nH_2O$（俗称铁锈）和微弱电子流发生如下反应：

$$3Fe_2O_3 \cdot nH_2O + 2e \longrightarrow 2Fe_3O_4 + (1/2)O_2 + 3nH_2O$$

Fe_3O_4 在常温下很稳定，不再被氧化，称为磁性氧化铁。它形成的膜将管道壁和水隔开，腐蚀即停止。磁场作用使水中溶解氧减少，同时生成 Fe_3O_4 保护膜，使腐蚀大为减少。

四、水中除离子机制

在高频行波磁场作用下，水中正负离子受电磁场洛伦兹力的作用而作方向相反的螺旋圆周运动，相当于一方向相同的圆电流，一个小圆电流受磁场的作用可以用它的磁偶极矩（简称磁矩）来说明。磁矩的方向也会随磁场的变化发生周期性偏转，同时正负电荷重心会随磁场的变化作周期性振动。

此外,载流线圈在非均匀强磁场中通常受到转动力矩、平移力和导致形变的张力 3 种力作用,这些力的作用都力图使通过小圆电流线圈中的磁通量增加。虽然有离子热运动的阻碍,但随着外磁场越强,离子磁矩排列得越整齐;随着形波磁场的移动,载流线圈在上述作用下移向磁场较强处。由于行波磁场朝一个方向运动,故正负离子螺旋环随着磁场的移动方向而向一个方向运动,从而使大量的离子聚集在一起,起到除杂的作用。

五、净化机制

电磁净化技术主要依靠高梯度的电磁过滤器,以导磁的不锈钢毛作为过滤机质时,由于液体中的悬浮杂质对钢毛的磁力作用大于水流阻力和重力作用,悬浮杂质被节流到钢毛基质上,便于水溶液分离。前苏联学者对这一技术进行了较为系统的研究,并对其渗透性的影响进行了研究,认为磁处理使水体结构的分子排列遭到破坏,黏度减小、渗透性增强,使过滤渣含水量减小,提高净化速度。磁滤的作用力大,可提高净化效果,此技术比絮凝净化的速率高,值得推广。

六、杀菌灭藻机制

任何一种生物都有其特定生存的生物场,高频交变电磁场大大改变了水中的电场强度,破坏菌藻生存的生态环境,从而抑制菌藻的滋生,并杀死已有的菌藻。另外,活性氧自由基能够氧化微生物膜,从而杀死水中的微生物,达到杀菌、灭藻的效果。

用复合电磁场来净化水,与传统的水处理工艺——混凝沉淀、过滤、消毒相比,突出的优点是其在整个水处理过程中不投加任何药剂(如混凝剂聚合氯化铝、消毒剂液氯等),因此不会人为引入新的杂质及某些有害物质;消毒效果好且不产生具有“三致”作用的氯化副产物,还可根据不同的水质情况选用不同的参数和时间。

第八节　KDF水处理技术

KDF是一种高纯度的铜合金,能够完美去除水中的重金属与酸根离子,提高水的活化程度,用这种材料制成的KDF滤芯。更有利于人体对水的吸收,保护人体健康,促进人体新陈代谢。

19世纪60年代中期,Don Heskett作为MORTON盐公司的顾问,推动了新的活性炭过滤技术的发展。1972年,Don与Bill Steger研究出了最初的非电子的水软化器雏形,应用于水处理工业。这两项发展均具开创性。

1984年,Don在用水泥做碳胶过滤器时,发现铜锌合金可以对氯产生巨大作用。一天早上,他用黄铜圆珠笔搅拌一些化学品,其中有氯的成分。当他注意到代表氯存在的红色逐渐消失时,产生了极大的好奇心。第二天,他用不同的化学品与各种铜锌合金进行实验,直到他的实验现象能不断被重复出现。他发现的电化学氧化还原过程就是众所周知的"REDOX",在氧化还原过程中氯被还原。

Don不仅发现了从水中去除氯的新反应,还开辟了水处理的新纪元。Don发明的新方法,即用金属去除水中的重金属与氯是与传统的通过离子交换去除水中金属的思路背道而驰的。他很快将他的发明产业化,3年中他得到了许多专利。他还授权美国ZINC公司生产KDF处理介质。通过他的游说,面对面交流,加上许多成功的水处理范例,使水处理工业逐渐认可了其"发明"的重要性与实用性。通过媒体广告与市场营销,开辟了许多新的应用领域,产品销量也稳定提高,生意逐渐扩大。

1991年,美国环境保护署(USEPA)关闭了KDF液体处理公司——直到Don Hedkett向USEPA证实了KDF用于活性炭过滤设备中具有明显的抑菌效果,USEPA才将广受欢迎的KDF处理介质定为"微生物抑制装置"。

1992年,KDF85与KDF55处理介质通过了美国国家卫生基金会(NSF)认证,符合饮用水61项标准。1997年,在KDF

液体处理公司成为美国水质联盟成员 10 年后,KDF55 处理介质通过美国国家标准化组织(ANSI)和 NSF 的饮用水 42 项标准。

KDF 滤料被广泛应用于净化水设备中,用于去除水中的重金属离子。而一般家用中央净水器也使用 KDF 滤料,除了去除重金属离子外还能有效去除水中余氯,余氯在经过高温加热后会产生一种致癌物——三氯甲烷,并且余氯对人体皮肤会造成损害,容易使皮肤发黄、干燥。中央净水设备中的 KDF 滤料能去除水中余氯,保证家庭用水健康。

1. KDF55 处理介质适用范围　适用于氯气处理过的市政自来水,包括居民(家用)、商业、学校、公用事业及轻工业、建筑工地和工厂等使用自来水的场所,其用水流量在 11～1 226 L/min 范围内。KDF 水处理介质是一种独一无二的、新颖的,符合环保要求的水处理介质。是目前较为理想的水处理方法。KDF55 处理介质为高纯铜-锌合金,通过电化学氧化-还原(电子转移)反应有效地减少或除去水中的氯和重金属,并抑制水中微生物的生长繁殖。

KDF55 处理介质满足美国环境保护署(EPA)、联邦药物管理局(FDA)、水质协会(WQA)和国家卫生基金会(NSF)关于饮用水中最高锌和铜含量的标准的要求,如 KDF 处理介质能去除水中浓度为百万分之十(10 ppm)的氯,但仍能满足 EPA 关于饮用水中最高允许含锌量的规定。

2. KDF55 处理介质的作用及机制　KDF 处理水的原理是利用氧化还原反应,与水中氧化性有害物质进行电子交换,把许多有害物质变为无害物质。使用寿命长,可重复循环使用,减少矿物结垢。KDF 处理介质对碳酸钙垢的作用有两个方面。①根据 pH 值、二氧化碳浓度和碳酸钙溶解度之间的关系,当二氧化碳从溶液中除去时,pH 值升高,使碳酸钙的溶解度降低;KDF55 通过电化学反应也使水的 pH 值升高,降低碳酸钙的溶解度,结果使碳酸钙垢容易析出。②由于 KDF 处理介质中锌离子的溶出,水中的锌离子含量有所增加,从而改变垢的晶体生长机制,使水中的碳酸钙垢以文石的结晶形态产生沉淀,在容器的器壁上形成软垢,而不是结晶为方解石型的硬垢。曾有专家研究水中杂质存在对方解石结晶生长的影响,发现即使在锌离子的浓度很低时,也能阻止方解石结晶的形成。

通过试验可以进一步证明,KDF 处理介质防止矿物硬垢的形成和积累,主要是阻止方解石形态碳酸钙的结晶。采用扫描电子显微镜和 X 线衍射进行结晶学研究证明,未经 KDF 处理的水中产生的硬垢是一些相对大的、具有规则形态的针状钙盐和镁盐的结晶,这些盐类质地坚硬、溶解度低、具有网状结构,是玻璃石灰石垢。经过 KDF 处理介质的水中结成的垢,从根本上改变了碳酸钙(镁)结晶的形态,垢形相对变小,外观平坦呈圆形、颗粒形和棒形,这些成分不会黏附于金属、塑料或陶瓷的表面,很容易用物理过滤方法将它们除去。

(1) 减少悬浮固体:KDF55 处理介质的颗粒平均尺寸大约为 60 目,最小的颗粒约为 115 目,也能起到物理过滤去除悬浮物质的作用,通常 KDF55 过滤介质能够有效地去除直径小至 $50\,\mu m$ 的颗粒。

由钢铁材料制成的输水管件腐蚀时,铁氧化形成 FeO 胶体,FeO 与 KDF 接触,也可以发生氧化还原反应,FeO 最终形成 Fe_2O_3 固体沉淀在 KDF 表面,可用反冲洗方法将它们去除,化学反应式如下:

$$2Cu + FeO = Cu_2O + Fe$$
$$4Fe + 3O_2 = 2Fe_2O_3$$

(2) 去除氧化剂(余氯):KDF55 能去除水中的氧化剂,例如余氯。该作用是通过电化学氧化还原反应完成的。氧化还原反应的发生是因为 KDF55 是由两种不同的金属组成的,与水接触时,合金中电位正的铜成为阴极,而电位负的锌是阳极。在阴极发生还原反应,阳极发生氧化反应。锌阳极在反应中失去了电子,锌离子成为牺牲者进入溶液,铜阴极上发生游离氯的还原反应,而不会发生金属铜的溶解,水和余氯成为最后的电子接受

者,同时生成氢离子、氢氧根离子和氯离子,总反应式如下:

$$Zn + HOCl + H_2O + 2e^- = Zn^{2+} + Cl^- + H^+ + 2OH^-$$

水中其他的氧化剂,如臭氧、溴、碘等与KDF55接触后也能进行氧化还原反应。

(3)抑制微生物的繁殖:美国环境保护署将KDF55处理介质作为一种微生物抑制剂,说明该处理介质能起到抑制微生物繁殖的作用,但不能完全杀灭微生物种群。KDF55处理介质不是通过一种机制、而是几种机制控制微生物的生长繁殖,通过每一种的单独作用或协同作用达到抑制微生物的作用。主要机制包括氧化还原电位的变化,氢氧根离子和过氧化氢的形成,介质中锌的溶出等。在一般情况下,KDF55处理介质作为反渗透膜的预处理手段时,能够抑制细菌、藻类等微生物的繁殖,从而防止微生物对膜的破坏。

1)氧化还原电位的变化:水通过KDF55处理介质时,其氧化还原电位从+200 mV变化到-500 mV,在一般情况下,各种类型的微生物只能在特定的氧化还原电位下生长,电位的大幅度变化,能破坏细菌的细胞,从而控制微生物的生长。但是,水的氧化还原电位变化很小,用KDF控制细菌,必须使细菌与KDF直接接触,KDF对细菌的抑制作用主要发生于KDF与水的接触面上,所以仅靠氧化还原电位的变化并不能完全控制微生物。

2)氢氧根离子和过氧化氢:美国印第安纳州南本德圣母大学在研究KDF处理介质降低水中铁离子浓度时发现,在KDF将二价铁氧化到三价铁的过程中会产生氢氧根离子和过氧化氢,抑制那些在低氧化电位时尚能存活,但对氢氧根离子和过氧化氢敏感的微生物,但是氢氧根离子和过氧化氢的寿命短,只是在过滤过程中具有高的反应活性,对微生物的抑制效果比较明显,在流出水中的残余效应比较小。

3)锌离子对微生物的控制:KDF处理介质中释放出来的锌对微生物有明显的控制作用,锌能阻止酶的合成,从而影响有机体的正常生长,达到抑制微生物繁殖的目的。

另外,KDF55 介质通过阻止叶绿素合成而控制藻类生长,锌离子的存在从本质上降低了有机体从光合作用生产食物的能力,细菌种群的食物和能量来源依靠藻类群落,藻类的减少将显著影响细菌的生长。

(4) 重金属的去除:KDF 处理介质可以去除水中的重金属离子,如铅、汞、铜、镍、镉、砷、锑、铝和其他许多可溶性重金属离子,它们的去除是通过电化学氧化还原反应和催化作用完成的。

KDF55 去除重金属离子的机制如下:金属离子镀覆于KDF 处理介质的表面或进入 KDF 晶格中,从而使有毒重金属污染物结合在 KDF 上。例如,水中溶解的铅离子还原成不溶性的铅原子,并镀覆于 KDF 介质的表面;X 线衍射研究发现汞的去除是形成了铜-汞合金。

KDF 处理重金属离子的化学反应式如下:

$$Zn/Cu/Zn + Pb(NO_3)_2 = Zn/Cu/Pb + Zn(NO_3)_2$$
$$Zn/Cu/Zn + HgCl_2 = Zn/Cu/Hg + ZnCl_2$$

金属离子在水的 pH 值升高时水解形成金属氢氧化物沉淀,也能去除金属离子。

(5) 去除硫化氢:在应用膜法进行水处理时,如果选用地下水作水源,水中可能存在硫化氢,硫化氢如被氧化成硫黄就会污染膜表面,KDF55 过滤介质有去除硫化氢的功能,生成的硫化铜不溶于水,可在 KDF55 介质反冲洗时去除,化学反应式如下:

$$Cu/Zn + H_2S = Cu/Zn + CuS + H_2$$
$$2H_2 + O_2 = 2H_2O$$

3. KDF55 处理介质的使用方法及寿命

(1) 使用反冲洗装置:在大多数以电化学氧化还原过程为基础的水中会形成少量的氧化物,随之而产生的钙-镁沉淀物必须定时清除。选择知名厂家生产的 3 步循环反冲控制阀、采用高流量反冲装置,可以除去任何滞留在 KDF 表面的污物,反冲流速应是正常使用流速的 2 倍。反冲洗时间为 10 分钟,然后净化漂洗 3 分钟。每周至少进行两次反冲,必要时可适当增加,但每次反冲时间≤10 分钟。反冲流速受反冲水温、介质的类型、颗粒尺寸、介质密度等因素的影响。

KDF55 处理介质堆积密度为 2.74 g/cm^3。这样高密度介质反冲水流速要达到正常用水流速的 2 倍,需 2.65 cm/s 的回流速率。如水温比较低可采用稍低的反冲速度。温度稍高的水用较高的水流速度反冲。如果由于泵及管子的尺寸限制使反冲水流速率达不到正常流速的 2 倍,应使用 2 个 KDF55 反应床,并使每一个反应床都达到正常流速的 1.5 倍。以此类推,当KDF 反应床足够多时,反冲也可使用正常的水流速度来完成。

(2) KDF55 处理介质的高寿命:以此所有的水处理介质都具有一个有效期。硅砂(SiO_2)无疑是寿命最长的过滤介质,其次是使用 KDF55 处理介质。

有两种情况会降低 KDF55 处理介质的使用寿命,每一种都需很长时间。第一种是水中余氯的含量比锌的溶解量要大得多时,余氯浓度为 0.55 ppm 的市政自来水通过 KDF55 仅产生 0.25 ppm 的锌,除去 10 ppm 的氯,其锌的含量也不会超标。第二种是 KDF55 的物理降解,如腐蚀、摩擦或消耗,但是物理作用对 KDF55 使用寿命影响很小。根据保守的估计,KDF55 处理介质的使用寿命为 10 年。

4. 清洗已污染的 KDF55 介质　用盐酸可以清洗受污染的KDF55 介质。注意必须在通风良好的地方使用盐酸,禁止吸烟和明火,因为处理时产生的氢气易爆。

清洗步骤:将浓盐酸溶解于水中制得稀酸液,使 pH 值不低于 2.5,将稀酸液倒入 KDF 介质床上,直至稀酸液浸过介质床,然后持续进行反冲约 20 分钟。反冲直至流出清水,当流出水的pH 值与进水 pH 值相同时即可。

5. KDF55 介质标准　介质组成:原子化高纯铜锌合金;颜色:金黄;外观状态:颗粒;目数:10～100 目;颗粒大小:2.00～0.145 mm;堆积密度:2.4～2.9 g/cm^3;浊度＞20NTU;味

道:无。

6. 用 KDF55 处理介质进行高纯水生产预处理简介 KDF55 介质进行水的预处理是一种简单、低耗的方法。对于微滤、超滤、反渗透膜、离子交换树脂、颗粒状活性炭,KDF 介质能够保护这些昂贵易损的水处理组件不受氯、微生物、结垢的影响。此外,KDF55 介质能去除高达 98% 的重金属,如 Pb、Cd、Ce、Ag、Ar、Al、Se、Cu、Hg,另外,借助沉淀在 KDF 介质上发生的氧化还原反应还可以降低水中碳酸盐、硝酸盐和硫酸盐。

影响膜分离工艺效率的主要问题是各种污染物在膜表面的沉积,造成膜表面孔的堵塞。KDF55 介质与微滤、超滤、反渗透膜、离子交换树脂、颗粒活性炭相比,在提高水处理效率和持续保持高效方面具有更多的优势,消耗更低。

7. 从厨房水龙头到工业冷却水处理中的应用 KDF 介质可应用于很多的水处理预处理及污水处理方面。

(1) 国内研究结果:北京工业大学对 KDF 的反渗透预处理系统中的可行性研究证明:①KDF 去除余氯的效果明显。在实验条件下,出水完全能够满足反渗预处理对余氯含量的要求,甚至在滤速为 96 m/min 的条件下,余氯的去除率仍在 99% 以上,对真菌和酵母的去除率更高;除此以外还具有延时杀菌的效果。②KDF 对重金属离子具有一定的去除作用。③KDF 具有一定的阻垢效能。

(2) 国外应用情况

1) 去除市政饮用水中的余氯:KDF 处理介质正日益被用来替代或与活性炭过滤器联合使用,去除市政自来水中的余氯(可高达 99%),主要特点是使用寿命长。进行 KDF 介质预处理可延长颗粒活性炭的使用寿命,并保护活性炭滤层(床)免受细菌污染。同时 KDF 介质可去除铅及其他重金属,去除率高达 98%,重金属的污染问题正日益引起卫生部门的高度重视。

2) 保护反渗透装置:反渗透膜很容易受氯腐蚀。KDF 介质可代替活性炭处理以保护反渗透(RO)装置免受氯气、细菌污染。活性炭过滤器也可有效地去除余氯。由于活性炭在高氯水中会很快吸附饱和,所以在操作时必须严格控制水中氯气的浓度,而且活性炭过滤床容易孳生细菌。KDF 处理介质除氯率高,有抑制微生物繁殖的作用,因而可为反渗透膜提供了稳定、长期的保护。

美国美国现代中西部门诊部实验室处理量为 355 L/d 的反渗透装置,装了 KDF55 过滤介质预处理设备后,膜的使用寿命明显延长。实验室报道表明,反渗透膜工作整整 8 年,给美国病理学院提供了大量试剂用水,出水水质一直保持在一级水平。

3) 抑制冷却水中细菌及藻类的繁殖、减少结垢:冷却塔及水冷式热交换器中的水常被加温并暴露于空气中,因而成为细菌、藻类繁殖的绝好温床(如军团病)。传统化学法通过投加药剂控制冷却塔中藻类及细菌生长,费用昂贵,后续污水处理成本也高。KDF 处理介质处理冷却水成本低,可有效控制藻类及细菌生长,不使用对环境有害的化学物质。另外,经 KDF 介质处理后的水可减少硬水垢的生成。

4) KDF 处理介质与其他净水系统:KDF 介质可以控制颗粒活性炭层或活性炭滤芯内细菌、藻类的繁殖。当活性炭与 KDF 处理介质一起使用时,活性炭去除有机杂质及余氯的能力增强。

KDF 处理介质也可以代替渗银活性炭。因为银是有毒金属,故渗银活性炭必须在美国环境保护署注册。KDF 介质则不必作为有毒的微生物抑制剂在美国环保署注册。KDF 处理介质通过废金属回收(循环)系统来达到自我循环,比渗银活性炭成本低得多。

5) KDF 介质也能有效保护昂贵的离子交换器免受氯及微生物的污染。目前有两种主要产品:KDF55,它是 50% 铜和 50% 锌的合金;KDF85,它是 85% 的铜和 15% 锌的合金。KDF 作为过滤介质的滤水器具有许多优点:使用寿命长,可恢复过滤能力,可去除水中的余氯,能有效地控制微生物的生长,阻止硬垢的积累等。

第九节 其他水处理技术简介

一、纳米 TiO_2 光催化氧化水处理技术

自 1976 年 J. H. Cary 等报道在紫外线照射下纳米 TiO_2 可以使难降解的多氯联苯脱氯以来,迄今已发现有数百种有机污染物可通过光催化处理。其作用原理是,在紫外线作用下,纳米 TiO_2 表面会产生氧化能力极强的羟基自由基($\cdot OH$),使水中的有机污染物氧化降解为无害的 CO_2 和水。

1. 试验研究情况

(1) 有机磷农药废水处理:20 世纪 70 年代发展起来的有机磷农药占我国农药产量的 80% 以上,生产过程中有大量的有毒废水产生。目前对有机磷农药废水的处理多采用生化法,处理后废水中有机磷的含量仍然高达 30 mg/L,迄今尚无理想的解决办法。据报道,采用纳米 TiO_2 - SiO_2 负载型复合光催化剂,利用其光催化活性及高效吸附性,能使有机磷农药在其表面迅速富集,随光照时间的延长,有机磷农药的光解率逐渐升高,光照 80 分钟,试验用美曲膦酯(敌百虫)已完全降解。

(2) 毛纺染整废水处理:把表面涂覆有纳米 TiO_2 膜的玻璃填料填充于玻璃反应器内,通过潜水泵使废水在反应器内循环进行光催化氧化处理。由于纳米 TiO_2 具有巨大的比表面积,与废水中的有机物接触更为充分,可将它们最大限度吸附在其表面,并迅速将有机物分解成 CO_2 和 H_2O,处理效果优于生物处理和悬浮光催化氧化处理,COD 去除率和脱色率均较高。催化剂能连续使用,不需要分离回收,便于工业应用。

(3) 氯代有机物废水处理:用内表面涂覆纳米 TiO_2 光催化剂的陶瓷圆管处理 5.5 mg/L 苯酚和三氯乙烯水溶液的试验表明,苯酚在 1.5 小时后完全分解,三氯乙烯也在 2 小时内完全分解。

(4) 含油废水处理:含油废水中所含的脂肪烃、多环芳烃、

有机酸类、酚类等有机物很难降解,使用纳米 TiO_2,利用其光催化降解功能,可以迅速地降解这些有机物。

2. 应用前景　纳米 TiO_2 光催化氧化技术在彻底降解水中的有机污染物和利用太阳能等方面具有突出的优点,特别在水中的有机污染物浓度很高或用其他方法难以处理时,具有更明显的优势,是其他传统方法无法比拟的。近年来随着高效率的光催化剂、纳米粒子负载和金属掺杂、光电结合的催化方法以及太阳能技术的不断研究开发,纳米 TiO_2 光催化氧化技术在水处理领域有着良好的前景。

二、紫外线水处理技术

紫外线为波长介于 $16\sim397$ nm 的电磁波,其光子能量较低,不足以使原子或分子电离,属非电离辐。根据波长可将紫外线分为 A 波、B 波、C 波和真空紫外线。消毒灭菌用的紫外线是 C 波紫外线,波长范围是 $200\sim275$ nm,杀菌作用最强的波段是 $250\sim270$ nm,在此波段强紫外线照射到液体或空气中,瞬间破坏各种细菌、病毒等微生物细胞组织中的 DNA、RNA,其生命中枢 DNA(去氧核糖核酸)即遭破坏,使其立即死亡或丧失繁殖能力。

三、电渗析技术

电渗析是一种新兴的水处理设备,它利用离子交换膜和直流电场使溶液中电介质的离子产生选择性的迁移,从而达到使溶液淡化、浓缩、纯化或精致的目的。目前电渗析器应用范围广泛,可用于水的淡化除盐、海水浓缩制盐、精制乳制品、果汁脱酸精制和提纯、制取化工产品等方面;还可以用于食品、轻工等行业制取纯水、电子、医药等工业制取高纯水的前处理,锅炉给水的初级软化脱盐,将苦咸水淡化为饮用水。

四、离子交换技术

离子交换设备适用于医药、化工、电子、涂装、饮料及高压锅炉给水等诸多工业部门。它与反渗透装置相比,具有去除离子性杂质彻底,对水的预处理要求低,设备造价便宜等优点。在制备高纯水方面,离子交换技术在当前还没有替代设备。进水总含盐量<400 mg/l 时,根据用户不同要求,出水水质在 1.0 ～ 0.2 μs/cm 之间。如果进水总含盐量>500 mg/l 时,可与电渗析器联合脱盐,出水水质还可提高。

五、臭氧氧化水处理技术

臭氧的生物灭活作用,是由其强氧化潜能和生物膜扩散能力所决定的。水中臭氧氧化反应有以下 2 个途径:分子直接氧化;臭氧自身分解或与水中无机、有机化合物反应形成自由基(过氧化氢、超氧自由基、羟自由基)的间接氧化。在低 pH 值,丁三醇、碳酸盐等离子基团存在的条件下,直接氧化是主要途径。有专家认为臭氧可与细菌细胞壁脂类双键发生反应,穿入菌体内部,作用于脂蛋白和脂多糖,改变细胞的通透性,导致细胞溶解、死亡。

1. 影响消毒的因素　臭氧对微生物的杀灭作用主要受浓度、pH 值和有机物的影响。臭氧对微生物的灭活程度与臭氧浓度高度相关,而与接触时间关系不大。随着温度的增加,臭氧的杀菌作用增强。臭氧的杀菌效果受有机物影响较明显。当菌液含 1% 蛋白胨时,对大肠埃希菌的杀灭效果明显降低,同样浓度作用 5 分钟,杀灭率从 99.99% 降到 45.40%;当菌液含 10% 小牛血清时,同样浓度作用相同时间,杀灭率从 100% 降到< 10%,已无杀菌作用。提示在实际应用中应先去除有机物以提高杀菌作用,或提高水溶液中的臭氧浓度,以确保消毒效果。另外,水消毒时浑浊度与色度的增加,均可减弱杀菌作用。

2. 副产物的毒性　臭氧处理的副产物主要为醛、羧酸和其他脂酸、芳香酸的混合物,采用预浓缩工艺,引起一些副产物的分解,则得到过氧化物、环氧化物和共轭的不饱和醛。目前尚不能排除这些副产物可能产生的不良后果,应在今后重点加以研究。

第七章

水质监测

水质监测主要分为环保部门的水质环境监测和卫生部门的水质卫生监测。

第一节　水质环境监测

地球上的水连续不断地变换地理位置和物理形态(相变)的运动过程,称为水分循环,又称水循环或水文循环。水的三态转化特性是产生水循环的内因,太阳辐射和重力作用则是水循环的动力。

根据水循环的过程,自然界的水循环可分为大循环和小循环两种类型。

除了水的自然循环外,还有水的社会循环。人类社会为了满足工农业生产和日常生活的需要,从天然水体中取水使用,使用后变成了工业废水和生活污水,再经过处理,并不断地排放到天然水体中,从而构成了水的社会循环。水在社会循环中形成的生活污水和各种工业废水是天然水体最大的污染来源。

一、水样的采集与保存

正确选定采样时间、地点、取样方法以及样品的保存技术等,其重要意义不亚于进行分析时所要注意的其他因素。因此,要获得正确的、可靠的分析结果,正确的采样是水环境监测的首要问题。

1. 监测断面的布设原则　监测断面在总体和宏观上须能

反映水系或所在区域的水环境质量状况。各断面的具体位置须能反映所在区域环境的污染特征;尽可能以最少的断面获取足够的有代表性的水环境信息;同时还须考虑实际采样时的可行性和方便性。具体布设原则如下。

(1) 对流域或水系要设立背景断面、控制断面(若干)和入海口断面。对行政区域可设背景断面(对水系源头)或入境断面(对过境河流)或对照断面、控制断面(若干)和入海河口断面或出境断面。在各控制断面下游,如果河段有足够长度(至少10 km),还应设消减断面。

(2) 根据水体功能区设置控制监测断面,同一水体功能区至少要设置 1 个监测断面。

(3) 断面位置应避开死水区、回水区、排污口处,尽量选择顺直河段,河床稳定,水流平稳,水面宽阔,无急流,无浅滩。

(4) 监测断面力求与水文测流断面一致,以便利用其水文参数,实现水质监测与水量监测的结合。

(5) 监测断面的布设应考虑社会经济发展,监测工作的实际状况和需要,要有相对的长远性。

(6) 流域同步监测中,根据流域规划和污染源限期达标确定监测断面。

(7) 入海河口断面要设置在能反映入海河水水质并临近入海的位置。

(8) 监测断面的设置数量,应根据掌握水环境质量状况的实际需要,在对污染物时空分布和变化规律的了解、优化的基础上,以最少的断面、垂线和测点取得代表性最好的监测数据。

2. 监测断面的布设方法　监测断面是指监测河段或水域的位置,这个位置可以是一个断面、断面上或水体中的一条垂线、垂线上一个或一个以上的点。河流、湖泊(水库)监测断面的布设,要根据水域的分布、污染源的特征以及监测目的、监测项目和样品类型等进行确定。

一个水系或一条较长河流,应根据河流的不同流经区段设置背景断面、出入境断面和多个控制断面。

（1）背景断面须能反映水系未受污染时的背景值。要求基本上不受人类活动的影响,远离城市居民区、工业区、农药化肥施放区及主要交通路线。原则上应设在水系源头处或未受污染的上游河段,如选定断面处于地球化学异常区,则要在异常区的上、下游分别设置。如有较严重的水土流失情况,则设在水土流失区的上游。

（2）入境断面用来反映水系进入某行政区域时的水质状况,应设置在水系进入本区域且尚未受到本区域污染源影响处。

（3）控制断面用来反映某排污区(口)排放的污水对水质的影响,应设置在排污区(口)的下游,污水与河水基本混匀处。

控制断面的数量、控制断面与排污区(口)的距离可根据以下因素决定:主要污染区的数量及其间的距离、各污染源的实际情况、主要污染物的迁移转化规律和其他水文特征等。此外,还应考虑对纳污量的控制程度,即由各控制断面所控制的纳污量不应小于该河段总纳污量的80%。如某河段的各控制断面有5年以上的监测资料,可将这些资料优化,用优化结论确定控制断面的位置和数量。

（4）出境断面用来反映水系进入下一行政区域前的水质。因此应设置在本区域最后的污水排放口下游、污水与河水已基本混匀并尽可能靠近水系出境处。如在此行政区域内河流有足够长度,则应设消减断面。消减断面主要反映河流对污染物的稀释净化情况,应设置在控制断面下游、主要污染物浓度有显著下降处。

（5）其他各类断面:①水系的较大支流汇入前河口处、湖泊(水库)、主要河流的出、入口应设置监测断面;②国际河流、入国境交界处应设置出境断面和入境断面。

二、水样的预处理、分离与富集

在水环境监测分析中,经常遇到的情况是:水样中含有悬浮物,因此不能直接在仪器(如分光光度计等)上进行测定;水样组成复杂,某些组分干扰待测组分的测定。水样预处理的目的,就是排除上述因素的影响,使水样满足测试分析的要求。

1. 水样的过滤　水体中污染物可能是溶解态,也可能存在于悬浮颗粒物中,它们的生物活性和毒性是很不相同的。就是可溶态的金属,以简单络合离子或简单无机络合物形式存在就比复杂稳定的络合物毒性要大。因此,在水分析中常将待测成分中溶解的和悬浮状态的含量区分开。分离的方法主要有自然澄清法、离心沉降法和过滤法。前两种方法分别借用重力和离心力使悬浮颗粒物和水相分开,取上层清液作为分析用水样;后一种方法则是用红带定量滤纸或 G4 烧结玻璃滤器过滤,取滤液作为分析用水样。目前世界上普遍采用 0.45 μm 微孔滤膜过滤水样,分别测定水中成分的可滤态、悬浮态和总量。

水样中能通过孔径 0.45 μm 滤膜的部分,称为可溶态。但是能通过 0.45 μm 滤膜的不仅有待测成分的真溶液,还有微小的胶体粒子,因此称为"可滤态"比"可溶态"更为确切;水样通过 0.45 μm 滤器过滤被阻留在滤器上的部分,称为不可滤态或悬浮态;可滤态加上不可滤态即得水样被测成分的总量。

一般说来,废水排放标准所要求的是测量金属总量,其他许多污染物也要求测定总量;要测可滤态成分应在现场采样后,立即通过 0.45 μm 微孔滤膜过滤,并将滤液用酸酸化至 pH 值1~2 保存。以测可滤态金属为例,强调过滤操作应注意以下 4 点:

(1) 要用 0.45 μm 的微孔滤膜作过滤材料,因为不同孔径的过滤材料能通过质点的大小是不同的,对测定结果有显著影响。

(2) 要立即过滤,因为水样存放会导致金属的水解沉淀或因吸收二氧化碳等酸性气体而改变水样的 pH 值,使颗粒物上的金属解吸,从而改变了可滤金属的浓度。

(3) 先过滤后酸化。因为先酸化将使悬浮颗粒物上吸附的金属解吸下来进入溶液,这样测得可滤金属比实际水体中存在的要高。

(4) 测可滤金属不能在过滤前将样品冰冻保存。因为冰冻时,可溶金属相对浓集在未冻的溶液中,最后集中在冻块的中心,就可能发生不可逆的水解或聚合等反应;另外在冰冻时还可能导致生物体细胞的破裂,使生物体中的元素进入可过滤部分。

2. 过滤介质的选择　在水质分析中经常使用的过滤介质有滤纸、烧结玻璃、玻璃纤维膜、有机微孔滤膜等。

不同过滤介质的孔径是不同的,也就是说能通过的最大粒径的质点,或者被过滤介质截留住的最小粒子是不同的。表7－1列出了不同过滤介质的孔径尺寸。

表7－1　不同过滤介质的平均孔径(μm)

过滤介质		平均孔径	过滤介质		平均孔径
烧结玻璃	粗 G1 粗 G2 中等 G3 细的 G4 超细的	100～120 45～50 20～30 5～10 0.9～1.4	薄膜聚合物	醋酸纤维素 混合纤维素 聚丙烯 聚碳酸酯 尼龙	0.2～5.0 0.025～8.0 0.9～1.0 0.1～8.0 0.45～3.0
纸纤维	粗滤纸 细滤纸	6 2		聚氯乙烯 聚四氟乙烯	0.6～2.0 0.2～0.0

一般根据悬浮颗粒物的粒径粗细用型号不同的滤器、滤纸和滤膜,以颗粒物不穿滤为原则,尽可能选择滤速快的滤器和滤材。

对中性、弱酸性和弱碱性溶液,可以用滤纸过滤。强酸、强碱和氧化性溶液,不能用滤纸过滤。滤纸有定量滤纸和定性滤纸两种。定量滤纸用盐酸和氢氟酸处理,并经蒸馏水洗涤,灰分低。定性滤纸只经盐酸处理,灰分较多,不能用于重量分析。我国对各类化学分析滤纸都作了明确规定。国产定量滤纸的型号及性质见表7－2。

表7－2　国产定量滤纸的型号及性质

分类与标志	型号	灰分 (mg/张)	孔径 (μm)	过滤物 晶形	适应过滤 的沉淀	对应的砂芯 玻璃坩埚号
快速黑色或 白色纸带	201	<0.10	80～ 120	胶状沉淀 物	$Fe(OH)_3$ $Al(OH)_3$ H_2SO_3	G1 G2 可抽滤稀胶体

分类与标志	型号	灰分 (mg/张)	孔径 (μm)	过滤物 晶形	适应过滤 的沉淀	对应的砂芯 玻璃坩埚号
中速 蓝色纸带	202	<0.10	30~50	一般结晶 形沉淀	SiO_2 $MgNH_4PO_4$ $ZnCO_4$	G3 可抽滤粗晶形 沉淀
慢速 红色或橙色 纸带	203	<0.10	1~3	较细结晶 形沉淀	$BaSO_4$ CaC_2O_4 $PbSO_4$	G4 G5 可抽滤细晶形 沉淀

强酸(氢氟酸除外)或强氧化性溶液可以用砂芯玻璃滤器过滤分离,但强碱性溶液不能用玻璃滤器过滤。玻璃滤器是利用玻璃粉末烧结制成的多孔性滤片,再焊接在膨胀系数相近的玻璃壳上,按滤片的平均孔径大小分成 5 个号,用以过滤不同的沉淀物。

滤膜是利用有机高分子(塑料、纤维素)制成的一种具有无数微孔的过滤器。有机微孔滤膜用于过滤可滤态金属具有:孔径相对较小而且均匀,可滤孔径占的比例大,公称孔径0.45 μm,过滤水样测顶等优点。

第二节　水质卫生监测

分为城市和农村水质卫生监测。

一、城市水质卫生监测

水样采集、保存、运输、分析按现行《生活饮用水标准检验方法》(GB5750-2006)规定执行。

二、农村水质卫生监测

1. 水样的采集、保存和运输要求　对于集中式供水,每个监测点于每年的枯水期和丰水期抽取出厂水和末梢水各检测 1次;对于分散式供水,于每年的枯水期和丰水期采集家庭储水器中的水检测 1 次;水样采集、保存、运输、分析按现行《生活饮用水标准检验方法》(GB5750－2006)规定执行。

2. 监测指标

(1) 必测指标:感官性状和一般化学指标:色度(度)、浑浊度(NTU)、臭和味(描述)、肉眼可见物、pH 值、铁(mg/L)、锰(mg/L)、氯化物(mg/L)、硫酸盐(mg/L)、溶解性总固体、总硬度(mg/L 以 $CaCO_3$ 计)、耗氧量(mg/L)、氨氮(mg/L)。

毒理学指标:砷(mg/L)、氟化物(mg/L)、硝酸盐(以 N 计,mg/L)。

高砷/高氟饮水:当监测发现高砷/高氟饮用水时,需要在15 天之内对超标的供水重新抽样监测确认,经过观测后方能确认"高砷/高氟饮水"。

微生物学指标:菌落总数(CFU/mL)、总大肠菌群(MPN/100 mL)、耐热大肠菌群(MPN/100 mL)。

与消毒有关的指标:应根据饮用水消毒所用消毒剂的种类选择指标,如游离余氯(mg/L)、二氧化氯(mg/L)、臭氧(mg/L)等。

(2) 选测指标:各地可结合当地实际情况适当增加的水质指标。

3. 评价标准 大型集中式供水按现行《生活饮用水卫生标准》(GB5749－2006)中表 1 规定限值进行评价;小型集中式供水和分散式供水按照《生活饮用水卫生标准》中表 4 规定限值进行评价,表 4 中没有的指标按照表 1 规定限值进行评价。

三、水性疾病监测

选择部分监测县,通过传染病监测网、全死因疾病监测网等途径,收集农村水性疾病发生流行的相关资料,经进一步调查、分析、整理,逐步建立水性疾病数据库,掌握水性疾病状况。收集的疾病监测资料主要包括:①经水传播的重点肠道传染病(伤寒、霍乱、痢疾、甲肝)和寄生虫病发生或流行情况;②饮用水所致的地方病情况;③肿瘤及慢性非传染性疾病情况。

四、饮用水卫生应急监测

各地要根据实际情况制定应急监测预案,在发生饮用水突发事件时启动。

第八章

水的卫生标准和法规

目前,国际上具有权威性、代表性的饮用水水质标准主要有3部:世界卫生组织(WHO)的《饮用水水质准则》、欧盟(EC)的《饮用水水质指令》和美国环保局(USEPA)的《国家饮用水水质标准》。其他国家和地区多以这3个标准为基础或重要参考制定本国饮用水标准。如东南亚的越南、泰国、马来西亚、印度尼西亚、菲律宾、香港,以及南美的巴西、阿根廷,还有南非、匈牙利和捷克等国家都是采用 WHO 的饮用水标准;欧洲的法国、德国、英国(英格兰和威尔士、苏格兰)等欧盟成员国和我国澳门地区则均以 EC 指令为指导;而其他一些国家如澳大利亚、加拿大、俄罗斯、日本同时参考 WHO、EC、USEPA 标准;我国和我国的台湾省则有自行的饮用水标准。

因此了解世界卫生组织(WHO)和世界主要国家生活饮用水卫生标准,对于我们更好地贯彻执行新的《生活饮用水卫生标准》(GB5749-2006),探索新形势下我国城乡饮用水水质标准体系,提高饮用水质量,保护人民群众的身体健康,具有十分重要的意义。

第一节　中国标准

一、生活饮用水卫生标准

(一)范围

本标准规定了生活饮用水水质卫生要求、生活饮用水水源水质卫生要求、集中式供水单位卫生要求、二次供水卫生要求、涉及生活饮用水卫生安全产品卫生要求、水质监测和水质检验方法。

本标准适用于城乡各类集中式供水的生活饮用水,也适用于分散式供水的生活饮用水。

(二) 规范性引用文件

下列文件中的条款通过本标准的引用而成为本标准的条款。凡是标注日期的引用文件,其随后所有的修改(不包括勘误内容)或修订版均不适用于本标准,然而,鼓励根据本标准达成协议的各方研究是否可使用这些文件的最新版本。凡是不注明日期的引用文件,其最新版本适用于本标准。

GB3838 地表水环境质量标准

GB/T5750 生活饮用水标准检验方法

GB/T14848 地下水质量标准

GB17051 二次供水设施卫生规范

GB/T17218 饮用水化学处理剂卫生安全性评价

GB/T17219 生活饮用水输配水设备及防护材料的安全性评价标准

CJ/T206 城市供水水质标准

SL308 村镇供水单位资质标准

卫生部 生活饮用水集中式供水单位卫生规范

(三) 术语和定义

下列术语和定义适用于本标准

1. **生活饮用水** 供人生活的饮水和生活用水。

2. **供水方式**

(1) 集中式供水:自水源集中取水,通过输配水管网送到用户或者公共取水点的供水方式,包括自建设施供水。为用户提供日常饮用水的供水站和为公共场所、居民社区提供的分质供水也属于集中式供水。

(2) 二次供水:集中式供水在入户之前经再度储存、加压和消毒或深度处理,通过管道或容器输送给用户的供水方式。

(3) 农村小型集中式供水:日供水在 1 000 m³ 以下(或供水

人口在 1 万人以下)的农村集中式供水。

(4) 分散式供水:用户直接从水源取水,未经任何设施或仅有简易设施的供水方式。

3. 常规指标　能反映生活饮用水水质基本状况的水质指标。

4. 非常规指标　根据地区、时间或特殊情况需要的生活饮用水水质指标。

(四) 生活饮用水水质卫生要求

生活饮用水水质应符合下列基本要求,保证用户饮用安全。

(1) 生活饮用水中不得含有病原微生物。

(2) 生活饮用水中化学物质不得危害人体健康。

(3) 生活饮用水中放射性物质不得危害人体健康。

(4) 生活饮用水的感官性状良好。

(5) 生活饮用水应经消毒处理。

(6) 生活饮用水水质应符合表 8-1 和表 8-3 卫生要求。集中式供水出厂水中消毒剂限值、出厂水和管网末梢水中消毒剂余量均应符合表 8-2 要求。

(7) 农村小型集中式供水和分散式供水的水质因条件限制,部分指标可暂按照表 8-4 执行,其余指标仍按表 8-1~8-3 执行。

(8) 当发生影响水质的突发性公共事件时,经市级以上人民政府批准,感官性状和一般化学指标可适当放宽。

(9) 当饮用水中含有附录 A 表 A.1 所列指标时,可参考此表限值评价。

表 8-1　水质常规指标及限值

指　标	限　值
1. 微生物指标[①]	
总大肠菌群(MPN/100 mL 或 CFU/100 mL)	不得检出
耐热大肠菌群(MPN/100 mL 或 CFU/100 mL)	不得检出
大肠埃希菌(MPN/100 mL 或 CFU/100 mL)	不得检出
菌落总数(CFU/mL)	100

续　表

指　　标	限　　值
2. 毒理指标	
砷(mg/L)	0.01
镉(mg/L)	0.005
铬(六价,mg/L)	0.05
铅(mg/L)	0.01
汞(mg/L)	0.001
硒(mg/L)	0.01
氰化物(mg/L)	0.05
氟化物(mg/L)	1.0
硝酸盐(以 N 计,mg/L)	10 地下水源限制时为 20
三氯甲烷(mg/L)	0.06
四氯化碳(mg/L)	0.002
溴酸盐(使用臭氧时,mg/L)	0.01
甲醛(使用臭氧时,mg/L)	0.9
亚氯酸盐(使用二氧化氯消毒时,mg/L)	0.7
氯酸盐(使用复合二氧化氯消毒时,mg/L)	0.7
3. 感官性状和一般化学指标	
色度(铂钴色度单位)	15
浑浊度(NTU,散射浊度单位)	1 水源与净水技术条件限制时为 3
臭和味	无异臭、异味
肉眼可见物	无
pH 值	不小于 6.5 且不大于 8.5
铝(mg/L)	0.2
铁(mg/L)	0.3
锰(mg/L)	0.1
铜(mg/L)	1.0
锌(mg/L)	1.0
氯化物(mg/L)	250
硫酸盐(mg/L)	250
溶解性总固体(mg/L)	1 000
总硬度(以 $CaCO_3$ 计,mg/L)	450
耗氧量(COD_{Mn}法,以 O_2 计,mg/L)	3 水源限制,原水耗氧量 ＞ 6 mg/L 时为 5
挥发酚类(以苯酚计,mg/L)	0.002

续　表

指　　标	限　　值
阴离子合成洗涤剂(mg/L)	0.3
4. 放射性指标②	指导值
总 α 放射性(Bq/L)	0.5
总 β 放射性(Bq/L)	1

注：① MPN 表示最可能数；CFU 表示菌落形成单位。当水样检出总大肠菌群时，
　　　应进一步检验大肠埃希菌或耐热大肠菌群；水样未检出总大肠菌群，不必检
　　　验大肠埃希菌或耐热大肠菌群。
　　② 放射性指标超过指导值，应进行核素分析和评价，判定能否饮用。

表 8－2　饮用水中消毒剂常规指标及要求

消毒剂名称	与水接触时间 min	出厂水中限值	出厂水中余量	管网末梢水中余量
氯气及游离氯制剂(游离氯,mg/L)	至少 30	4	≥0.3	≥0.05
一氯胺(总氯,mg/L)	至少 120	3	≥0.5	≥0.05
臭氧(O_3,mg/L)	至少 12	0.3		0.02 如加氯,总氯≥0.05
二氧化氯(ClO_2,mg/L)	至少 30	0.8	≥0.1	≥0.02

表 8－3　水质非常规指标及限值

指　　标	限　　值
1. 微生物指标	
贾第鞭毛虫(个/10 L)	<1
隐孢子虫(个/10 L)	<1
2. 毒理指标	
锑(mg/L)	0.005
钡(mg/L)	0.7
铍(mg/L)	0.002
硼(mg/L)	0.5
钼(mg/L)	0.07
镍(mg/L)	0.02
银(mg/L)	0.05
铊(mg/L)	0.000 1
氯化氰(以 CN^- 计,mg/L)	0.07
一氯二溴甲烷(mg/L)	0.1

指　　标	限　　值
二氯一溴甲烷(mg/L)	0.06
二氯乙酸(mg/L)	0.05
1,2-二氯乙烷(mg/L)	0.03
二氯甲烷(mg/L)	0.02
三卤甲烷(三氯甲烷、一氯二溴甲烷、二氯一溴甲烷、三溴甲烷的总和)	该类化合物中各种化合物的实测浓度与其各自限值的比值之和不超过1
1,1,1-三氯乙烷(mg/L)	2
三氯乙酸(mg/L)	0.1
三氯乙醛(mg/L)	0.01
2,4,6-三氯酚(mg/L)	0.2
三溴甲烷(mg/L)	0.1
七氯(mg/L)	0.000 4
马拉硫磷(mg/L)	0.25
五氯酚(mg/L)	0.009
六六六(总量,mg/L)	0.005
六氯苯(mg/L)	0.001
乐果(mg/L)	0.08
对硫磷(mg/L)	0.003
灭草松(mg/L)	0.3
甲基对硫磷(mg/L)	0.02
百菌清(mg/L)	0.01
呋喃丹(mg/L)	0.007
林丹(mg/L)	0.002
毒死蜱(mg/L)	0.03
草甘膦(mg/L)	0.7
敌敌畏(mg/L)	0.001
莠去津(mg/L)	0.002
溴氰菊酯(mg/L)	0.02
2,4-滴(mg/L)	0.03
滴滴涕(mg/L)	0.001
乙苯(mg/L)	0.3
二甲苯(mg/L)	0.5
1,1-二氯乙烯(mg/L)	0.03
1,2-二氯乙烯(mg/L)	0.05
1,2-二氯苯(mg/L)	1
1,4-二氯苯(mg/L)	0.3

指　　标	限　　值
三氯乙烯(mg/L)	0.07
三氯苯(总量,mg/L)	0.02
六氯丁二烯(mg/L)	0.0006
丙烯酰胺(mg/L)	0.0005
四氯乙烯(mg/L)	0.04
甲苯(mg/L)	0.7
邻苯二甲酸二(2-乙基己基)酯(mg/L)	0.008
环氧氯丙烷(mg/L)	0.0004
苯(mg/L)	0.01
苯乙烯(mg/L)	0.02
苯并(a)芘(mg/L)	0.00001
氯乙烯(mg/L)	0.005
氯苯(mg/L)	0.3
微囊藻毒素-LR(mg/L)	0.001
3. 感官性状和一般化学指标	
氨氮(以 N 计,mg/L)	0.5
硫化物(mg/L)	0.02
钠(mg/L)	200

表 8-4　农村小型集中式供水和分散式供水部分水质指标及限值

指　　标	限　　值
1. 微生物指标	
菌落总数(CFU/mL)	500
2. 毒理指标	
砷(mg/L)	0.05
氟化物(mg/L)	1.2
硝酸盐(以 N 计,mg/L)	20
3. 感官性状和一般化学指标	
色度(铂钴色度单位)	20
浑浊度(NTU,散射浊度单位)	3
	水源与净水技术条件限制时为 5
pH 值	不小于 6.5 且不大于 9.5
溶解性总固体(mg/L)	1500
总硬度(以 $CaCO_3$ 计,mg/L)	550
耗氧量(COD_{Mn}法,以 O_2 计,mg/L)	5
铁(mg/L)	0.5

续 表

指　　标	限　　值
锰(mg/L)	0.3
氯化物(mg/L)	300
硫酸盐(mg/L)	300

（五）生活饮用水水源水质卫生要求

（1）采用地表水为生活饮用水水源时应符合 GB‑3838 要求。

（2）采用地下水为生活饮用水水源时应符合 GB/T‑14848 要求。

（六）集中式供水单位卫生要求

集中式供水单位的卫生要求应按照卫生部《生活饮用水集中式供水单位卫生规范》执行。

（七）二次供水卫生要求

二次供水的设施和处理要求应按照 GB‑17051 执行。

（八）涉及生活饮用水卫生安全产品卫生要求

（1）处理生活饮用水采用的絮凝、助凝、消毒、氧化、吸附、pH 调节、防锈、阻垢等化学处理剂不应污染生活饮用水，应符合 GB/T‑17218 要求。

（2）生活饮用水的输配水设备、防护材料和水处理材料不应污染生活饮用水，应符合 GB/T‑17219 要求。

（九）水质监测

1. 供水单位的水质检测　供水单位的水质检测应符合以下要求。

（1）供水单位的水质非常规指标选择由当地县级以上供水行政主管部门和卫生行政部门协商确定。

（2）城市集中式供水单位水质检测的采样点选择、检验项目和频率、合格率计算按照 CJ/T‑206 执行。

（3）村镇集中式供水单位水质检测的采样点选择、检验项目和频率、合格率计算按照 SL‑308 执行。

（4）供水单位水质检测结果应定期报送当地卫生行政部

门,报送水质检测结果的内容和办法由当地供水行政主管部门和卫生行政部门商定。

（5）当饮用水水质发生异常时应及时报告当地供水行政主管部门和卫生行政部门。

2. 卫生监督的水质监测　卫生监督的水质监测应符合以下要求。

（1）各级卫生行政部门应根据实际需要定期对各类供水单位的供水水质进行卫生监督、监测。

（2）当发生影响水质的突发性公共事件时,由县级以上卫生行政部门根据需要确定饮用水监督、监测方案。

（3）卫生监督的水质监测范围、项目、频率由当地市级以上卫生行政部门确定。

（十）水质检验方法

生活饮用水水质检验应按照 GB/T - 5750 执行。

附 录 A

（资料性附录）

表 A.1　生活饮用水水质参考指标及限值

指　　标	限　　值
肠球菌(CFU/100 mL)	0
产气荚膜梭状芽孢杆菌(CFU/100 mL)	0
二(2-乙基己基)己二酸酯(mg/L)	0.4
二溴乙烯(mg/L)	0.000 05
二噁英(2,3,7,8 - TCDD,mg/L)	0.000 000 03
土臭素(二甲基萘烷醇,mg/L)	0.000 01
五氯丙烷(mg/L)	0.03
双酚 A(mg/L)	0.01
丙烯腈(mg/L)	0.1
丙烯酸(mg/L)	0.5
丙烯醛(mg/L)	0.1
四乙基铅(mg/L)	0.000 1
戊二醛(mg/L)	0.07
甲基异莰醇- 2(mg/L)	0.000 01

续　表

指　　标	限　　值
石油类(总量,mg/L)	0.3
石棉(>10μm,万/L)	700
亚硝酸盐(mg/L)	1
多环芳烃(总量,mg/L)	0.002
多氯联苯(总量,mg/L)	0.000 5
邻苯二甲酸二乙酯(mg/L)	0.3
邻苯二甲酸二丁酯(mg/L)	0.003
环烷酸(mg/L)	1.0
苯甲醚(mg/L)	0.05
总有机碳(TOC,mg/L)	5
萘酚-β(mg/L)	0.4
黄原酸丁酯(mg/L)	0.001
氯化乙基汞(mg/L)	0.000 1
硝基苯(mg/L)	0.017
^{226}镭和^{228}镭(pCi/L)	5
氡(pCi/L)	300

二、瓶(桶)装饮用纯净水卫生标准

(一) 范围

本标准规定了瓶(桶)装饮用纯净水的定义、指标要求、生产过程的卫生要求、包装、标识、贮存、运输要求和检验方法。

(二) 规范性引用文件

下列文件中的条款通过本标准的引用而成为本标准的条款。凡是注日期的引用文件,其随后所有的修改单(不包括勘误的内容)或修订版不适用于本标准,然而,鼓励根据本标准达成协议的各方研究是否可使用这些文件的最新版本。凡是不注日期的引用文件,其最新版本适用于本标准。

GB/T-4789.21　食品卫生微生物学检验　冷冻饮品、饮料检验。

GB-5749　生活饮用水卫生标准。

GB/T-5750　生活饮用水卫生标准检验方法。

GB/T-17323　瓶装饮用纯净水。

(三) 定义

下列术语和定义适用于本标准

瓶(桶)装饮用纯净水:以符合生活饮用水卫生标准的水为原料,通过电渗析法、离子交换法、反渗透法、蒸馏法及其他适当的加工方法制得的,密封于容器中且不含任何添加物可直接饮用的水。

(四) 指标要求

1. 原料要求　原料用水应符合 GB-5749 的规定。
2. 感官指标　感官应符合表8-5的规定。

表8-5　感官要求

项　目	要　求
色度(度)	≤5,并不得呈现其他异色
混浊度(NTU)	≤1
臭和味	不得有异臭异味
肉眼可见物	不得检出

3. 理化指标　理化指标应符合表8-6的规定。

表8-6　理化指标

项　目	指　标
pH 值	5.0～7.0
电导率(25℃±1℃)(μS/cm)	≤10
高锰酸钾消耗量(O_2)(mg/L)	≤1.0
氯化物(Cl^-)(mg/L)	≤6.0
亚硝酸盐(NO_2^-)(mg/L)	≤0.002
四氯化碳(mg/L)	≤0.001
铅(Pb)(mg/L)	≤0.01
总砷(As)(mg/L)	≤0.01
铜(Cu)(mg/L)	≤1.0
氰化物(mg/L)	≤0.002
挥发性酚(以苯酚计)*(mg/L)	≤0.002
三氯甲烷(mg/L)	≤0.02
游离氯(Cl^-)(mg/L)	≤0.005

注:仅限于蒸馏水。

4. 微生物指标　微生物指标应符合表 8-7 的规定。

表 8-7　微生物指标

项　目	指　标
菌落总数(cfu/mL)	≤20
大肠菌群(MPN/100 mL)	≤3
真菌和酵母(cfu/mL)	不得检出
致病菌(如沙门菌、志贺菌、金黄色葡萄球菌等)	不得检出

（五）生产加工过程的卫生要求

应符合附录 A 的规定。

（六）包装

包装容器和材料应符合相应的卫生标准和有关规定。

（七）标识

定型包装的标识要求应符合有关规定。

（八）贮存及运输

1. 贮存　成品应贮存在干燥、通风良好的场所。不得与有毒、有害、有异味、易挥发、易腐蚀的物品同处贮存。

2. 运输　运输产品时应避免日晒、雨淋。不得与有毒、有害、有异味或影响产品质量的物品混装运输。

（九）检验方法

1. 感官指标　按 GB/T-8538 规定的方法测定。

2. 理化指标

（1）pH 值、电导率、高锰酸钾消耗量、氯化物按 GB-17323 规定的方法测定。

（2）游离氯、总砷、铅、铜、氰化物、亚硝酸盐、挥发性酚、三氯甲烷、四氯化碳按 GB/T-5750 规定的方法测定。

3. 微生物指标　按 GB/T-4789.21 规定的方法检验。

附 录 A

（规范性附录）

瓶(桶)装饮用纯净水卫生导则

A.1　目的

为指导瓶(桶)装饮用纯净水的生产,使其符合食品卫生要求,保证人民身体健康,根据《中华人民共和国食品卫生法》有关规定制定本导则。

A.2　适用范围

瓶(桶)装饮用纯净水,即以符合生活饮用水水质标准的水为原料,通过电渗析、离子交换法,反渗透法、蒸馏法及其他适当的加工方法制得的密封于容器中且不含任何添加物可直接饮用的瓶装饮用纯净水。

A.3　指导原则

第一条　新建、扩建、改建的各生产单位的设计,布局应符合 GB‐14881《食品企业通用卫生规范》。

第二条　水处理车间应为封闭间,灌装车间应封闭并设空气净化装置,空气清洁度应达到 1 000 级,并使用自动化灌装。

第三条　设备、管道、工具、器具和储水设施必须采用无毒、无异味、耐腐蚀、易清洗的材料制成,表面应光滑、无凹坑、无剥落、无缝隙、无死角、无盲端,不易积垢,便于清洗、消毒;储存罐应易于放水,避免形成死水层引起微生物污染。

第四条　包装材料应符合国家有关卫生标准,禁止使用加收瓶子(桶装外)。瓶、盖灌装前必须使用自动化设备,严格清洗、消毒。

第五条　采取有效的消毒措施,终端水、清洗后的瓶、盖,其菌落总数、大肠菌群、药物残留等不得检出。

第六条　从业人员必须保持良好的个人卫生,进入车间前必须穿戴整洁的工作服、工作帽、工作鞋,工作服应盖住外衣,头发不得露于帽外。进入灌装间的人员必须进行一次更衣,配戴口罩,方准进入。

第七条　纯净水生产单位应建立自身卫生管理组织,配备考核合格的检验人员;建立与生产能力相适应的符合要求的检验室,负责产品检验。其感官指标、pH 值、电导率、菌落总数、大肠菌群必须每批检验,合格后方准出厂。

第八条　纯净水生产单位对原料用水应经常进行检验,同时每年应按 GB‐5749 全项检验一次;对纯净水产品除每批进行常规检验外,每年还应按本标准进行全项检验二次;如有停产情况,在生产前必须进行全项检验一次,并将检验报告妥善保存以备食品卫生监督机构查验。

第九条　瓶(桶)装饮用纯净水必须符合《中华人民共和国食品卫生法》和 GB-7718 的规定,除标注商品名称外,还应标注纯净水字样。非蒸馏工艺生产的纯净水不能标注为蒸馏水。

三、中华人民共和国国家标准——饮用天然矿泉水 (GB-8537-2008)

1. 主题内容与适用范围　本标准规定了饮用天然矿泉水的水源及产品的技术要求、检验规则和标志、包装;运输、贮存要求。本标准适用于饮用天然矿泉水的水源水及其灌装产品。

2. 引用标准　GB-7718 食品标签通用标准。GB/T-8538 饮用天然矿泉水检验方法

3. 术语和定义　饮用天然矿泉水:从地下深处自然涌出的或经人工揭露的、未受污染的地下矿水;含有一定量的矿物盐、微量元素或二氧化碳气体;在通常情况下,其化学成分、流量、水温等动态在天然波动范围内相对稳定。

4. 技术要求

(1) 水源评价

1) 水源地:①须进行区域地质调查(比例尺 1∶50 000～1∶200 000)和水源地综合地质-水文地质调查(比例尺 1∶5 000～1∶25 000)。②要有矿泉水生产井(孔)结构柱状图(比例尺 1∶200～1∶1 000)或泉点实测地质剖面图(比例尺 1∶1 000)。③必须有一个水文年以上的水温、水量、水位(压力)的地动态监测资料。水温小于 25℃的水源,每月观测一次。④抽吸矿泉水时其水量、水温、水位应保持稳定,水位不得出现不可逆下降。水温变化范围不超过 ±1℃。⑤经丰、平、枯水期(采样间隔为 4 个月)的水质检验,其主要组分(溶解性总固体、K^+、Ca^+、Mg^{2+}、HCO_3^-、SO_4^{2-}、Cl^-)的含量变化范围不应超过 20%,所有水质检测结果,其牲性界限指标(实测值)均需符合表 8-9 要求。⑥以枯水期的水量水源的允许开采量,每日允许开采量应＞50 t。⑦水源开发后,必须进行水质、水量、水位、水温的长期监测。⑧水源评价报告资料应符合附录 A(参考件)要求。

2）水源卫生防护：水源地必须设立卫生防护区，在防护区设置固定标志。

卫生防护区须符合下述要求，并有卫生防护区图（比例尺1：5 000～1：10 000）。①第一区为严格保护区。在泉（井）外围半径15 m的范围内，无关人员不得入内。不得旋转与取水设备无关的其他物品。②第二区为限制区。在矿泉水水源、生产区外围不小于30 m范围内，不得设置居住区和工厂、厕所、水坑、不得堆放垃圾、废渣或铺设污水管道。严禁使用农药、化肥，并不得有破坏水源地水文地质条件的活动。③第三区为监察区。其范围应根据水源的补给与分布而定，使水源免受污染。

（2）水质

1）感官要求：感官应符合表8-8的规定。

2）理化要求：①界限指标，必须有1项或1项以上指标符合表8-9的规定。②限量指标，各项限量指标均必须符合表8-10的规定。③污染物指标，各项污染物指标均必须符合表8-11的规定。④微生物指标，各项微生物指标均必须符合表8-12的规定。

表8-8　感官指标

项目	要　　求
色度（度）	≤15，并不得呈现其他异色
浑浊度（NTU）	≤5
臭和味	具有本矿泉水的特征性口味，不得有异臭、异味
肉眼可见物	允许有极少量的天然矿物盐沉淀，但不得有其他异物

表8-9　界限指标(mg/L)

项目	指标	项目	指标
锂	0.2	偏硅酸	25.0
锶	0.20	硒	0.01
锌	0.2	游离二氧化碳	250
碘化物	0.2	溶解性总固体	1 000

表 8-10　限量指标(mg/L)

项目	指标	项目	指标
溴酸盐	<0.01	锑	<0.005
铜	<1	镍	<0.02
钡	<0.7	硼(以 H_3BO_3 计)	<5
镉	<0.003	硒	<0.05
铬(Cr^{6+})	<0.05	砷	<0.01
铅	<0.01	氟化物(以 F^- 计)	<1.5
汞	<0.001	耗氧量(以 O_2 计)	<3
银	<0.05	硝酸盐(以 NO_3^- 计)	<45
锰	<0.4	^{226}镭放射性	<1.1(Bq/L)

表 8-11　污染物指标(mg/L)

项　目	指标
挥发性酚(以苯酚计)	0.002
氰化物(以 CN^- 计)	0.010
亚硝酸盐(以 NO_2^- 计)	0.1
总 β 放射性	<1.50(Bq/L)
阴离子合成洗涤剂	<0.3
矿物油	<0.1

表 8-12　微生物指标(罐装产品,CFU/250 ml)

项　目	罐装产品指标
大肠菌群	0(个/100 ml)
粪链球菌	0
铜绿假单胞菌	0
产气荚膜梭菌	0

(3) 其他要求

1) 应在保证原水卫生安全的条件下开采和灌装。在不改变饮用天然矿泉水的特性和主要成分条件下,允许曝气、倾析、过滤和除去或加入二氧化碳。

2) 禁止用容器将原水运至异地进行灌装。

3) 灌装产品净含量的允许公差为:600 mL 以下(含 600 mL),±3.0%;600 mL 以上至 1 500 mL(含 1 500 mL),±2.0%;1 500 mL

以上,±1.5%。

5. 检验方法　按 GB/T - 8538 检验,按本标准附录 B(参考件)填写矿泉水水质检验报告。

6. 检验规则

(1) 组批:同一班次、同一品种、同一台灌装机灌装的产品为一批。

(2) 抽样

1) 按表 8 - 13 抽取样本,样品总量不足 6.0 L 时,应适当按比例加取,并将 1/3 样品原封不动地进行封存,保留 3 个月备查。

表 8 - 13　抽样方法

批量范围 箱(个)*	样本数量** 箱(个)	合格判定数 Ae	不合格判定数 Re
<1 200	5	0	1
1 201~35 000	8	1	2
≥35 001	13	2	3

* :"箱"指运输包装的纸箱;"个"指销售包装净含量大于 10 L 的瓶或罐。

* * :"样本数量"指从运输包装的每箱中抽取 1 个销售包装(瓶或罐)。

2) 感官、微生物、包装和净含量按表 8 - 13 抽样检查。其他项目充分混匀后分析。

(3) 检验

1) 出厂检验:①产品出厂前,须经生产厂的质量检验部门按本标准规定逐批进行检验,检验合格并签发质量证明书的产品方可出厂。②出厂检验项目包括感官、微生物、包装和净含量。

2) 型式检验:①每年至少进行一次。有下列情况之一者,亦须进行:更换设备或长期停产再恢复生产时;出厂检验结果与上次型式检验有较大差异时;特征性界限指标有较大波动时;国家质量监督机构进行抽查时。②型式检验项目为感官要求和理化要求中全部指标。

（4）判定

1）出厂检验：①微生物指标如有一项不符合要求，即判该批产品为不合格。②感官、包装和净含量按表8-13判定。

2）型式检验：①微生物、感官、包装和净含量的判定同出厂检验。②其他指标逐项判定。如有一项以上（含一项）不合格，应重新自同批产品中抽取两倍量样品进行复验，以复验结果为准。若仍有一项不合格，则判该批产品为不合格。

7. 标志、包装、运输、贮存

（1）标志

1）产品标签上必须标明矿泉水水源地的名称及通过国家（或省）级鉴定认可的批准号。

2）产品标签上必须按 GB-7718 的有关规定标注：产品名称、净含量、制造者（或经销者）的名称和地址、生产日期、保质期和标准号。产品名称与净含量须排在同一展示面。

3）产品标签上必须标明：特征性界限指标、pH 值、溶解性总固体物、主要阳离子（K^+、Na^+、Ca^{2+}、Mg^{2+}）、阴离子（HCO_3^-、SO_4^{2-}、Cl^-）的含量范围，同时标明含或者不含二氧化碳，是天然存在的还是人工加入的。

4）包装箱上除应标明产品名称、制造者（或经销者）的名称和地址外，还须标出单位包装的净含量和总数量。

（2）包装

1）包装必须封装严密。

2）灌装产品，包装物体必须端正，体外清洁，标签封贴紧密。

3）包装箱必须牢固，与所装内容物尺寸要匹配，胶封，捆扎结实。

（3）运输

1）运输工具必须清洁、卫生。产品不得与有毒、有害、有腐蚀性、易挥发或有异味的物品混装运输。

2）搬运时应轻拿轻放，严禁扔摔、撞击、挤压。

3）运输过程中不得曝晒、雨淋、受潮。

（4）贮存

1) 产品不得与有毒、有害、有腐蚀性、易挥发或有异味的物品同库贮存。

2) 产品应贮存在阴凉、干燥、通风的库房中；严禁露天堆放、日晒、雨淋或靠近热源；包装箱底部必须垫有 100 mm 以上的材料。

(5) 在<0℃运输与贮存时，必须有防冻措施。

(6) 一次性包装的瓶装产品保质期不少于 1 年；非一次性包装的桶装产品（在桶盖未启封前）保质期不少于 3 个月。

企业可根据自身技术水平、地区和季节气温差异、市场营销情况，针对不同类型包装产品，按上述规定在标签上标明具体保质期。

[附] 饮用天然矿泉水水质检验报告

泉点名称	采样日期
泉点编号	送样日期
采样地点	检验日期
水 温	报告日期

离子		$p(B)$ (mg/L)	$c(1/zB^{x\pm})$ (mmol /L)	$x(1/zB^{x\pm})$ %	项目	$p(B)$ (mg/L)	项目	$p(B)$ (mg/L)
阳离子	Na^+				可溶性总固体		银	
	K^+				偏硅酸		钡	
	Ca^{2+}				游离二氧化碳		铬	
	Mg^{2+}				锂		铅	
	NH_4^+				锶		钴	
	$Fe^{2+}+Fe^{3+}$				溴化物		钒	
	总计				碘化物		钼	
阴离子	HCO_3^-				锌		锰	
	CO_3^{2-}				硒		镍	
	Cl^-				铜		铝	
	SO_4^{2-}				砷		挥发性酚	

续　表

离子		p(B) (mg/L)	c(1/zB^{x±}) (mmol /L)	x(1/zB^{x±}) %	项目	p(B) (mg/L)	项目	p(B) (mg/L)
阴离子	F⁻				贡		氰化物	
	NO₃⁻				镉		亚硝酸盐	
	总计				硼酸		耗氧量	

外观:	总硬度(以 CACO₃ 计)＿＿mg/L	²²⁶Ra ＿＿ Bq/L	备注
色度:	总碱度(以 CACO₃ 计)＿＿mg/L	总 β ＿＿ Bq/mL	
浑浊度:	总酸度(以 CACO₃ 计)＿＿mg/L	菌落总数＿＿ CFU/mL	
臭和味:		大肠菌群＿＿ 个/100 mL	
pH 值:			

分析单位盖章	审核人签字	分析者签字

注:1. 本标准为资料性附录。

　　2. 本标准由中国轻工业联合会提出。

　　3. 本标准由全国饮料标准化技术委员会归口。

　　4. 本标准起草单位:中国食品发酵工业研究院、中国疾病预防控制中心环境与健康相关产品安全所、中国地质环境监测院、中国疾病预防控制中心营养与食品安全所、中国饮料工业协会天然矿泉水分会、海口椰树矿泉水有限公司、深圳达能益力泉饮品有限公司。

　　5. 本标准主要起草人:郭新光、曹兆进、田廷山、刘秀梅、康永璞、陈军、闻万隆、田栖静、杜钟、徐方。

　　鉴于我国生活饮用水标准不尽如人意的现状,经多方努力,2005 年 5 月下旬,国家标准化委员会召集卫生部、建设部、国家环保总局和国土资源部有关人员开会,经协调,决定修改下列 4 个标准,并以国家标准形式由国家标准化委员会正式颁布:

　　1. GB‐5749‐2005《生活饮用水卫生标准》由卫生部负责修订。

　　2. GB/T‐5750‐2005《生活饮用水标准检验法》由卫生部负责修订。

3. GB - 3838 - 2005《地表水环境质量标准》由国家环保总局负责修订。

4. GB/T - 14848 - 2005《地下水质量标准》由国土资源部修订。

在此基础上,由于法律已明确规定各级卫生行政部门职责之一是对供水单位和涉水产品监督检查、监督执法,由此,由卫生部主持制定生活饮用水卫生规范,完全符合法律规定。关系理顺,即意味着我国饮用水标准将走上健康发展轨道。

第二节　世界卫生组织标准

一、发展过程和现状

1983～1984 年,世界卫生组织出版了《饮用水水质准则》(第 1 版),第 1 版中涵盖指标 31 项,其中微生物学指标 2 项,具有健康意义的化学指标 27 项(无机物 9 项,有机物 18 项),放射性指标 2 项;准则中对这些指标均给出了指导值;另有 12 项指标提出了感官推荐阈值,以保证水质感官性状良好。

1993～1997 年,世界卫生组织分 3 卷出版了《饮用水水质准则》(第 2 版),其中包括:第 1 卷,建议书(1993);第 2 卷,健康标准及其他相关信息(1996);第 3 卷,公共供水的监控(1997),1998、1999 和 2002 年分别出版了附录部分,内容为化学物和微生物;此外还出版了《水中的毒性蓝藻》,并针对一些关键性问题编写了专家综述。第 2 版中涵盖指标 135 项,其中微生物学指标 2 项,具有健康意义的化学指标 131 项(无机物 36 项,有机物 37 项,消毒剂及副产物 28 项),放射性指标 2 项。准则中对 98 项指标给出了指导值;另有 31 项指标提出了感官推荐阈值。

2004 年,世界卫生组织出版了《饮用水水质准则》(第 3 版),鉴于近年来在微生物危险评价及与之有关的风险管理方面所取得的重大进展,此版中大幅度修订了确保微生物安全性的方法。第 3 版中包括水源性疾病病原体 27 项(细菌 12 项,病毒

6 项,原虫 7 项,寄生虫 2 项),具有健康意义的化学指标 148 项(尚未建立准则值的指标 55 项;确立了准则值的指标 93 项),放射性指标 3 项。另有 28 项指标提出了感官推荐阈值。

二、世界卫生组织《饮用水水质准则》(第 3 版)特点

指出了微生物是威胁饮水安全的首要问题。第 3 版中大量的篇幅表述确保饮水中的微生物的安全性,同时保留了前 2 版中的部分内容,如设置多重防线方法,强调了水源保护的重要性。其配发的文件同时描述了如何满足微生物安全的要求,并就如何确保安全性提供了指导意见。

在制定化学物质指导值时,即考虑到直接饮用部分,又考虑到沐浴时皮肤接触或易挥发物质通过呼吸摄入的部分。

提供了确定优先控制污染物的方法和内容。第 3 版及其配发文件中对如何确定本地应优先重点控制的化学物质以及如何管理可造成大规模公共卫生危害的化学物质提出了指导意见。

提供了准则在特定环境下的适用原则,并就如何处理这些情况配发专文进行了详尽的阐述。

三、WHO《饮用水水质准则》(第 3 版)简介

2004 年 WHO 发布了最新的《饮用水水质准则》第 3 版(简称《准则》),包括导言、准则安全饮用水框架、基于健康的目标、水安全计划、监督、特殊情况下准则的应用、微生物问题、化学物问题、放射性问题、可接受性、微生物资料概览、化学物资料概览等章节,2006 年 WHO 又发布了《准则》增补本资料。

《准则》主要根据卫生学意义提出水质指标,依次分为微生物指标、化学物质指标、放射性指标、由于感官可能引发消费者不满的指标等指标。新版包括了水源性疾病病原体 27 项(细菌 12 项,病毒 6 项,原虫 7 项,寄生虫 2 项),具有健康意义的化学指标 148 项(尚未有建立标准值的指标 55 项,确定了基准值的指标 93 项),放射性指标 3 项,另有 28 项指标提出了感官推荐阈值。

《准则》阐述了水质与人体健康的关系,强调了在饮用水水源保护、生产、运输、销售、卫生监测等重点环节上形成综合的科学管理制度,建立基于健康的卫生安全的饮水目标。提出了水质卫生以日常监测转换为关键点控制的综合高效管理新理念。针对饮用水的监督、监测和评价制订了操作规范,确立了公共卫生管理部门、监督和质量控制、水源管理、供水机构、社区管理、管道管理以及认证机构在饮用水安全管理的作用和职责。

《准则》提出了控制微生物污染是极端重要的,必须防止介水传染病的发生。一旦发生微生物污染,即能在同一时间内造成大片人群发病或死亡,因此对水的消毒不能丝毫松懈。明确指出由于微生物污染对健康造成的潜在的不良后果,对它加以控制永远是头等大事,绝不能妥协。指出消毒副产物对健康有潜在的危险性,但较之消毒不完善对健康的风险要小得多。化学物质的毒性(对人体有益的除外)往往表现为慢性的、积累性的、有些是致癌的,只有极其严重的污染才会导致急性疾病的发作。一般水中放射性污染对健康的风险远比生活环境中放射性污染对健康的风险小得多。

《准则》的适用范围包括自来水厂供应的自来水,供应饮用的瓶装水和冰块,但不包括天然矿泉水,通常矿泉水划入饮料的范围。饮用水质量监督可定义为对饮用水供应的安全性和可接受性进行持续警觉的公共卫生评估的审查,饮用水供水单位在所有时间都应对他们供应的水的质量和安全性负责。因此应联合所有饮用水的有关单位,明确饮用水安全管理的作用和职责,WHO认为饮用水安全最佳的管理方法是预防性管理,采取综合性预防管理措施是保证饮用水安全的最好措施。

WHO《饮用水水质准则》的主要目标就是为各国建立本国的水质标准奠定基础,通过将水中有害成分消除或降低到最小,确保饮用水的安全。需要注意的是,该准则中水质指标较完整,但各项指导值并不是限制性标准,各国应该结合本国的环境、社会、生态和文化条件,采用风险-效益分析方法,实事求是地进行适当调整标准值,从而确定本国水质标准的各项指标值。

　　《准则》是根据现有研究资料,经过多国家、多学科、多位专家的评定和判断而建立的,制订过程严谨,具有自己的定量危险度的评价方法,代表了世界各国的病理学、健康学、水环境技术、安全评价体系的最新发展,涵盖面广泛,指标完整全面,参考意义重大。该标准值是从保护人类健康的宗旨出发的,不一定满足水生生物和生态保护的要求。

　　其他国家的安全饮水标准参见相关书目。在此不一一赘述。

第九章

天然水的特性

天然水是构成自然界地球表面各种形态的水相的总称。包括江河、海洋、冰川、湖泊、沼泽等地表水以及土壤、岩石层内的地下水等天然水体。

天然水总量约 13.6 亿 km，其中海水占 97.3%，冰川和冰帽占 2.14%，江、河、湖泊等地表水占 0.02%，地下水占 0.61%。大部分河水和部分湖水为淡水，占天然水总量的 2.7%，其中可供人类使用的仅为 0.64%。

天然水对水源的要求相当苛刻。根据国际瓶装水协会（IBWA）的定义，天然水是指瓶装的，只需最小限度的处理的地表水或地下形成的泉水、矿泉水、自流井水，不是从市政系统或者公用供水系统引出的，除了有限的处理（例如，过滤、臭氧或者等同的处理）外不加改变。它既去除了原水中极少的杂质和有害物质，又保存了原水中的营养成分和对人体有益的矿物质和微量元素。"健康水"意味着去掉有害的物质而保留有益的矿物元素。天然水保存原水中人体必需的矿物元素，有利于保持水的自然生态结构，使之处于离子状态，易被人体吸收。天然水是小分子团水，是硬水，是弱碱性水，是有生命活力、符合人体营养生理功能需求的"健康水"。

世界普遍流行饮用天然水。世界发达国家大多生产和饮用天然水。美国、西欧、日本等国从来没有把纯净水纳入到饮用水范围。许多欧美国家都规定纯净水不能直接作为饮用水。

一般来说，地表水的含盐量比较低，但容易受污染；地下水比较洁净，但溶解的矿物质比较多。水中的杂质主要分为悬浮物、胶体、溶解性物质。如果作为饮用水,有些天然水通过简单处理即可饮用,如某些泉水、井水。而有些必须经过特殊的设备和处理工艺处理后才能饮用,如河水、湖水、苦咸水等。

第一节 天然水的化学组成

天然水是一种化学成分十分复杂的溶液,含可溶性物质(如盐类、有机物和可溶气体等)、胶体物质(如硅胶、腐殖酸等)和悬浮物(如黏土、水生生物等)。

按不同组分含量与性质的差异,以及与水生生物的关系可以把天然水的化学成分分为 6 类:常量元素、溶解气体、营养元素、有机物质、微量元素、有毒物质。

1. 常量元素 又称为主要离子、恒量元素、保守成分。淡水中的八大离子主要为 K^+、Na^+、Ca^{2+}、Mg^{2+}、HCO_3^-、CO_3^{2-}、SO_4^{2-}、Cl^-;海水中主要有 Na^+、Mg^{2+}、Ca^{2+}、K^+、Sr^{2+}、Cl^-、SO_4^{2-}、$HCO_3^-(CO_3^{2-})$、$Br-$、H_3BO_3、F^-。常量元素在水中含量高,性质稳定。海水中常量元素占海水中溶解盐类的 $99.8\% \sim 99.9\%$,而且它们在海水中含量有一定的顺序,其比例几乎不变;淡水中常量元素占水体溶解盐类总量的 90% 以上;常量元素是决定天然水体物理化学特性的最重要因素:如 CO_3^{2-}、HCO_3^- 对维持水体的 pH 值具有重要的意义。常量元素在水中以多种形态存在,如海水中常量元素多以自由离子或离子对存在,少量以络离子存在。

2. 溶解气体 天然水中溶有大气中所含有的各种气体,除了 N_2、O_2、CO_2 外,还有惰性气体 He、Ne、Ar、Kr、Xe、Rn 也都能在水体中找到。海水中也含有少量 H_2,在水交换较差的湖底及某些海区或孤立的海盆中有时也有游离的 H_2S 存在。对于部分受污染地区,水中可能还溶有该地区的污染气体(如硫氧化物、氮氧化物等)。溶解气体的含量与水的温度、水中动物代谢活动有关;其含量有明显的昼夜、季节、周年变化特点和显著的水层差异。

3. 营养元素　主要包括与水生生物生长有关的一些元素，如 N、P、Si 等。营养元素多以复杂的离子形式或以有机物的形式存在于水体中。营养元素在水体中含量通常较低，受生物影响较大，有时又称为"非保守成分"或"生物制约元素"。

4. 有机物　水体中的有机物可分为颗粒态有机物和溶解态有机物两大类。有机物在水体中的含量较低，通常是无机成分的万分之一，一般 1 L 水中仅几毫克；有机物成分复杂，种类繁多。包括糖类、脂肪、蛋白质及降解有机物等；有机物对水质及水生生物有着多方面错综复杂的影响，适量有机物的存在是使水质维持一定肥力的重要条件，而过量有机物的存在将会使水质恶化、鱼病蔓延。

5. 微量元素等　除了常量元素和营养元素以外的其他元素（如同位素等）都包括在这一类中。微量元素种类繁多，总量却非常少，仅占总含盐量的 0.1% 左右；微量元素中的 Fe、Mn、Cu 等与生物的生长有着密切的关系，称为微量营养元素。

6. 有毒物质　天然水中的有毒物质，按其来源或产生方式的不同大体可分为两类：一类是来自工农业生产以及日常生活排放的废物，即所谓污染物质，主要包括有机物、油类、农药及重金属离子等；另一类是指由于水体内部物质循环失调而生成并积累的毒物，如硫化氢、氨、低级胺类、高浓度 CO_2 及赤潮生物的有毒分泌物等。有毒物质在浓度较低时就会对水生生物产生毒性作用，并破坏生态系统的平衡；其毒性的大小与该物质的存在形式有关，并受到多中水体物理化学性质的影响。

第二节　天然水的化学分类法

人们为了研究的方便，提出了按含盐量和化学成分的分类方法。不同专家根据不同的研究目的提出不同的分类方法。以下介绍几种使用较广的分类方法。

一、美国分类法

表 9 - 1 美国分类法(1970)

天然水	矿化度(g/L)
淡水	0~1
微咸水	1~10
咸水	10~100
盐水	>100

二、湖沼学与生态学常用的分类法

表 9 - 2 湖沼学与生态学分类法

天然水	矿化度(g/L)
淡水	0.01~0.5(0.01~0.2 为缺盐水)
寡混盐水	0.5~5
中混盐水	5~18
多混盐水	18~30
真盐水	30~40(世界海洋的平均盐幅)
超盐水	>40

三、阿列金分类法

表 9 - 3 阿列金分类法

天然水	矿化度(g/L)
淡水	<1
微咸水	1~25
具海水盐度的水	25~50
盐水	>50

注:把淡水的范围确定在 1 g/L 是基于人的味觉。当离子总量>1 g/L 时,大多数人可以感到咸味;微咸水与具海水盐度的水的分界线定在 25 g/L,是根据在这种含盐量时,水的结冰温度与最大密度时的温度相同,具有海水盐度的水与盐水的界线乃根据在海水中尚未见到过>50 g/L 的情况,只有盐湖水和强盐化的地下水才能超过此含盐量。

1. **分类** 根据含量最多的阴离子不同将水分为 3 类:碳酸盐类、硫酸盐类和氯化物类。含量的多少是以单位电荷离子为基本单元的物质的量浓度进行比较,并将 HCO_3^- 与 CO_3^{2-} 合并为一类。各类符号分别为:C—碳酸盐类,S—硫酸盐类,Cl—氯化物类。

2. **分组** 根据含量最多的阳离子将水分为 3 组:钙组、镁组与钠组。在分组时将 K^+ 与 Na^+ 合并为钠组,以 Ca^{2+}、Mg^{2+} 及 $Na^+(K^+)$ 为基本单元的物质的量浓度进行比较。各组符号分别为:Ca—钙组,Mg—镁组,Na—钠组。

3. **分型** 根据阴阳离子含量的比例关系将水分为 4 型(表 9-4)。

表 9-4 根据水中阴阳离子含量的比例分型

类	碳酸盐类 C			硫酸盐类 S			氯化物类 Cl		
组	钙组	镁组	钠组	钙组	镁组	钠组	钙组	镁组	钠组
	Ca	Mg	Na	Ca	Mg	Na	Ca	Mg	Na
型	Ⅰ	Ⅰ	Ⅰ	Ⅱ	Ⅱ	Ⅰ	Ⅱ	Ⅱ	Ⅰ
	Ⅱ	Ⅱ	Ⅱ	Ⅲ	Ⅲ	Ⅱ	Ⅲ	Ⅲ	Ⅱ
	Ⅲ	Ⅲ	Ⅲ	Ⅳ	Ⅳ	Ⅲ	Ⅳ	Ⅳ	Ⅲ

注:Ⅰ型水是弱矿化水,主要形成于含大量 Na^+ 与 K^+ 的火成岩地区,水中含有相当数量的 $NaHCO_3$ 成分(即主要含有 Na^+ 与 HCO_3^-),在某些情况下也可能由 Ca^{2+} 交换土壤和沉积物中的 Na^+ 而形成。此水型多半是低矿化度的。干旱、半干旱地区的内陆湖,如果由Ⅰ型水特征很强的水所补给,有可能形成微咸水的苏打湖。

Ⅱ型水为混合起源水,其形成既与水和火成岩的作用有关,又与水和沉积岩的作用有关。多数低矿化(<200 mg/L)和中矿化(200~500 mg/L)的河水、湖水和地下水属于这一类型。

Ⅲ型水也是混合起源的水,但一般具有很高的矿化度。在此条件下,由于离子交换作用使水的成分明显变化,通常是水中的 Na^+ 交换出土壤和沉积岩中的 Ca^{2+} 和 Mg^{2+}。海水、受海水影响地区的水和许多具高矿化度的地下水属此类型。

Ⅳ型水的特点是不含 HCO_3^-。酸型沼泽水、硫化矿床水和火山水属此型。在碳酸盐类水中不可能有Ⅳ型水,在硫酸盐与氯化物类的钙组和镁组中也不可能有Ⅰ型水,而硫酸盐与氯化物类的钠组一般没有Ⅳ型水。这样,天然水就分成如表所示的几种类型。

第三节　天然水的光学特性

一、水对太阳光的反射

一束太阳辐射,以一定入射角直接射到平静的水面后,一部分辐射被水面反射,反射角等于入射角。一部分光线则沿折射角进入水体。被水面反射的太阳辐射与投影到水面的太阳辐射的比率称为反射率。反射率与入射角有关,入射角是光线与水平面的垂线间的夹角,也是太阳的天顶距。人们将太阳光线与地平面的夹角称为太阳高度角。据研究,平静水面对太阳直接辐射的反射率随太阳高度角的增大而降低,当太阳的高度角在 $30°\sim80°$ 或以上时,反射率只有 $6.2\%\sim2.1\%$;太阳高度角在 $30°$ 以下,反射率随太阳高度角的降低而迅速增加。

二、水对太阳光的吸收与散射

通过水面进入水中的太阳辐射,一部分被水及其中的物质吸收,一部分被散射,一部分继续向深处穿透。被吸收的辐射能,大部分被转变成热,使水温升高。被散射的部分,变为朝各方向传播的辐射,其中也有一部分辐射向水深处传播,并被第二次散射或吸收。

如果以 I_L 表示在水中穿过光程 L(m)后的某波长太阳辐射能,以 I_0 表示穿过表面进入水中的该波长太阳辐射能,则可以用下列指数方程表示它们之间的关系:

$$I_L = I_0 \exp[-(m+K)L]$$

式中:m 和 K 分别是吸收和散射的系数,合称为衰减系数 μ。与水中所含物质有关,也与光的波长有关。

研究表明,太阳辐射中的红外线绝大部分被表层 100 cm 水层吸收了。太阳辐射总能量的 27% 可被 1 cm 水层吸收,64% 被 1 m 水层吸收,到 100 m 深处的辐射能只及表层的 1.4% 左右。但可见光的穿透能力很强,到 100 m 深处只剩下可见光了。

光合作用有效辐射主要是可见光部分的辐射。对可见光辐射在水中随深度的衰减可用下式表达:

$$I_Z = I_0 \exp[-(\mu_w + \mu_c + \mu_p)Z]$$

式中:Z 为水深(m),I_0 与 I_Z 分别为进入水中表层和 Z(m)深处的可见光辐照度,μ 为衰减系数,下标 w、c、p 分别表示由纯水、溶解有机物质及悬浮物质形成的衰减系数。将上式取对数可得:

$$\lg I_Z = \lg I_0 - 0.434\ 3(\mu_w + \mu_c + \mu_p)Z$$

对一个既定水域,μ_w、μ_c 与 μ_p 可以视为常数。这样,上式 $\lg I_Z$ 与 Z 呈线性关系。

三、透明度

通常用来反映可见光在水中的衰减状况。透明度采用专门的透明度盘测定。透明度盘由采用黑白的油漆涂成黑白相间的金属圆盘制成,圆盘中央拴一根有深度标记的软绳(此绳应不易伸长)。测定时将圆盘沉入水中,在不受阳光直射条件下,刚好看不到盘面白色时的深度,即为透明度。

清澈的海水与湖水,透明度可达十多米。透明度小的池水,透明度只有 20～30 cm,浑浊的黄河水,透明度只有 1～2 cm。一般认为在相当于透明度的深度处的照度,只有表层照度的 15% 左右。

四、补偿深度

有机物的分解速率等于合成速率的水层深度称为补偿深度。粗略地说,补偿深度平均位于透明度的 2～2.5 倍深处。

光照充足,光合作用速率大于呼吸作用速率的水层,称为真光层,又称营养生成层。在这水层中植物光合作用合成的有机物多于呼吸作用消耗的有机物,有机物的净合成大于零。

光照不足,光合作用速率小于呼吸作用速率的水层,称为营养分解层。这一水层的植物不能正常生活,有机物的分解速率大于合成速率。

第四节 天然水的电导率

对于同一类型淡水,在 pH 值 5~9 范围内,电导率与离子总量大致成比例关系。1 μS/cm 相当于 0.55~0.9 mg/L;在一定温度范围内,电导率随温度的增高几乎也是线性增加,温度每增高 1℃,电导率大约增加 2.2%。一般电导率的测定以 25℃为准,其他温度下测得的电导率需加以校正。

天然淡水的电导率变化于 50~500 μS/cm,高矿化度水体可达 500~1 000 μS/cm 以上。

据日本有关资料报道,日本河流水体的矿化度(包括非导电性的二氧化硅)约为 76 mg/L。电导率(18℃)为 111.5 μS/cm,即在 18℃时,存在 $\sum S(\text{mg/L}) = 0.7 k_{18}$。

不同类型的天然淡水,离子组成有所差别,$\sum S$ 与 K_t 的关系可由实验测得,所获经验关系式可通过 k_t 的实验值间接估算 $\sum S$ 值。

在一标准大气压下,在海洋的温度范围内,海水的电导率与盐度几乎成正比例增加。在相同盐度的情况下,0℃附近,温度每增加 1℃,电导率增加 3%;在 20℃附近,温度每增加 1℃,电导率增加 2%。

电导率受压力的影响较小,在一般深海所受的压力范围内,电导率的增值在 12% 以下。

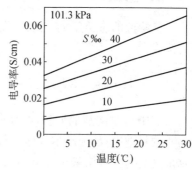

图 9-1 不同温度下水的电导率

第五节 天然水的依数性

一、冰点

天然水的溶质组成复杂,冰点下降主要是水中溶解物质(包括离子和分子态)引起的。天然水的含盐量可以反映水中溶解物质的数量,所以与冰点下降之间存在一定的数量关系。海水的主要离子组成相对稳定。通过实验得到了海水在 1 标准大气压下冰点温度 T_f 与盐度 S 的经验公式:

$$\{T_f\}_{\text{℃}} = -0.013\,7 - 0.051\,99S - 7.225 \times 10^{-5}S^2$$

式中:T_f 为冰点,S 为实用盐度。

二、蒸汽压

天然水的饱和蒸汽压 P 比纯水低,它与盐度 S 有如下直线关系:

$$P = P_0(1 - 0.000\,537S)$$

式中:P_0 为纯水的饱和蒸汽压,它与温度有关。根据上式,对于 S 为 35 的海水,$P = 0.98P_0$,即蒸汽压约降低了 2%。

三、渗透压

稀溶液的渗透压 Π 符合类似于气体状态方程形式的如下关系式:

$$\Pi \cdot v = nRT \text{ 或 } \Pi = \frac{n}{v}RT = cRT \approx bRT$$

式中:v 是溶液的体积,n 为非电解质溶质的物质的量,c 为物质的量浓度,R 为摩尔气体常数,T 为热力学温度,b 为质量摩尔浓度。对于释溶液可以近似认为 $c \approx b$。

渗透压不容易直接测量,常常采用冰点下降数值来换算,或者直接用冰点下降值来反映渗透压的大小。海水的渗透压 Π 与盐度 S 的关系是：

$$\{\Pi\}\mathrm{kPa} = 69.55S + 0.254\,6\{t\}\text{℃} \cdot S$$

第六节　天然水的 pH 值

一、酸度

酸度是水中能与强碱反应的物质的总量，用 1 L 水中能与 OH^- 结合的物质的量来表示。天然水中能与强碱反应的物质除 H_3O^+（简记为 H^+）外，常见的还有 H_2CO_3、HCO_3^-、Fe^{3+}、Fe^{2+}、Al^{3+} 等，后 3 者在多数天然水中含量都很小，对构成水酸度的贡献少。而某些强酸性矿水、富铁地层的地下水可能含有较多的 Fe^{3+}（含氧、强酸）或 Fe^{2+}（酸性、缺铁），在构成水酸度上就不可忽略。

根据测定时候使用的指示剂不同，还可分为总酸度（用酚酞作指示剂，pH 值为 8.3）和无机酸度（又称强酸酸度，用甲基橙作指示剂，pH 值为 3.7）。

二、天然水的 pH 值

天然水按 pH 值的不同可以划分为如下 5 类。①强酸性，pH 值 < 5.0;②弱碱性，pH 值 8.0～10.0;③弱酸性，pH 值 5.0～6.5;④强碱性，pH 值 > 10.0；⑤中性，pH 值 6.5～8.0。

大多数天然水为中性到弱碱性，pH 值在 6.0～9.0 之间。淡水的 pH 值多为 6.5～8.5，部分苏打型湖泊水的 pH 值可达 9.0～9.5，有的可能更高。海水的 pH 值一般在 8.0～8.4。地下水由于溶有较多的 CO_2，pH 值一般较低，呈弱酸性。某些铁矿矿坑积水，由于 FeS_2 的氧化、水解，水的 pH 值可能呈强酸性，有的 pH 值甚至可低至 2～3，这当然是很特殊的情况（表 9 - 5、9 - 6）。

表 9 - 5　天然水中的弱酸弱碱浓度(mmol/L)

化合态	淡水平均值	表层海水	深层海水
碳酸	0.97	2.1	2.3~2.5
硅酸	0.22	<0.003	0.03~0.15
氨	0~0.01	<0.0005	<0.0005
磷酸	0.007	<0.0002	0.0017~0.0025
硼酸	0.001	0.4	0.4
	缺氧湖水	海沟	深海
硫化氢	0.005~0.15	0.02	0.33

表 9 - 6　海水中弱酸阴离子含量(pH 值 8.3)

成分	$C/(mol/L)$
HCO_3^{2-}	18×10^{-4}
CO_3^{2-}	3.5×10^{-4}
$H_2BO_3^-$	4.5×10^{-4}(在 10℃时仅 20%离子化)
HPO_4^{2-}	1×10^{-6}
AsO_3^{3-}	4×10^{-8}
S^{2-}	$(0 \sim 2.0) \times 10^{-5}$(只有在缺氧环境中出现)
有机酸	微量

$$4FeS + 9O_2 + 10H_2O = 4Fe(OH)_3 \downarrow + 4SO_4^{2-} + 8H^+$$
$$4FeS_2 + 15O_2 + 14H_2O = 4Fe(OH)_3 \downarrow + 8SO_4^{2-} + 16H^+$$

三、影响水体 pH 值的因素

1. 水生生物的活动　浮游植物的光合作用强烈地消耗水中的游离 CO_2,从而使平衡向右移动:

$$HCO_3^- \rightleftharpoons CO_2 + OH^-$$

结果水中积累 CO_3^{2-} 和 OH^- 导致 pH 值升高。但若水的硬度高,则 CO_3^{2-} 和 OH^- 的浓度受限制,pH 值上升极限较低。

水生生物的呼吸及有机体的分解过程会积累 CO_2,使上述平衡向左移动,pH 值下降。

2. 水温　在同大气直接接触的表层,温度升高,CO_2 在水中的溶解度减小，pH 值则上升；在深层水中，由于不能直接发生 CO_2 的交换，有机物的腐解随温度的升高而加快，产生大量 CO_2，水体 pH 值随之降低。若温度为 t_1 和 t_2 时的 pH 值分别为 pH_{t1} 和 pH_{t2}，则有：

$$pH_{t2} = pH_{t1} + \gamma(t_2 - t_1)$$

式中：γ 为 pH 变化的温度系数。通常，γ 值约为 -0.011。

3. 离子总量　在同大气直接接触的表层，离子总量增大，CO_2 在水中的溶解度减小，pH 值则上升。

4. 大气中 CO_2 的分压　在同大气直接接触的表层，大气中 CO_2 的分压增大，pH 值减小。

四、pH 值分布变化特点

由于水中光合作用与呼吸作用强度在时间上与空间上有着显著差异，因此 pH 值也有明显的周日变化和垂直分层现象，并且与 O_2、CO_2、HCO_3^-、CO_3^{2-} 以及水温等有着明显的相关性。

生物量大的水体，表层水 pH 值有明显的日变化。早晨天刚亮时 pH 值较低，下午 pH 值较高。图 9-2 是某高产养鱼池 pH 值、溶氧的日变化实例，表层 pH 值日变幅可达 1～2 个 pH 值单位。

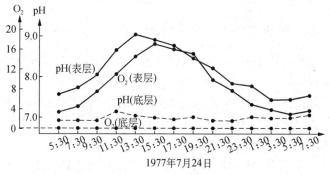

图 9-2　无锡市郊某鱼苗池 pH 值和溶氧的日变化
（表层 20 cm，底层 150 cm）

五、pH 值的生态学意义

1. **直接影响** pH 值的改变,可以通过氢离子的渗透与吸收作用,使水生动物血液 pH 值发生相应的变化,从而破坏其输氧功能,碱性过强常常直接腐蚀鳃组织造成呼吸障碍而窒息。pH 值的变化尤其对水产动物的幼体有极其敏锐的影响。

对于水生植物,pH 值的改变会影响其对营养元素的吸收。例如,降低 pH 值会抑制硝酸盐还原酶的活性,导致植物缺氮。高 pH 值会妨碍植物对 Fe、C 元素的吸收,当 pH 值≤6 时,一些大型枝角类便无法生存,许多微生物的活动受抑制,固氮活性下降,有机物分解矿化速率明显降低。

2. **间接影响** pH 值的改变将影响许多物质的存在形式,特别是一些有毒物质的存在形式,从而改变其毒性并间接影响水生生物的生命活动。例如,NH_4^+、S^{2-}、CN^- 等,由于 pH 值的改变使它们可能转变为毒性更强的 NH_3、H_2S 和 HCN 形式而间接危害生物。

pH 值对水生生物的影响是多方面的,也是十分复杂的。在水产生物养殖过程中对水的 pH 值有着严格的要求。在人工繁殖中,一般以中性偏酸性为宜(pH 值不能<6.5),而鱼苗培育时以弱碱性(pH 值约为 8.0)为好,在整个养成阶段 pH 值应处于 6.5~8.5 之间,酸性水体生物生产力偏低。

六、养殖水体 pH 值的调控

养殖水体中 pH 值的变化与许多因素有关,pH 值的调控也有多种方法。

开挖池塘时,尽可能选择较优良的土质。因为新开挖的池塘如土壤类型为红土、黄土、泥炭土或矾酸土的多为酸性;旧池塘淤泥沉积过多,酸性增加。

在生产中,当水体呈酸性时,可拨撒石灰提高 pH 值,通常每亩水体施放 2 kg 石灰可提高 1 个 pH 值单位;当水体呈碱性时,可用醋酸或盐酸调节,也可每亩施放 1 kg 明矾;市面上的

"降碱素"等成品对降低 pH 值也有效果。还可添加适宜的微生物制剂,通过消除过多的有机物、培植浮游植物,达到增加水中溶氧和减少二氧化碳的目的,从而较长时间地稳定 pH 值。

第七节　天然水的溶氧量

水的溶氧量是水中氧气的溶解量。水生生物是通过溶解在水中的氧气呼吸生存的,所以溶解量是水中生物在水中生存的重要指标之一。

一、溶氧的分布变化规律

1. 溶氧的日变化

(1)表层水:湖泊、水库表层水的溶氧有明显的昼夜变化。受光照日周期性的影响,白天水中植物有光合作用,晚上光合作用停止,从而导致表层水溶氧白天逐渐升高,晚上逐渐降低,如此周而复始地变化。溶氧最高值出现在下午日落前的某一时刻,最低值则出现在日出前后的某一时刻,最低值与最高值的具体时间决定于增氧因子和耗氧因子的相对关系。如果耗氧因子占优势,则早晨溶氧回升时间推迟,且溶氧最低值偏小,具体条件不同情况也不尽相同。

(2)中层和底层水:湖泊和水库的中层与底层,溶氧也有昼夜变化,但变化幅度较小,变化的趋势也有所不同。由于在一般水体中中层和底层光照较弱,产氧就少,风力的混合作用可将上层的溶氧送至中下层,从而影响溶氧的变化。

(3)日较差:溶氧日变化中,最高值与最低值之差称为昼夜变化幅度,简称为日较差。日较差的大小可反映水体产氧与耗氧的相对强度。当产氧和耗氧都较多时日较差才较大。日较差大,说明水中浮游植物较多,浮游动物和有机物质适中,也即饵料生物较为丰富,有利于鱼类的生长。

在溶氧最低值不影响养殖鱼类生长的前提下,养鱼池的日较差大些较好。南方渔农中流传的"鱼不浮头不长"的说法,是对早晨鱼浮头的鱼池,鱼一般生长较快现象的总结。这主要是针对以培养天然饵料养鱼来说的,如果用全价配合饲料流水养鱼或网箱养鱼,就不存在池水日较差大对鱼类生长有利一说了。

2. 溶氧的年变化　一年中,随水温变化及水中生物群落的演变,溶氧的状况也可能发生一种趋向性的变化。只是情况比较复杂,变化的趋向随条件而变。如贫营养型湖泊,水中生物较少,上层溶氧接近于溶解度,溶氧的年变化将是冬季含量高,夏季含量低。

养鱼池生物密度大,变化比较剧烈,在一段时间内(长则10～15 天,短则 3～5 天),水中生物群落就会发生较大的变化,从而引起溶氧状况的急剧变化。如浮游植物丰富、浮游动物适中、溶氧正常的水体,在 3～5 天后可能转变为浮游动物多、浮游植物贫乏、溶氧过低的危险水质,这一点应加以注意。

日照时间的变化对溶氧会产生一定的影响。冰封初期,日照较长,冰层也薄,光合作用产氧量较大,大部分越冬池的溶氧变化呈上升趋势;后来日照时间越来越短,冰层也加厚,光合作用产氧量减少,大部分越冬池在此期间溶氧都降低;以后日照越来越长(尽管冰层已达最厚),溶氧又开始回升。冬季池塘溶氧的日较差较小。

3. 溶氧的垂直变化　湖泊、水库、池塘溶氧的垂直分布情况比较复杂,与水温、水生生物状况、水体的形态等因素密切相关。

贫营养型湖泊溶氧主要来自于空气的溶解作用,含量主要与溶解度有关。夏季湖中形成了温跃层,上层水温高,氧气的溶解度低,含量也相应低一些。下层水温低,氧气的溶解度高,含量也相应高一些。

富营养型湖泊,营养盐丰富,有机质较多,水中生物量较大,水的透明度低,上层水光合作用产氧使溶氧丰富,下层得不到光照,无光合作用,水中原有溶氧很快被消耗,处于低氧水平。

各水层光合作用产氧速率随深度的增加而变化。浮游植物在过强光照射下会产生光抑制效应,表层光合作用速率反而不如次表层大,在晴天一般有光抑制现象,次表层水溶氧量最高,阴天则表层水为最高。

对于较浅的水体(如 40～50 cm 深),水清见底,水中有大量底栖藻类生长,整个水体溶氧都过饱和,也会出现底层水溶氧高于表层水的情况。

4. 溶氧的水平分布　由于溶氧垂直分布的不均一性,从而在风的作用下使溶氧的水平分布也表现为不均一。一般认为水较深、浮游植物较多的鱼池,上风处水中溶氧较低,下风处水中溶氧较高,相差可能达到每升数毫克(表 9-7)。

表 9-7　养鱼池溶氧的水平分布(水深 2 m)

测定位置	水层	水温(℃)	pH 值	溶氧(mg/L)
上风处	表层	22.8	8.25	8.64
	底层	22.8	8.20	8.32
下风处	表层	22.8	8.50	10.56
	底层	22.8	8.35	9.20

在水中溶氧底层高于表层的情况下,会出现与上述相反的情况,即溶氧上风处高于下风处。

在河流的支流汇入处,湖泊、池塘的进出水口处,浅海的淡水流入处,生活污水及工业废水污染处,甚至鱼贝类集群处,溶氧及其水质特点也会与周围有相当大的差别,水平分布呈不均匀状态。例如,有研究者发现,养珍珠贝的珠笼内溶氧较笼外低得多,特别是放养密度大,网眼较小时尤其如此。

二、溶氧的影响因素

1. 气温　气温的高低是决定水中溶氧量多少的首要因素。气温高,水的溶氧量少;气温低,水的溶氧量高。这是因为气温高时,水中的动物消耗氧气多,水生植物中的腐烂物在腐烂过程中也会消耗氧气。鱼因缺氧而浮头的现象常常出现在夏季和秋季,而不会出现在冬季、春季,原因是夏秋季气温高,水的溶氧量低。

2. 水生植物 水中的绿色植物在太阳的光合作用下产生氧气。有些水域的植物很茂盛,但又不是全部覆盖水面,这样的水域氧气比较丰富。但是若是过于茂盛,覆盖了整个水面,使水不能与空气、阳光接触,水中的氧气含量相应减少。

3. 水域面积 水域面积越大,水与空气的接触面积也越大,水的溶氧量相对比较丰富;反之,小水面的溶氧量不足。江、河、湖泊、水库由于水面大,水中的溶氧量高,鱼不会缺氧。而山村的小池塘,水面小,常常阳气不足,鱼浮头常常出现在小池塘,其原因就在于此。

4. 鱼的密度 鱼的密度高,而水面又小的地方,由于鱼消耗的氧气多,会导致水的溶氧量不足。水面大,鱼的密度低,就不存在缺氧的问题。湖泊、水库就属于这种情况,正常情况下是不缺氧的。

5. 风力 由于风力的作用,水面会起波浪。波浪有波峰浪谷,使水的表面积增加,也相应地使水与空气的接触面积增加,从而增加了水的溶氧量。在有风吹起波浪的水中,鱼就显得格外活跃,尤其是生活在水的上层的鲌鱼、窜条,更为活跃,常常在水面嬉戏,追逐觅食。风动水动,水动鱼动。这是钓鱼者喜爱在有风有浪的水中钓鱼,在下风口钓鱼的原因所在。

6. 水的盐分含量 水的溶氧量与水中所含的盐分成正比。水中含的盐分较多,溶氧量越低;反之则高。如海水因含盐量比淡水高,所以海水溶氧量比淡水溶氧量更低,是淡水溶氧量的 80%。

7. 气压 气压也对水的溶氧量产生影响。气压低,空气中向水渗透的氧气就少;气压高,渗透于水中的氧气就多。夏季是一年中气压最低的季节,又加之气温高,所以,夏季水的溶氧量比其他季节低。

8. 雨水 下雨时,水面的空气湿度增加,雨水中的氧气也会溶于水中,从而增加了水的溶氧量。下雨,又会使温度下降,相应降低了水温,水温的下降也会使溶氧量增大。所以,下雨天的鱼也格外活跃,人们常常在下雨天钓鱼,尤其是春天、夏天、秋天,下雨天是钓鱼的好时机。

三、溶氧的生态学意义

1. 对水生生物的直接影响

（1）急性影响：引起水生生物窒息死亡。引起生物窒息死亡的溶氧上限值称为该生物的窒息点。不同生物的窒息点可能不同，温度升高能使窒息点提高，海水鱼耐低氧能力差。

（2）慢性影响：如果水中溶氧偏低，但尚未达到窒息点，不会引起水生生物的急性反应，但会产生慢性影响。主要表现如下。

1）影响鱼虾的摄饵量及饵料系数：长期生活在溶氧不足的水体中，摄饵量会下降。

2）影响鱼的发病率：长期生活在低氧条件下的水生生物，体质下降，对疾病的抵抗力降低，故发病率升高。在低氧环境下，寄生虫病也容易蔓延。

3）影响胚胎的正常发育：在鱼、虾孵化期，胚胎对溶氧的要求高，如氧气供应不足，易出现畸形，引起胚胎死亡。

4）影响水中毒物的毒性：溶氧降低，使水生生物呼吸频率增加，如果水中存有毒物，则水生生物对毒物的接触量将增大，危害也就增大。

（3）气泡病：当水中的藻类等浮游植物或青苔过多，尤其是在夏季气温高时，氧气在水中的溶解度降低，而水受阳光强烈照射后，水中植物的光合作用大大加强，产生大量的氧，水中无法溶解，于是氧形成气泡。鱼体附着气泡以及误吞气泡，使得鱼失去控制沉浮的能力，无法自由游动，在水中挣扎，最终死亡。在运输过程中过度送气也容易引起气泡病。

2. 对水质的影响

（1）对氧化还原电位的影响：天然水的氧化还原状况是由水中的氧化还原物质所决定的。水的氧化与还原状态的分界不是绝对的，一般含有较丰富溶氧的水称为氧化状态水（或氧化环境）。

氧化与还原状态的分界与 pH 值有关,即随 pH 值的升高而降低。碱性条件下 $Eh > 0.15$ V 即为氧化状态,而酸性条件下 $Eh > 0.4 \sim 0.5$ V 才为氧化状态。在弱还原环境,即酸性条件下 $Eh < 0.4 \sim 0.5$ V 以及在碱性条件下 $Eh < 0.15$ V 时,铁与锰以低价状态存在;Eh 继续降低降低 SO_4^{2-} 将被还原为 H_2S,Eh 变为负值;在强还原条件下,将有 CH_4 与 H_2 生成。

(2) 对元素存在价态的影响:溶氧含量丰富的水体中 NO_3^-、Fe^{3+}、SO_4^{2-}、MnO_2 等是稳定的;如水中缺氧,则被相应还原为 NH_4^+、Fe^{3+}、S^{2-}、Mn^{2+} 等。在缺氧条件下,有机物氧化不完全,会产生有机酸及胺类。在有氧条件下,有机物氧化则较完全,最终产物为 CO_2、H_2O、NO_3^-、SO_4^{2-} 等无毒物质。当水体有温跃层存在时,上下水层被隔离,底层溶解氧可能很快耗尽,出现无氧环境。此时,上下水层的水质有很大差别,许多物质的存在形式及含量将有很大不同。

四、养殖生产中溶氧的管理

1. 加强增氧作用

(1) 生物增氧:保证水中有充分的植物营养元素和光照,增加浮游生物种群数量。水生植物进行光合作用释放氧气,是养鱼水体氧气的重要来源。

水生植物光合作用释放氧气,是池塘中氧气的主要来源。一般河流、湖泊表层水夏季光合作用产氧速率为每日 $0.5 \sim 10$ g/m^2。

光合作用产氧速率与光照条件、水温、水生植物种类和数量、营养元素供给状况等有关。夏季气温较高产氧速率较大,冬季温度较低产氧速率要低一些。如哈尔滨地区利用生物增氧的越冬池,冬季表层水光合作用产氧速率为 $0.21 \sim 12.45$ mg/(m$^2 \cdot$ d),平均 $2.34 \sim 2.11$ mg/(m$^2 \cdot$ d),仅为夏季的 11% ～13%。

各水层光合作用产氧速率随深度的增加而变化。浮游植物在过强光照射下产生光抑制效应,表层光合作用速率反而不如次表层大,在晴天一般有光抑制现象,次表层水溶氧量最高,阴天则表层水为最高。适当数量的浮游植物,可增加水柱产氧速率;浮游植物生物量过高,透明度降低,植物自遮作用光照不足反而使产氧速率下降。

藻类进行光合作用的最终结果是合成藻体的有机质,浮游植物的平均元素组成可用 $(CH_2O)_{106}(NH_3)_{16}H_3PO_4$ 来表示,光合作用的各元素的计量关系可用下式来反应:

$$106CO_2 + 16NO_3^- + HPO_4^{2-} + 122H_2O =$$
$$(CH_2O)_{106}(NH_3)_{16}H_3PO_4 + 138O_2$$

由此式可计算出浮游植物光合作用对 P、N、C 的需求及释放 O_2 的比例

P:N:P:O_2 = 1:16:106:138(摩尔比)

或 P:N:P:O_2 = 1:7.2:41:142(质量比)

由此式可以得出:浮游植物光合作用释放 1 mgO_2 产生有机碳的量为 0.289 mg,这对研究水体的初级生产力有重要的意义。

(2) 人工增氧

1) 机械增氧:注入溶氧量较高的水,或用增氧机搅水以增加空中氧气向水中溶解或充入纯氧。

若没有风力或人为地搅动,空气溶解增氧速率很慢,远不能满足池塘对氧气的需求。缺氧时可开动增氧机。中午前后开动增氧机,不能促进氧气的溶解,只能加速水中溶氧的逸出,但能改善下午光合作用的产氧效率,从而改善晚上的溶氧状况。

空气中氧气溶解的速率与水中溶氧的不饱和程度成正比,还与水面扰动状况及单位体积的表面积有关,也就与风力和水深有关。氧气在水中的不饱和程度大,水面风力大和水较浅时,空气溶解的作用就大(表 9 - 8)。

表 9 - 8　自然条件下通过单位界面由空气增氧的数量[g/(m² · d)]

	溶氧饱和度(%)					
	100	80	60	40	20	10
小池	0	0.3	0.6	0.9	1.2	1.5
大湖	0	1.0	1.9	2.9	3.8	4.8
缓流的河川	0	1.3	2.7	4.0	5.4	6.7
大的河川	0	1.9	3.8	5.8	7.6	9.6
急流的河川	0	3.1	6.2	9.3	12.4	15.5

2) 化学增氧:借助一些化学试剂向水中释放氧气,如过氧化钙、活性沸石等。

过氧化钙(CaO_2)为白色结晶粉末,与水发生化学反应[$CaO_2 + H_2O = Ca(OH)_2 + O_2$]释放出氧气。据研究,千克过氧化钙可产氧气 77 800 ml,在 20℃纯水中可连续产氧 200 天以上,在鱼池内施用后 1～2 个月内均可不断放出氧气。一般每月施用一次即可,初次每亩用 6～12 kg,第 2 次以后可以减半。水质、底有机物负荷过高时,用量取高限;反之,则取低限。过氧化钙不仅能增氧而且可增加水体的碱度和硬度,提高 pH 值,保持水体呈微碱性,絮凝有机物及胶粒,能够起到改良水质和底质的作用。

3) 活性沸石:某些种类的活性沸石,施用于池塘时,每千克可带入空气 100 000 ml,相当于 21 000 ml 氧气,它们均以微气泡放出,增氧效果较好,活性沸石也有吸附异物,改良水质、底质的功效。此外,过氧化氢、高锰酸钾在水中施用都有一定的增氧效果。

补水补充氧气,鱼池在补水的同时,可增加缺氧水体氧气的含量。在工厂化流水养鱼中补水补氧是氧气的主要来源。在非流水养鱼的池塘中,补水量较小,补水对鱼池的直接增氧作用不大。只有补充水中氧气含较高,池塘水中氧气缺乏时,补水增氧才具有明显的效果。冬季,北方越冬池注入井水一般不会起到增氧作用,因为地下水中通常氧气含量低于池塘。

2. 减少耗氧作用

(1) 水呼吸:即水中微型生物耗氧,主要包括浮游动物、浮游植物、细菌呼吸耗氧以及有机物在细菌参与下的分解耗氧。

这部分氧气的消耗与耗氧生物种类、个体大小、水温和水中有机物的数量有关。据日本对养鳗池调查,在 $20.5\sim25.5℃$ 时浮游动物耗氧的速率为 $721\sim932\ ml(O_2)/(kg\cdot h)$;原生动物的耗氧速率为 $17\times10^{-3}\sim11\times10^3\ ml(O_2)/kg\cdot h$;浮游植物也需呼吸耗氧,只是白天其光合作用产氧量远大于本身的呼吸耗氧量。据研究,处于迅速生长的浮游植物,每日的呼吸耗氧量占其产氧量的 $10\%\sim20\%$;有机物耗氧主要决定于有机物的数量和有机物的种类(在常温下是否易于分解)。

通常采用黑白瓶测定水呼吸的大小,即将待测水样用虹吸法注入黑瓶及测氧瓶中,测氧瓶立即固定测定,黑瓶放入池塘取样水层,过一段时间后,取出黑瓶测定其溶氧。据前后两次测得溶氧量之差和在池塘中放的时间,就可以计算出每升水在 24 小时内所消耗氧气的量,此为水呼吸。可见水呼吸不仅包括浮游动物、浮游植物、细菌呼吸耗氧、有机物的分解耗氧,还包括水中的其他化学物质氧化对氧气的消耗量。

前苏联学者对 10 个湖泊水库的水呼吸组成研究指出:在水呼吸中浮游动物占 $5\%\sim34\%$,平均 23.5%;浮游植物占 $4\%\sim32\%$,平均 19.1%;细菌占 $44\%\sim73\%$,平均 57.4%。可见细菌呼吸耗氧是水呼吸耗氧的主要组成部分。

(2)水生生物呼吸:主要是指鱼虾的呼吸。鱼虾的呼吸好氧速率随鱼虾种类、个体大小、发育阶段、水温等因素而变化。鱼虾的耗氧量(以每尾鱼每小时消耗氧气毫克数计)随个体的增大而增加;而耗氧率(以单位时间内消耗氧气的毫克数计)随个体的增大而减小;活动性强的鱼耗氧率较大;在适宜的温度范围内,水温升高,鱼虾耗氧率增加。

(3)底泥耗氧作用:底质耗氧包括底栖生物呼吸耗氧、有机物分解耗氧、呈还原态的无机物化学氧化耗氧。许多研究者对不同地区、不同类型养殖水体的底质耗氧率进行测定指出:我国湖泊底质耗氧速率为 $0.3\sim1.0\ g(O_2)/(m^2\cdot d)$。辽宁地区夏季养鱼池塘耗氧速率为 0.67～2.01,平均为 $1.31 \pm 0.35g(O_2)/(m^2 \cdot d)$,哈尔滨地区鱼类越冬池平均耗速率为$0.4g(O_2)/(m^2 \cdot d)$(雷衍之,1992)。内蒙古地区鱼池,生长期 1.4,越冬期 $0.47g(O_2)/(m^2 \cdot d)$(申玉春,1998)。日本养鳗池为 $1.1 \sim 13.2g(O_2)/(m^2 \cdot d)$,美国养鱼池底质耗氧率中值为$1.46 g(O_2)/(m^2 \cdot d)$,前苏联养鲤池为 $0.4 \sim 1.0 g(O_2)/(m^2 \cdot d)$。

(4) 逸出:当表层水中氧气过饱和时,就会发生氧气的逸出。静止条件下逸出速率是很慢的,风对水面的扰动可加速这一过程。养鱼池中午表层水溶氧经常过饱和,会有氧气逸出,不过占的比例一般不大。

因此减少耗氧作用主要通过以下方法。①降低水体耗氧速率及数量:养殖生产中常用挖去底泥,合理施肥投饵,用明矾、黄泥浆凝聚沉淀水中有机物及细菌等方法。②改良水质:减少或消除有害呼吸的物质(如浊度、CO_2、NH_3、毒物等)。抢救泛塘时使用的石灰、黄泥等,就有这种作用。

水生生物的生长有赖于水中所溶解的各种复杂的成分,包括无机离子、有机物和气体。没有这些物质,生物也是不能在水中生存的。在这方面,天然水可以和土壤相比拟。土壤的肥瘠取决于其中营养物质含量的多少。同样,在天然水体中没有这些营养物质,水体中将不会有生命存在,天然水体中营养物质的含量是水体初级生产力的决定因素。

水生生物的生命过程和生命结束后残骸的腐解过程都与水中溶解氧的存在与行为有着密切的关系。光合作用产生氧,而呼吸作用和氧化作用消耗溶解氧。当水体中溶解氧被耗尽时,硫酸盐的还原和有机体的厌氧分解产生的硫化氢等,将危害厌氧生物以外的其他生物的生存。

二氧化碳体系是天然水体中重要的平衡体系,它不但涉及气象地质和水文学方面的学科,而且与各种水质系的生态学密切相关。溶解二氧化碳为自养生物合成有机体提供碳源。二氧化碳平衡系统在很大程度上控制水体的 pH 值,而许多水生生物在整个生命过程中对水质 pH 值的变化极为敏感。所以水体中二氧化碳体系是形成和保持生物生存的稳定环境的重要因素。

天然水体中含有成分极为复杂的有机化合物。尽管通常情况下其含量很低,但它在地球化学以及水生生物增养殖的研究中越来越引起人们的重视。近年来许多研究结果表明,水中溶解的天然有机物与水生生物的生长繁殖有着密切的关系。

总之,天然水的水质与水生生物的生长繁殖有着极为密切的关系。如果水质条件不能满足水产生物生命活动的各个阶段的需要,或者超出他们适应的范围,即使有好的品种和充足的饵料,水产生物仍然不能正常生长,还可能导致养殖生物的大批死亡。因此在水生生物养殖整个过程中改良和管理水质,包括苗种的培育、个体的养成、饵料生物的培养以及水质污染的监测等各个环节,掌握水化学基本理论,是十分重要的。

第十章

水与健康

水与健康主要基于 3 个方面。首先是水量与人体的健康，喝水不足和喝水太多都对健康不利；其次是水污染对人体健康的危害，水中各种污染物都会引发人体各种疾病；最后是水中各种营养素对健康的促进作用，尤其不容忽视的是水中各种矿物质对人体健康的作用。

医学之父希波克拉底说："阳光、空气、水和运动，是生命和健康的源泉。"世界卫生组织（WHO）曾经指出：人类 80％的疾病、33％的死亡和 80％的癌症与水有关。

亚健康和慢性疾病已成为威胁人类健康的重要问题，健康的水和运动一样对亚健康和慢性疾病都有改善作用。

好水是百药之王，劣水乃百病之源。当今水面临两个问题：水污染和水退化。水污染是看得见的、直接的杀手；水退化是看不见的、间接的、长期的更严重的杀手！水问题导致癌症、非传染性疾病、怪病越来越多，而且有越来越低龄化趋势。

第一节　水量与人体的健康

正常人水占人体重量的 60％，其中细胞内和细胞外水分别占 34％和 26％。细胞外水中，间质液水占 14％，浆液水占 4％，细胞水占 1％，淋巴液水占 1％。细胞内水是代谢活性物，男性比女性多，男性占总水量的 60％，女性占 50％。人体总水量随人体的不同发育和年龄而不同，受精卵中水占 99％，胚胎中水占 85％，婴儿中水占 74％，成年人中水占 55％～60％；老年人中水更少,男性占 51%,女性占 45%。脑脊髓和骨髓中水占 99%,血浆中水占 85%,大脑中水占 75%。

水是重要的生理营养物质,生理营养功能没有退化的活性水,其溶解力、渗透力、乳化力、洁净力和代谢力都较强,活性水能够让新陈代谢恢复正常,从而达到增强人体免疫力的作用。

饮水之后,大部分被小肠和大肠吸收,通过肠黏膜被集中在肠管、毛细血管或淋巴管,成为血液的一部分,随之进入心脏,之后再由心脏输送到全身各组织。成为身体组织一部分的水,由毛细血管渗出,流动于细胞之间,一方面保持组织的形态,另一方面输送氧分到细胞里和溶解从细胞排出的废物。血浆和细胞内外体液均为弱碱性,体内的水溶解力是很强的。

体内的水完成了氧分补充和废物回收的重要工作后,约有 1/3 再从毛细血管回到血液中,2/3 进入淋巴管。而血液中输送氧的红细胞的活动亦是以水为媒介,即红细胞的功能也是以水为媒介来完成的。

细胞内的水分对于维持生命同样是非常重要。细胞内部分为各种不同功能作用的"部门",借着充满细胞内部自由流动的水分,各个细胞才能发挥它的活动功能。细胞内的水生物学特性和细胞外的有极大的不同。一般说来,细胞外液钙离子、钠离子较多,而细胞内液钾离子较多,细胞膜正常的话,会借助生化特性的不同,使氧分和废物的交换顺利进行。在生理上,钠、钾、钙、镁等以离子状态存在且有效利用其电荷性质取得微妙的平衡,缺一不可。

一、水的八大营养生理功能

一般饮料、茶、咖啡都不能代替水。大部分饮料中都含有咖啡因等脱水物质,这些脱水物质具有强烈的利尿作用,不仅会迅速排出饮料中的水分,还会带走原本储蓄在体内的水。健康水八大营养生理功能如下。

1. 营养功能 水参与人体的新陈代谢,促进营养物质的消化、吸收和代谢。

2. 运输功能　它向细胞输送氧气、营养物质以及体内生化反应所需要的酶,同时排泄废物与毒素。

3. 溶剂功能　溶解营养物质,营养物质被良好吸收和传输要经过水的充分溶解才能进行,水摄取不足会导致体内电解质不平衡,血浆浓缩,危及细胞的正常新陈代谢。

4. 润和功能　润滑消化道、生殖道、关节、各个组织等。

5. 调节功能　调节体温,调节肌肉张力,保持体内渗透压和酸碱平衡。

6. 维护代谢功能　维护人体正常的新陈代谢。

7. 保护功能　保护组织、器官、脊椎免受冲撞和损伤。

8. 防病功能　体内水循环正常,可以促进免疫细胞的正常功能发挥。

二、缺水对身心造成重大影响

人体缺水主要症状表现为头晕目眩,无端烦躁、焦虑和抑郁,血液变稠,脸红,消化不良,头痛头沉,出现便秘,不能熟睡,经常发热,耐心不足,注意力下降,无端感到疲倦,关节紧绷,频繁眨眼,腰部赘肉增多,不出汗,记忆力降低,有体臭。人体失水 $1\%\sim2\%$,表现为口干舌燥;失水 5% ,表现为烦躁不安;失水 15% ,表现为昏迷;失水 20% ,出现死亡。为了保持身体健康,建议每日喝 8 杯水,约 2 000 ml。

日常健康饮水时间表见表 10 - 1。

表 10 - 1　日常健康饮水时间表

6:30　起床第 1 杯水
——经过一整夜的睡眠,身体开始缺水,起床之际先喝 250 ml 冷开水,可帮助肾脏及肝脏解毒

8:30　清晨第 2 杯水
——从起床到办公室,忙碌和紧张,身体无形中会出现脱水现象,所以到了办公室后,给自己一杯水,至少 250 ml

11:00　上午第 3 杯水
——工作一段时间后,补充一天里的第三杯水,有助于放松紧张的情绪

12:50 中午第 4 杯水

——用完午餐半小时后,喝一些水,加强身体消化功能,促进营养吸收

15:00 午后第 5 杯水

——以一杯水代替午茶与咖啡等提神饮料,提神醒脑,工作效率更高

17:30 傍晚第 6 杯水

——下班离开办公室前,再喝一杯水,不可忽略,有助于保持身材

20:00 晚饭后第 7 杯水

——晚饭后再喝一杯水,有助于食物消化,避免食物伤害肠胃

22:00 睡前第 8 杯水

——睡前半至 1 小时再喝上一杯水。这一天已摄取足够水量了,可以安心入睡

以上仅供参考。实际上早餐前饮两杯水(约 500 ml)比饮一杯水好,因为早晨补水最为重要、最为有效,而且要补室温冷开水。不同场合和疾病的喝水方式如下。

(一)主要的喝水方式

1. **喝生水** 有利于健康的水是没有添加任何成分的生水,生水中除了氧气之外,还含有钙、镁、钾、铁等对人体有益的矿物质。

2. **喝微凉的水** 11～15℃微凉的水最容易被人体吸收,太凉的水和热水反而会影响吸收。

3. **经常喝水** 通过大小便和汗液、呼吸等方式,人体每日排出约 2.5 L 的水分。一般通过饮食可以摄取 0.5 L 的水分,其余的 2 L 水,即相当于 8～10 杯水必须通过饮水的方式来补充。

4. **运动前喝水** 运动前喝水比运动中和运动后喝水更有利于健康。应在开始运动 20～30 分钟前喝两杯水。

5. **少量多次饮水** 喝水不宜大口饮,应少量多次饮用。早晨起床后喝一杯水,午饭 30 分钟后喝一杯水,此外,每过 30 分钟就应小口喝水。

(二)不同状态下的喝水方法

1. **便秘者** 多喝水可以刺激肠的蠕动并软化大便,应特别注意汲取足够水。

2. **感冒发热者**　感冒发热时多喝水,能促进身体散热,帮助恢复健康。

3. **运动量大者**　热爱运动者需要增加水量,以补充水分流失。

4. **肠胃虚弱者**　喝水应该一口一口慢慢喝,喝水太快、太急,无形中把很多空气一起吞咽下去,容易引起打嗝或腹胀,因此最好先将水含在口中,再缓缓喝下。

5. **膀胱炎症者**　有膀胱炎症者常因排尿不畅控制饮水,这是不明智的做法。应该比平常喝更多水,使尿量增多,增加冲洗流通的作用。

6. **结石类患者**　水有利尿功能,可以使输尿管、膀胱通畅,防止结石发生和细菌感染。

7. **高血压病患者**　体内干燥会加剧高血压,同时也是高血压形成的重要因素之一,多喝水是最基本的对策,保证及时补充细胞液和清理废物。睡觉时血液的浓度会增高,如睡前适量饮水会冲淡体液、扩张血管,对身体有好处。早晨起床后多饮些水,对预防高血压病、脑出血、脑血栓的形成有一定的作用。

8. **糖尿病患者**　多饮多尿是糖尿病的症状,患者身体处于干燥的状态,所以还是要多喝水。

9. **高脂血症、心脏病患者**　身体缺水易致血栓形成。高脂血症会增加血液里脂类的成分,使血液更黏稠,如果身体这时候再缺水,会使血液黏稠的情况雪上加霜,增加血栓形成的机会,更容易引发心肌梗死等心脏疾病。平时多喝水,不仅能降低胆固醇水平,而且吃的油腻食物也不会被轻易吸收。

10. **肥胖者**　缺水时,人体的部分功能将受到抑制,大脑可能混淆渴感和空腹感,为了补水而食,这是引起肥胖的原因之一,可见正确喝水也可以减肥。

第二节　水污染与疾病

水质污染造成的污水已成为人类健康的隐形杀手。世界卫生组织(WHO)调查显示：全世界 80% 的疾病是由饮用被污染的水造成的；全世界 50% 儿童的死亡是由饮用被污染的水造成的；全世界 12 亿人因饮用被污染的水而患上多种疾病；全世界每年有 2 500 万儿童，死于饮用被污染的水引发的疾病；全世界每年因水污染引发的霍乱、痢疾和疟疾等传染病的人数超过 500 万。

由水污染而造成的主要疾病如下。

1. 癌症　科学研究发现，癌症是有害物质在人体细胞内外体液中的长期积累而造成细胞组织的损害，从而造成急性恶化；而癌细胞的扩散也是通过细胞体液来进行的。其他疾病、炎症等也是由于细胞内水中的有害物质引发的。

2. 结石　各种养料通过肝脏分解合成，转变成人体必需的养分，由血液输送到心脏，再由心脏通过血管将养分运送到五脏六腑。肾脏则是过滤网，从身体各部回来的血液，混合着许多废物和杂质，经过肾脏的过滤，从尿道排除体外。这时常常有一部分杂质会在体内积累，日积月累就会造成各种结石症。

3. 心脑血管硬化　长期饮用不洁净的水，有些污染物就会沉淀在血管壁上，加速心脑血管硬化。高血压病、心脏病、脑血栓等与长期饮用不洁净的水有直接关系。

4. 氟中毒　长期饮用高氟水可导致中毒，骨中摄入过量的氟会使骨骼中钙质被置换，造成人体骨疏松和软化，使人弯腰驼背，严重者还可丧失劳动能力。儿童 7～8 岁之前，则表现为牙齿表面失去光泽、发黑脱落。

5. 水源性疾病　如大肠埃希菌导致肠胃炎、腹泻、泌尿系统感染、胆囊炎等；甲肝病毒导致肝炎；沙门菌导致伤寒、副伤寒等；志贺菌导致细菌性痢等；溶血性链球菌导致溶血性黄疸病等。

6. 超标重金属引发的疾病　如铅引发肾病、神经痛等；砷引发神经炎、急性中毒甚至死亡等；镉引发骨骼变形、腰背痛、红细胞病变等；磷引发呼吸困难等；汞引发神经中毒症、精神紊乱、痉挛乃至死亡;铬引发肾脏慢性中毒、造成肾功能失调、癌症等。

7. 其他疾病 如三氯甲烷等卤代物和荧光物致癌;放射性异物改变人体遗传基因并导致人体产生相应疾病;农药、化肥、除草剂、亚硝酸盐致中毒性肝炎、肝炎、肾炎、泌尿系统的病等。

人体内的水每 5～13 天更新一次,如果占人体比重 70% 的水分是洁净的,那么人体内的细胞也就有了健康清新的环境。健康、洁净的水可使人体的免疫功能增强,有利于细胞新陈代谢,体内的细胞也就丧失了恶变及毒素扩散的条件,得病的概率自然减小。在关注求医的同时,还要注意使源源不断的清洁的水补充到细胞中去,努力为细胞创造一个清新健康的生存环境。

第三节 水中营养素与健康

世界上的某些区域与其他地方相比较有明显的高龄化现象,人们很少生病,无疾而终,过着健康的生活,平均寿命比其他地方高,人们把这些地方叫长寿村。代表地区有苏联南部的高加索、日本山梨县、巴基斯坦的芬扎、我国新疆吐鲁番和广西巴马等。世界卫生组织(WHO)及相关机构的科研人员调查长寿村发现,健康长寿的秘诀在于饮用富含营养素(主要是矿物质)的原生态水。

万物来源于水,万物因水而活。医学之父希波克拉底认为,水能够影响人类的个性。

关于水中矿物质的知识以及水中矿物质能否吸收等问题,应从以下几个方面来认识。

一、对水中矿物质的争议

(1)人体需要的是否是纯粹的 H_2O,所以水愈纯净愈好。

(2)水中矿物质含量很低,对人体来说微不足道,能否通过食物满足矿物质的需要。

(3)水中的矿物质能否被人体吸收。

（4）水中矿物质含量是否愈高对人体愈好。

（5）矿泉水的保健作用是否仅是矿物质的作用。

（6）饮水是否只是为了解渴。

二、水中矿物质的作用

近代生物化学、生理学、量子化学、结构物理学及生物进化等科学领域的理论及其研究成果证明，水中矿物质对人体生命与健康是不能缺少的，不能用食物中的矿物质来取代。

（1）饮用水是水溶液，而不是溶剂或溶质。从生命的起源、演化、生存来看，生命起源于水溶液，而不是纯净水，在不含有任何矿物质的纯净水中无法孕育生命。因此不能形而上学地把水分割为溶剂或溶质，两者均不能偏废。

（2）水中矿物质是人体的保护元素。强调水中矿物质，首先应强调钙、镁离子的含量。它们被医学家称为人体保护元素，能抵抗其他有害元素的侵袭。美国矿物质新陈代谢理论权威 John Sorenson 博士认为，人体在新陈代谢中，体内的主要金属元素与非主要元素的比例会受到水中主要元素的影响，如果所需的主要元素得不到满足，非主要元素就很少或不会被吸收，而是被排泄掉。

（3）水中钙、镁等离子对保持水的正常构架、晶体结构起了很大的作用，而水构架与晶体结构，对于保持水自身功能及对人体生理功能有非常大的影响。

（4）水参与机体内所有物质的结构及其生物功效。水形成的氢键网络维持了生物大分子的空间结构和功能，因此水的好或坏，对于人体的物质代谢、信息代谢、能量代谢、生命传递都有很大的影响。

（5）人体要注意酸碱平衡。人体体液的 pH 值为 7.35～7.45。去除水中矿物质后，水的 pH 值一般都在 6.5 以下，水愈纯净，pH 值愈低。

（6）人体还要注意体内的电解质平衡，纯净水属于低渗水，容易造成人的体液及细胞的内外渗透压失调。

（7）国外有许多相关的医学实验报道，没有矿物质的水容易造成体内营养物质流失，而且不利于营养物质的吸收和新陈代谢。

（8）水中的矿物质呈离子态，容易被人体吸收，而且比食物中的矿物质吸收快。通过同位素测定，水中矿物质进入人体20分钟后，就可以分布到身体的各个部位。

（9）水中矿物质可以满足人体每日矿物质需量的10%～30%。

现代医学发现人体含有60多种元素，其中氢、碳、氮、氧、钠、镁、磷、硫、氯、钾、钙11种为必需常量元素；而铁、铜、锌、钴、锰、铬、钼、镍、钒、锡、硅、硒、碘、氟14种为必需微量元素，另外，可能必需的元素还有锶、铷、砷及硼。其中对锡仍存在争议，砷未获公认，而硼则为植物所必需，对动物的作用尚未确定。随着科学研究的深入，其他微量元素对于人体的营养或生理作用还将被进一步发现。所有元素在人体内的丰度与地壳中的丰度相同，因此人体元素与地壳的元素必须保持一定的平衡，如果打破这种平衡关系，人体就会生病。

三、含有矿物质的水不一定是好水

水的安全是健康的前提，但安全的水不一定都是好水。这里谈到的好水（或称为理想水、健康水）的概念主要是指水的保健功能。不是所有含有矿物质的水都具有保健功能，或者保健功能都一样。

国内有研究所曾经做过不同类型的水中生物代谢实验。在蛋白质生物价方面，饮用自然回归矿泉水比饮用自来水、蒸馏水的小鼠分别提高6.91%和17.91%。这说明饮用自然回归矿泉水的小鼠能更有效地利用饲料中的营养物质。

另外，有医科大学于1991年也曾以CBA/J系和昆明种小鼠，用矿泉水（没有被污染的九寨沟矿泉水）与自来水进行医学实验。结果表明，优质矿泉水具有明显的保健作用，其生物学效应更优于自来水。

上述两个实验说明,自来水和矿泉水中均含有矿物质,但是其生物效应却有所不同。优质矿泉水呈现出保健功能,不能单纯或简单地归结于矿物质的作用。自来水行业的著名专家在一次会议上讲过,"自来水是安全水,但不是理想水"。优质矿泉水不仅要注意矿物质的含量、组成和比例,还要注意泉水的作用,矿物质和泉水是矿泉水的两个主要因素,决不能偏废。

四、饮用矿泉水与口感

饮水包括"量"与"质",饮水的"质"直接与水的口感有关。由于地下水所处的地质环境不同,故所开采出来的矿泉水并非都是口感好的。口感好的水,国外称为美味水。

美味水一般都具有以下几个特点:

(1)总硬度(以碳酸钙计)为 $50 \sim 150$ mg/L。硬度过低的水没有厚味,硬度过高的水则带有腻味。

(2)含有一定的氧气和二氧化碳。

(3)水中矿物质的含量适当,特别是一些矿物质含量必须均衡,否则水的口感不佳。如钙含量适当时略带甜味,铁化合物含量过高则有收敛味,钠含量高有咸味,镁含量过高有苦味等。日本研究好喝水的离子是钙、钾、硅酸根等,而镁、硫酸根等则为不好喝的水的主要成分。

(4)好喝水的最佳温度为 $14℃$。

(5)水的分子团小是水的甘甜、爽口的必要条件。

(6)消除外来污染物带来的异味和异臭,如真菌、藻类、铁锈等。

(7)消除水生产过程中臭氧等消毒剂副产物带来的异味。

对于饮用矿泉水的口感,应当注意以下两点:

(1)由于矿泉水所含的矿物质含量不同,使矿泉水带有一定的特殊味道(口感)或风味。口感是共性,而风味则是个性或称为特殊性。例如五大连池矿泉水为含气的矿泉水,喝起来有很强的碳酸气。这就是它的特殊风味。

(2)有些矿泉水所含的矿物质不均衡,因此影响了矿泉水的口感,从而使很多人认为矿泉水不如纯净水好喝。其实,由于纯净水不含有任何矿物质,水喝起来感觉非常薄,没有优质矿泉水那样甘甜、清爽的感觉。

通过长期对自然现象的观察和大量的研究,有专家在1994年提出了水的退化概念。水退化主要体现在水的自身功能,以及水的生理功能的降低。中医的祖传秘方中原有的药香和药效远远不如过去,蔬菜也没有了蔬菜的香味,人群特别是城市中代谢病的增加和年轻化,造成这些现象的原因多种多样,但是与水的退化,包括水的生理功能退化有着直接关系。

水的退化从宇宙观来说与地球的衰老有关。例如,国外科学家报道,地球磁场衰减是造成水退化的宏观原因。从微观的角度来讲,工业革命以来,大量污染物进入水体,破坏水原有的有序状态,如水的同分异构增加、水的能态降低、水的分子团加大,能级水运动频率异常,这些都是造成水退化的原因。污染物进入水中,破坏了水自身的微观及亚微观结构,当一个物质结构发生变化时,其功能也相应发生一定的变化。

饮用矿泉水主要来自地下深层水,但是地下水也会受到地球磁场逐年衰退的影响,同样也会被污染物污染,所以有些矿泉水,特别是在一些人或工农业活跃的地方会受到不同程度的影响,水的保健功能也受到很大影响。

现代科学技术的发展,许多科学家致力于将退化的、失去功能的水恢复其本来应该具有的有序状态和功能,即水的复本还原研究,目前也取得了一定的效果。

五、优质矿泉水的探讨

从综合指标来看,不是所有矿泉水都是优质的。作为优质矿泉水,其条件和要求要比普通矿泉水高,具体体现在以下几个方面。

(1)首先应符合国家生活饮用水的标准及国家天然矿泉水标准,做到安全、卫生、可靠。

(2)要符合国际天然饮用矿泉水的低矿化度、低钠的发展趋势。

（3）应该为美味水，即口感好，这在中国尤其重要。

（4）不仅考虑水的化学指标，而且还要考虑水的物理指标、健康指标等。

（5）不仅考虑水中某个元素的绝对含量，而且还要考虑各元素之间的平衡关系。

（6）要充分考虑水的活性，即生物活性。可借一些生物酶的活力指标为标准，将优质矿泉水的功能与水的结构、水的物化特性相结合。

（7）在研究方法上，要从宇宙、宏观、微观和渺观的角度进行综合探讨。

民以食为天，食以水为先。健康首先从水中来。药补不如食补，食补不如水补。优质矿泉水是人们最安全、最有效的保健品。

第四节　水中锌与健康

锌是人体必需的微量元素，对维持人体健康和营养很重要，已成为日益受到关注的几种微量营养素之一。中国营养学会公布的全国营养调查表明，中国人普遍存在维生素和矿物质摄入不足和不均衡的现象。根据我国人民的饮食结构，容易造成缺乏的是钙、铁、锌，尤其是锌的缺乏。与膳食中锌的吸收率相比较，喝水补锌吸收率高，所以本节着重介绍水中锌的营养价值。

对锌的必需生物学作用的认识，历史相对比较短暂。1886年，Raulin 通过对黑曲霉（*Aspergillus Niger*）生长的研究，阐明锌对生物学体系是必需的。1926 年，锌被发现为高等植物所必需。1934 年，Todd 报道锌是大鼠的必需营养素。20 世纪 50年代，锌在动物饲养方面的重要性已经完全清晰：1955 年有文献报道因为锌缺乏造成猪皮肤病，如角化不全（parakeratosis）。1958 年认识到锌对鸡生长的必需作用，同时锌被认识到是人类的必需营养素。人类锌缺乏病最早在 20 世纪 60 年代早期得到认识,且是人群中普遍存在的营养缺乏病。

体内含锌量最高的部位是骨骼、前列腺和眼睛的脉络膜(choroids of eye)。在大部分组织如肌肉、脑、肺中,锌浓度相对稳定,并不随正常膳食锌摄入量的变化而变化。其他组织包括骨骼、睾丸和头发中的锌浓度趋于反映膳食中锌摄入量的变化。

人体内含锌总量为 1.5～2.5 g,稍低于体内铁的含量。骨骼肌中占有体内大部分锌(60%),因为尽管在骨骼肌中锌浓度较低,但骨骼肌构成了身体总体质(total body mass)的最大部分。骨骼肌和骨骼(钙化部分和骨髓)中的锌占机体总锌量约90%。尽管在分解代谢阶段从肌肉和骨骼释放的锌可以在某种程度上被重新利用,但是严格地说没有任何一个组织发挥储备锌的作用。循环血液中的锌只占机体总锌量的很小比例(约0.5%),其中75%在红细胞中,10%～20%存在于血浆。这样>95%的机体锌含量都存在于细胞内。

每日吸收锌约 5 mg 就可以维持机体锌正常水平。在受控条件下,锌的表观吸收率为 33%。锌在小肠被吸收,主要通过十二指肠和空肠吸收,在回肠吸收较少,但是对于具体每一部分吸收的贡献率尚无定论。锌在小肠各个部位的吸收受各种因素的影响,包括食物的消化程度、肠道存留时间以及可与锌结合的特殊因子(如植酸,phytic acid)。

许多因素影响锌的吸收,包括其他的矿物质和微量元素、蛋白质、维生素、植酸、生理因素和疾病过程。一些膳食矿物营养素可以改变锌的吸收。在动物实验研究中发现,铁能干扰锌吸收。无机铁和血红素铁(heme iron)都可以抑制人体对锌的吸收,但膳食中的铁对锌的吸收无影响。铁的量决定其对锌吸收的影响程度,只有药理剂量的铁才表现出对锌吸收的抑制作用。

铜对锌吸收几乎没有直接影响,但是长期摄入大剂量锌可干扰铜的吸收,导致贫血。尚无迹象表明膳食水平的钙能降低锌吸收,钙和锌的吸收是通过不同的转运机制。这可以解释钙对锌的吸收影响甚微。但补钙会通过增加小肠肠腔内锌的丢失而使锌吸收减少。

锌广泛存在于各种细胞中,是细胞内最丰富的微量元素,具有非常重要的生化功能。锌营养状况变化的表现多种多样,也不出现特异的生化功能的缺陷。锌的生化作用主要体现在3个方面,即催化、结构和调节作用。

锌为许多组织发挥功能所必需,特别是那些细胞更新率高的组织,如免疫系统。免疫反应需要免疫细胞的快速克隆扩充和随后的清除。锌缺乏可在多方面损伤免疫系统,从最初的抗感染免疫屏障(先天性免疫)开始,还包括细胞和体液免疫的更多复杂过程。

在许多动物和人体实验中都观察到,锌缺乏可降低对疾病的抵抗力。在实验研究中,给予无锌饲料的动物抵抗力受损,受到一系列病原体的严重感染,包括单纯疱疹病毒,李斯特菌、肠炎沙门菌、肺结核分枝杆菌等细菌,寄生性原虫,真核生物如假丝酵母,以及寄生性蠕虫如粪圆属线虫和曼氏裂体吸虫。在其中的一项研究中,给小鼠饲喂富锌饲料,易感小鼠对假丝酵母的抵抗力增加;相比之下,对假丝酵母有正常抵抗力的小鼠给予低锌饲料喂养后变得易感染。牛肠病性肢端皮炎是一种与锌吸收降低有关的遗传性疾病,患此病的小牛对病毒、真菌和细菌的抵抗力受到损伤,补锌可纠正这种损伤。在人类肠病性肢端皮炎患者也观察到了类似结果。有报道,不给予补锌的全胃肠外营养患者对感染的抵抗力下降,补锌后得到纠正。

研究中一致发现,锌缺乏时中心和外周淋巴组织中出现淋巴细胞减少,它受多种因素的联合影响,包括淋巴细胞发育受损、增殖减少和生命周期缩短(凋亡增加)。动物锌缺乏导致T淋巴细胞发育的中心器官——胸腺的实质性减少。胸腺萎缩超过其他各种组织和器官,也远远超过体重损失的比例。胸腺的萎缩大部分见于皮质,即不成熟的淋巴细胞发育的部位。在成年小鼠,胸腺萎缩只出现于严重锌缺乏时,但在出生后的早期幼年阶段,即使边缘性锌缺乏也会导致实质性的胸腺萎缩。也有报道,因肠病性肢端皮炎和蛋白质能量营养不良而严重锌缺乏的儿童,也出现相似的胸腺萎缩。锌治疗可逆转这些儿童的胸腺萎缩。

锌缺乏损伤骨髓中淋巴细胞的发育。在锌缺乏动物,前 B 淋巴细胞下降约 50%,未成熟 B 淋巴细胞下降约 25%,但是成熟的 B 细胞受影响较小。骨髓中 B 淋巴细胞发育延迟,导致脾脏中 B 淋巴细胞更少。锌缺乏使 B 淋巴细胞抗体反应受损,T 依赖抗体反应比 T 非依赖抗体反应受影响更大。研究还显示,事先接受 T 依赖抗原和 T 非依赖抗原免疫的锌缺乏小鼠,抗体回忆反应下降,说明免疫记忆受损。

锌缺乏可以改变单核细胞和巨噬细胞的功能,患肠病性肢端皮炎的儿童其单核细胞的趋化反应受抑制,体外添加锌以后恢复。在缺锌小鼠,生成巨噬细胞的促分裂素诱导的 T 淋巴细胞增殖受抑制,与锌盐一同孵育后巨噬细胞活性可得到迅速纠正。这些发现表明,补锌对腹泻和感冒的快速治疗作用可能与巨噬细胞有关。补锌可能对传染性疾病有更大的好处,因为巨噬细胞的功能是抵御某些传染性疾病的最主要屏障,如疟疾或肺结核。

生长迟缓和摄食减少是动物锌缺乏的早期特征。摄食减少可能是一种保护性机制,使之在锌摄入量不足以维持生长和细胞代谢时继续生存。尽管锌缺乏时摄食减少,但能量摄入不足并不是限制生长的因素,因为强制动物摄食缺锌饲料并不能使动物维持生长。摄食和生长似乎由锌通过两种独立的机制来调节。

孕期充足锌营养的重要性,突出表现在严重母体锌缺乏对妊娠结局的破坏性影响。动物实验和人体研究结果均显示,母体严重缺锌可导致不育、产程延长、宫内生长迟缓、畸胎形成和死胎。病例报道显示,患有肠病性肢端皮炎,虽进行治疗但没能纠正血浆锌浓度的妇女,其胚胎发育受到破坏性影响,包括胚胎自然吸收、严重的神经管先天出生缺陷、身材矮小(dwarfism)和低出生体重。相比之下,经治疗而能维持孕期正常血锌浓度的妇女,其妊娠结局正常。母体严重锌缺乏导致先天出生缺陷的潜在机制尚未被确定。

美国国家科学院（National Academy of Science）的食物和营养委员会（Food and Nutrition Board）制定的 2001 年美国健康人的锌 RDA，是基于不同年龄、性别以及妊娠和哺乳等状况得出的估计值。婴儿的锌 RDA 为 3 mg/d，4～8 岁儿童 5 mg/d，9～13 岁儿童 8 mg/d。14～18 岁青少年的锌 RDA 为男孩 11 mg/d、女孩 9 mg/d。18 岁以上人群的锌 RDA 为男性 11 mg/d、女性 8 mg/d。18 岁以下孕妇的 RDA 为 13 mg/d，19 岁以上孕妇的 RDA 为 13 mg/d。18 岁以下乳母的锌 RDA 为 14 mg/d，19 岁以上乳母的 RDA 为 12 mg/d。锌的最大允许摄入量（UL）设定为 40 mg/d，是依据锌对铜营养状况的不良影响而制定的。

美国第三次全国健康和营养调查（NHANES Ⅲ）1988～1994 年的结果显示，55％的被调查人群锌摄入量充足，总锌摄入量达到 1989 年 RDA 的 77％以上。平均每日摄入量的范围，从非母乳喂养婴儿的 5.5 mg 到成人的 13 mg，再到妊娠和哺乳期妇女的 22 mg。处于摄锌不足最大危险的人群是 1～3 岁儿童、12～19 岁青春期女孩和 71 岁以上的老人。

食物中的锌含量变化很大，红肉和贝类食物是锌的最好来源。除了谷类的胚芽部分外，如麦胚，植物性来源食物的含锌量一般都低。植物性食物中存在的植酸是限制该来源锌生物利用的主要因素。难溶性的锌植酸复合物在胃肠道的吸收极差。食物加工可以降低食物中的植酸盐含量，例如利用酵母发酵面包，可利用植酸酶的活性降低面包和类似食品中植酸盐的含量。在非洲国家马拉维开展的社区性膳食干预项目中，将谷类和豆类食物发芽和发酵，促进植酸盐水解，提高了膳食中锌的利用率。

1. 人类锌缺乏症的发现　Prasad 等在 1961 年报道了患铁缺乏的伊朗男孩出现包括侏儒症和性腺功能减退的一种临床综合征，其病因被假设为锌缺乏。20 世纪 60 年代，Prasad 等在埃及、伊朗的其他人群中也观察到相同的疾病，更详细地描述了其临床特征，并通过治疗性试验确定其主要病因就是锌缺乏。这些人群中出现的锌缺乏症,与他们以谷类为主的膳食中高植酸含量有关。

2. 人类锌缺乏症的临床表现　人类锌缺乏症的临床症状和体征表现多样,轻重不一,如果不能及时诊断和治疗存在生命危险。严重锌缺乏症的临床表现,包括脓疱性皮炎、脱发、生长迟缓、腹泻、精神紊乱和细胞免疫功能受到抑制引起的反复性感染。这种严重缺锌的报道见于肠病性肢端皮炎的患者、完全胃肠外营养疗法未能给予补锌的治疗、使用各种螯合剂药物的治疗以及酒精性肝硬化患者。

人体中度锌缺乏的表现特征是生长迟缓、男性性腺功能减退、皮肤改变、味觉异常、精神萎靡、暗适应异常、伤口愈合延迟。锌缺乏病与膳食中可利用性锌的摄入量低以及吸收障碍、镰刀细胞病、慢性肾病和其他慢性疾病有关。

人体轻度锌缺乏的特点不太清晰,这是由于缺少评价锌营养状况的理想生化指标,而且与锌缺乏有关的临床表现多样。实验研究中交替给予成年男性志愿者缺锌膳食(含锌 3.0~5.0 mg/d)和补充锌的膳食(含锌 27 mg/d),观察其影响,通过这个方法可以了解轻度锌缺乏的临床表现。研究显示,成年人体的轻度或边缘性锌缺乏的特征包括暗适应损伤、味觉减退、精子减少症、血清睾酮浓度降低、高氨血症、无脂组织减少以及一系列免疫功能损害。所有这些缺陷都可通过补锌予以纠正。但是,这类研究未能提供在最快生长期或者营养应激状态下轻度锌缺乏影响的信息,如对低龄儿童和妊娠或哺乳期妇女的影响。

最近有关锌的营养表明,补锌与预防近视有密切联系,血锌低于正常值的 70% 近视度达到 200 度,低于 60% 就会 300 度、低于 50% 就会 500 度。补锌与预防前列腺炎有关,前列腺炎时前列腺液中的锌含量明显降低,随着前列腺炎症的改善或治愈,锌含量也可逐渐恢复正常,说明锌与慢性前列腺炎的发病有明确的相关性。人群流行病学调查结果发现,低锌饮食与糖尿病发病明显相关。

第五节　水中活性氢与健康

活性氢(H⁻)具有强还原作用,与具有强氧化作用的"活性氧"相反。"富氢水"是指含有丰富氢的水,"富氢水"中所含的丰富的氢分子,被人体吸收后,会分解成氢原子,即所谓的"活性氢"。和"氧"发生的化学反应叫做"氧化反应",和"氢"发生的叫做"还原反应"。对人体有害的"活性氧",通过和氢发生化学变化,最后变成水排出人体外。

自 1999 年全球确认,几乎所有的疾病都是由自由基直接或间接造成的。全世界的健康产业,全力专注于研究抗氧化的方法与产品——维生素 A、维生素 C、维生素 E、儿茶素、茶多酚、菇类多糖体、β胡萝卜素与番茄红素。最后又研究出多类酶素,其中以 Q10 辅酶最为盛行。但专家证明所有的产品都远不如活性氢的神奇效果,证明活性氢是宇宙间唯一可以有效清除自由基(活性氧)的物质。

在宇宙间活性氢(H⁻)被定义为自由基(活性氧)的天生克星。在人体内、细胞内,只要有自由基产生,体内、细胞内蕴藏的活性氢(H⁻)就会自动地被吸引而将自由基捕捉,(H⁻)将自动捐出一电子将之还原中和,变成无害的水。活性氢称为唯一可以清除自由基的理由如下。

(1) 其他抗氧化物抗氧化力极弱且不持久:其他抗氧化物,也可捐出一电子去中和自由基,但因物质失去一电子也会变成另外不稳物质,亦成为下一代自由基。如此消除一自由基又产生出新自由基,自由基总数并未减少,故抗氧化力极弱且不持久。

(2) H⁻为质量分子最小的元素,体积只有 Q10 的 1/863,同质量的 H⁻ 的数量,也多出 Q10 的 863 倍。因为每一活性氢可中和一个自由基,所以其抗氧化力足足多出 Q10 之 863 倍。

(3) 活性氢还原活性氧自由基之后,并不会允许氧化物留滞在体内,透过呼吸、汗腺、尿液及粪便排出体外。全宇宙间只有活性氢能将活性氧合成水,故只有活性氢能完全清除自由基。

国内外研究发现因自由基引发的疾病,包括有心肌病变、动脉硬化、肺气肿、成人型呼吸窘迫症、尿毒症、肝炎、胰腺炎、贫血、糖尿病、老年痴呆、高血压病、帕金森病、白内障、退化性眼底病变、视网膜病变、接触性皮炎、关节炎,以及各种免疫疾病引起的症群,如红斑性狼疮、僵直性脊椎炎、蜂窝织炎等以及癌症。持续补充足量活性氢,会在体内强化细胞的四大功效(排毒、水合、吸收、活化),持续产生以下作用:①完全抗氧化;②水合作用与排毒;③酸性转碱性化;④促进养分吸收、提高免疫力;⑤制造生命能量;⑥消耗各种囤积脂肪;⑦还原作用及强化新陈代谢;⑧解除所有自由基引起的病灶;⑨常态保护,可达100%预防。

研究发现日常饮用富氢气水是提高肿瘤患者放射治疗期间生活质量的一种新的治疗措施。负氢离子有超强抗氧化能力,能有效清除带来各种肌肤问题的活性氧自由基,在细胞层面将之转化为水。负氢离子通过刺激细胞线粒体的能量产生系统,激活作为原料的中性脂肪的吸收和代谢,使内脏脂肪及皮下脂肪减少,具有减肥的功效。

氢原子具有很强的抗氧化性。对于大脑缺血性损伤、心脏缺血性损伤、肿瘤、代谢综合征、动脉硬化、应激性神经损伤等氧化损伤具有很好的效果。日本NHK电台曾滚动播出过一则新闻:氢能有效清除自由基,在动物实验中可以将因脑梗死引起的脑损伤减少一半。

氢的可溶性只有 $0.5\sim1\,mg/L$。氢水中含有氢原子和氢分子,不含负氢离子。只有溶解的氢,才会作为实际的抗氧化物质在体液中发挥作用,这就产生极大的局限;而负氢离子在液体中是以等离子体存在的,其抗氧化的效能便大大增强。这也就是负氢离子能够创造多项医疗奇迹的原因。

负氢离子是目前发现的宇宙当中最小、最强、最优越的抗氧化物质,而且是一种迄今为止发现的极少数没有任何毒副作用的抗氧化物质。

2007年7月,日本医科大学学者在《自然医学》上报道,动物呼吸2％的氢气就可有效清除自由基,显著改善脑缺血-再灌注损伤。他们采用化学反应、细胞学等手段证明,氢气溶解在液体中可选择性中和羟自由基和亚硝酸阴离子,而后两者是氧化损伤的最重要介质。实验证明,呼吸2％的氢气可治疗新生儿脑缺血缺氧损伤。采用注射饱和氢气盐水,证明该注射液对新生儿脑缺血缺氧损伤、心肌缺血再灌注损伤、肾缺血再灌注损伤和小肠缺血再灌注损伤均有明显的治疗作用。实验证明,早期治疗可明显改善新生儿脑缺血缺氧损伤引起的神经功能和学习记忆能力。

日本研究发现:喝氢水具有防止动脉粥样硬化的作用,可以抑制脂肪肝的发生,改善血糖、胰岛素和三酰甘油(甘油三酯)的异常,改善记忆丧失程度,对帕金森病也非常有效,改善肾功能,抑制过敏性反应,对氧化应激相关疾病有效,还可延长小鼠的平均寿命。这些研究说明,作为一种选择性抗氧化物质,氢气对很多疾病具有治疗作用,具有十分广泛的应用前景,彻底推翻了氢气属于生理性惰性气体的传统观点,提示氢气可能是一种新的生物活性分子。

第六节 各种类型水与健康

一、自来水

自来水是经过多道复杂的工艺流程,通过专业设备制造出来的饮用水。由于自来水通过水泵动力或重力势能作用输送后,受到管道结构,特别是蓄水塔与管道的材料[不锈钢金属管,聚氯乙烯(PVC)等]的影响,由机泵通过输配水管道供给用户的水往往达不到生活饮用水卫生标准,一般情况下将其煮沸后方可饮用。受到生活用水市场的刺激,目前在水务方面的学术研究进展较快。而且,有关方面也希望自来水提供方多承担一些责任,让输送到用户端的水也完全达到《国家生活饮用水相关卫生标准》。

我国的自来水事业，诞生于清朝末期的 1908 年，得到当时慈禧太后的大力支持。2008 年是北京自来水事业的百年华诞。

1. 自来水处理过程　①把水源从江河湖泊中抽取到水厂（不同的地区取水口是不同的，水源直接影响着一个地区的饮水质量）。②经过沉淀、沙滤、消毒、入库（清水库），再由送水泵高压输入自来水管道，现在国家规定要用聚丙烯（PP）管，而不是以前常用的铁管，因为铁管时间一长就会生锈，造成严重的二次污染。③分流到用户龙头。整个过程要经过多次水质化验，有的地方还要经过二次加压、二次消毒才能进入用户家庭。

2. 自来水消毒方法　大多采用氯化法，公共给水氯化的主要目的就是防止水传播疾病，这种方法推广至今有 100 多年历史了，具有较完善的生产技术和设备。氯气用于自来水消毒具有消毒效果好、费用较低、几乎没有有害物质的优点，已成为一种常规消毒方法。随着科学技术发展，发现氯化后自来水出现一些致癌物质，有关方面专家已提出了许多改进措施。

3. 自来水消毒剂　在现阶段，消毒剂除氯气外，还有二氧化氯、臭氧。采用代用消毒剂可降低有害物质的生成量，同时提高处理效率。

过滤后的水要进行消毒，消毒剂用氯气。氯气易溶于水，与水结合生成次氯酸和盐酸，在整个消毒过程中起主要作用的是次氯酸。对产生臭味的无机物来说，它能将其彻底氧化消毒，对于有生命的天然物质如水藻，细菌而言，它能穿透细胞壁，氧化其酶系统（酶为生物催化剂），使其失去活性。次氯酸本身呈中性，容易接近细菌体而显示出良好的灭菌效果，次氯酸根离子也具有一定的消毒作用，但它带负电荷而难于接近细菌体（细菌体带负电荷），因而较之次氯酸，其灭菌效果要差得多，所以氯气消毒效果要比漂白粉消毒更佳。

4. 自来水检测标准　从 2007 年 7 月 1 日起，由国家标准委和卫生部联合修订出台的《生活饮用水卫生标准》（下称"新标准"）正式实施，所有自来水厂都实施更加严格的检测标准。

新标准中的106项指标被分为常规检验项目和非常规检验项目两类。其中,常规检验项目42项,各地必须统一检定;非常规检验项目64项,具体实施日期由各省级人民政府根据实际情况确定,但全部指标的实施最迟不得晚于2012年7月1日。

依据地表水水域环境功能和保护目标,按功能高低依次划分为以下五类。

Ⅰ类:主要适用于源头水、国家自然保护区。

Ⅱ类:主要适用于集中式生活饮用水地表水源地一级保护区、珍稀水生生物栖息地、鱼虾类产场、仔稚幼鱼的索饵场等。

Ⅲ类:主要适用于集中式生活饮用水地表水源地二级保护区、鱼虾类越冬场、洄游通道、水产养殖区等渔业水域及游泳区。

Ⅳ类:主要适用于一般工业用水区及人体非直接接触的娱乐用水区。

Ⅴ类:主要适用于农业用水区及一般景观要求水域。

对应地表水上述五类水域功能,将地表水环境质量标准基本项目标准值分为五类,不同功能类别分别执行相应类别的标准值。水域功能类别高的标准值严于水域功能类别低的标准值。同一水域兼有多类使用功能的,执行最高功能类别对应的标准值。实现水域功能与达功能类别标准为同一含义。

二、矿泉水

1. 概述 我国饮用天然矿泉水国家标准规定:饮用天然矿泉水是从地下深处自然涌出的或经人工揭露的未受污染的地下矿泉水;含有一定量的矿物盐、微量元素和二氧化碳气体;在通常情况下,其化学成分、流量、水温等动态在天然波动范围内相对稳定。同时还确定了达到矿泉水标准的界限指标,如锂、锶、溴化物、碘化物、偏硅酸、硒、游离二氧化碳以及溶解性总固体。其中必须有一项(或一项以上)指标符合上述成分,即可称为天然矿泉水。国家标准还规定了某些元素和化学化合物放射性物质的限量指标和卫生学指标,以保证饮用者的安全。根据矿泉水的水质成分,一般来说,在界线指标内,长期饮用矿泉水,对人体确有较明显的营养保健作用。以我国天然矿泉水含量达标较多的偏硅酸、锂、锶为例,这些元素具有与钙、镁相似的生物学作用,能促进骨骼和牙齿的生长发育,有利于骨骼钙化,防治骨质疏松;还能预防高血压病,保护心脏,降低心脑血管的患病率和病死率。因此,偏硅酸含量高低,是世界各国评价矿泉水质量最常用、最重要的界限指标之一。矿泉水中的锂和溴能调节中枢神经系统活动,具有安定情绪和镇静作用。长期饮用矿泉水还能补充膳食中钙、镁、锌、硒、碘等营养素的不足,对增强机体免疫功能,延缓衰老,预防肿瘤,防治高血压病、痛风与风湿性疾病也有着良好作用。此外,绝大多数矿泉水属微碱性,适合于人体内环境的生理特点,有利于维持正常的渗透压和酸碱平衡,促进新陈代谢,加速疲劳恢复。

2. 饮用矿泉水注意事项　饮用矿泉水时应以不加热、冷饮或稍加温为宜,不能煮沸饮用。因矿泉水一般含钙、镁较多,有一定硬度,常温下钙、镁呈离子状态,极易被人体所吸收,起到很好的补钙作用。煮沸时钙、镁易与碳酸根生成水垢析出,这样既丢失了钙、镁,还造成了感官上的不适,所以矿泉水最佳饮用方法是在常温下饮用。

由于矿泉水在冷冻过程中出现钙、镁过饱和的条件,并随重碳酸盐的分解而产生白色的沉淀,尤其是对于钙、镁含量高,矿化度＞400 mg/L 的矿泉水,冷冻后更会出现白色片状或微粒状沉淀。实验室的分析数据也证明了这一点,经对多种矿泉水进行冷冻后与原水分析比较,由于产生白色沉淀,测定冷冻后的水,发现其中重碳酸盐和钙离子明显降低,但是冷冻后水中其他成分,特别是矿泉水中所富含的对人体有益的微量元素,如偏硅酸、锶等,均无明显变化,因此冷冻后的矿泉水饮用对人体并无害处,对那些贪凉的人,愿喝冷冻水也无妨。

3. 矿泉水有益微量元素　作为人体必需和有益的十几种微量元素铁、锌、硅、锶、氟、铜、硼、溴、碘、锂、硒、铬、钼、锗、钴、钒等,虽然主要来源于食物,但水中的微量元素多以离子状态存在,更易渗入细胞被人体吸收。食物中的微量元素由于受植物纤维和植酸的影响,吸收率多数不到 30%,有的还不足 10%。而溶于水中的微量元素吸收率高达 90% 以上,而且人一天的饮水量要大于食量,所以不足部分,必须靠饮水来补充。有人认为,缺乏矿物质、微量元素可以吃含微量元素、矿物质的营养品来补充。但水中矿物质对生物体不但有营养作用,而且对维持水正常构架起着主要作用。从分子生物学、营养学研究进展来看,水不但起解渴、载体的作用,而且直接参与生物物质代谢、能量代谢等作用。

我国饮用天然矿泉水国家标准中列入了硅、锶、锌、硒、锂、碘 6 种特征微量元素。其中,硅属于肌体的基础元素,锶、锌、硒、碘为人体必需的微量元素,锂已被证实是对人体有益的微量元素。

(1) 硅:是构成人体的基础元素之一,在人体内起着重要的结构作用。肌体的表皮组织以及一般的结缔组织中硅含量最高。硅影响着胶原蛋白和骨组织的生物合成,保持上皮组织和结缔组织正常功能的发挥。此外,硅还对骨髓的钙化速度有积极的影响,防止人体主动脉的硬化,降低关节炎和冠心病的发病率。调查结果发现,我国大骨节病、克山病流行区中的敦化市玉泉屯、明川屯多年都未出现大骨节病、克山病患者,平均寿命较邻村高 3～5 岁,是由于两村中人们所饮用的地下水,其偏硅酸含量为 52～58.5 mg/L,达到了偏硅酸矿泉水定名的界限指标。在英国,发现饮水中偏硅酸含量高(47.2 mg/L)的地区比偏硅酸含量较低(16.3 mg/L)的地区病死率要低。芬兰发现饮用水中偏硅酸的含量与心血管病的发病率呈负相关。研究还表明,硅是构成人体不可缺少营养素氨基多糖和多糖羧酸的主要成分。动物试验表明,在低硅饲料中补充硅,动物生长速度可增加 25%～50%。饲养鸽子在饲料中加石子砂粒,除可增加鸽子食囊的摩擦作用外,也可使鸽子从石子中获取硅元素。

硅在水中溶解度很小,一般来说偏硅酸对人体心血管、骨骼生长等具有保健功能。人体每日需 70～83 mg。有资料报道,偏硅酸对人体具有良好软化血管的功能,可使人的血管壁保持弹性,故对动脉硬化、心血管和心脏疾病能起到明显的缓解作用。水中硅含量高低与心血管病发病率呈负相关。硅在骨骼化过程中具有生理上的作用,它对骨骼化的速度有影响。硅与冠心病的关系已引起人们的重视。硅能增强血管的弹力纤维强度,防止粥样硬化斑块的形成。

(2)偏硅酸:是人体皮肤结缔组织、关节软骨和关节结缔组织中必需的元素,具有增加皮肤弹性,保持弹性纤维周围组织完整性的功能。经常饮用富含偏硅酸的矿泉水,可使皮肤保持光泽、白皙、细嫩。而把矿泉水直接喷在脸上的美容法也越来越被诸多爱美女性所青睐。具体方法是把富含偏硅酸的矿泉水直接喷在脸上,用手轻轻拍打,在为皮肤补充水分的同时,使矿泉水中的偏硅酸被充分吸收,从而增加皮肤弹性,舒展面部的细小皱纹,延缓皮肤衰老。这种美容方法在日本女性中尤其是白领丽人中十分盛行。

(3)锶:人体含锶量平均为 4.6 mg/kg。人体各种组织均含有锶,99%分布在骨骼和牙齿之中,特别富集于骨化旺盛的部位,起到加强骨骼和牙齿强度的作用。临床上发现锶对老年性骨质疏松症有治疗作用。现代医学研究证实,锶有利于维持正常的心血管功能及神经和肌肉的兴奋性。但机体代谢失调、摄入过量锶并在人体内积聚时,也会引起某些病理变化,如出现关节疼痛,骨骼变形、脆化等症状。锶矿泉水中只含有适量的锶,对中、老年人的骨骼系统以及心血管系统无疑具有很好的保健价值。

(4)硒:硒为人体必需的元素之一,是近几十年才被公认的。人体的含硒量为 14~21 mg,以眼睛含硒量最高,次为肝、胰、肾等器官,血液、皮肤和肌肉中也含有一定量的硒。硒是谷胱甘肽过氧化酶的主要成分,可促使其由还原型转变为氧化型。若缺硒、谷胱甘肽过氧化酶活力下降,生物体内的氧化过程就会出现障碍。此外,硒还可以使体内过氧化物脱氧,对组织和细胞膜的结构起保护作用。人体缺硒,会引起多种病症,如克山病与患者体内缺硒有关,人体缺硒还影响生育力。高硒地区人群中冠心病和高血压病的发病率明显低于低硒地区。注射硒剂或服用含硒多的食物,有利于提高视力。它更重要的作用是与汞、镉、砷、砣等毒性元素或化合物有拮抗作用,即有明显的抵消和抑制其毒性作用。过量摄入(食进或吸入)硒引起的急性中毒症状有神经过敏、痉挛、呕吐等现象,慢性中毒症状有脱发、脱甲、贫血和胃功能障碍等。一个正常人每日需摄入 0.03～0.05 mg 的硒,饮用硒浓度为 0.01～0.05 mg/L 的天然饮用矿泉水是十分有益的。

(5)锂:是有益于人体的元素之一,普遍存在于人体的肌肉组织内,还广泛分布于心脏、脑、肝脏、肾上腺、淋巴结及甲状腺等组织中。锂在人体内可取代钠(置换钠),避免人体内钠含量过多而导致高血压病和心血管疾病。锂对中枢神经系统的活动有调节作用,能安定情绪。有报道称,欧洲一些国家很早就利用含锂量较高的矿泉水治疗肾结石、痛风、风湿症,取得了较好的效果。通过饮水和食物中摄入锂无毒性作用。饮用锂含量 0.2～0.6 mg/L 的天然矿泉水,对人体健康将起到良好的保健作用。

(6)碘:正常人体内含碘 25～36 mg,有 15 mg 浓集于甲状腺内,其余分布于血浆、肌肉、胃黏膜、皮肤、中枢神经系统、卵巢和胸腺组织中。碘主要通过形成甲状腺激素而促进蛋白质的合成,活化 100 多种酶。碘在人体内能调节能量转换,加速生长发育,维持中枢神经系统和骨骼系统的结构。碘还能使人体保持正常的精神状态、身体形态和新陈代谢等重要功能。人体缺碘会引起甲状腺肿。地方性甲状腺肿,是世界上流行最广泛的、千百年来危害人类健康的主要流行病之一。胎儿或婴幼儿时期缺碘会导致终生智力低下、矮小、聋哑和痴呆,甚至致瘫痪的克汀病。人体乳腺癌和甲状腺滤泡癌的高发病率是与缺碘有关的两种恶性肿瘤。对人体提供充分的碘在防治克汀病和某些癌症方面有重要作用,还有激活机体、促进吸收并促使伤口愈合的功能。人对碘的耐受量是 1 000 mg,过量摄入可产生中毒症状。

人体补充碘的传统方法之一是食用加碘盐。但会因食盐存放太久，或食盐加热时碘的挥发，使食盐中碘的含量大大减少，失去应有效果。饮用天然矿泉水中的碘含量上限为1.0 mg/L，有较稳定的特性。开发和饮用含碘天然矿泉水，不但对地方性甲状腺肿和克汀病患区的人们具有十分重要的意义，而且对非病区人们的身体健康也具有保健作用。

目前国内外对矿泉水生物学效应或健康效应的研究尚显薄弱，虽然个别研究指标水平深入到蛋白基因水平，绝大多数研究水平还比较低，天然矿泉水的生物学效应全面系统的研究尚属空白。日本2011年研究发现矿泉水提升卵母细胞水孔蛋白1的通透性，提高人体自然杀伤细胞（NK）活性，提示矿泉水有显著的保健功能，开拓了矿泉水与人体健康和某些慢性病治疗新的研究领域。德国研究发现矿泉水的保健效应主要与矿泉水中矿物质和微量元素有关，矿泉水中钙、镁、碘、氟和锂起保健作用，目前定期饮用矿泉水具有保健功能的直接证据还相当缺乏。在瑞士及其周边国家德国、法国、意大利和奥地利都把矿泉水当作治疗疾病尤其是某些慢性病的药物，而且历史悠久。俄罗斯早期研究发现矿泉水中微量元素能消除大鼠动脉硬化危险因子和消除尿石症患者中尿酸和草酸钙微晶。意大利研究发现矿泉水具有利尿、通肠和消炎的生物学活性。法国、瑞士研究发现矿泉水对稳定钙平衡、骨骼再吸收和预防骨质疏松症具有特别的效果。美国研究发现矿泉水中钙是非常优质的生物活性钙，能够补充膳食中钙的不足。瑞典研究发现矿泉水具有降低心率、稳定情绪和恢复人体生理平衡的作用。摩洛哥和匈牙利研究发现矿泉水对膝关节炎具有治疗效应。

国内对矿泉水生物学效应或健康效应的研究报道比国外少，总体水平比国外低。矿泉水中的微量元素不但能补充人体所需的微量元素，同时对人体的新陈代谢、心血管系统等都有一定的改善作用，而且矿泉水具有一定的抗过氧化作用，能显著提高红细胞超氧化物歧化酶（SOD）活力。矿泉水可能具有增加雄性ICR小鼠血红蛋白的作用，动物体的运动耐受性与血液中血红蛋白含量呈正相关,天然矿泉水具有改善实验性雌性高脂大鼠血脂的趋势。矿泉水对于小鼠不同脏器谷胱甘肽过氧化物酶(GSH-Px)活力有升高的趋势,尤其心匀浆 GSH－Px 的活力明显高于纯净水,在统计学上有显著性差异。在肺匀浆总 SOD 的活力矿泉水明显高于纯净水和自来水。

许多专家预言,微量元素不久将成为预防和治疗许多疑难病症的重要因素之一。矿泉水处于地层深部,经过长时间的渗透、吸附,使水中含有一定量的矿物质元素,人类自古就用以防病治病,人们经常饮用可以在一定程度上弥补体内矿物质元素的不足。矿泉水是一种天然、清洁、无害的健康水,不仅不含任何防腐剂及其他食品添加剂,而且具有卫生、安全、贮存期长、质量稳定等优点,是其他饮料所不能比拟的。

三、纯水和纯净水

从学术角度讲,纯水又名高纯水,是指化学纯度极高的水,其主要应用在生物化学、化工、冶金、宇航、电力等领域,但这些领域对水质纯度要求相当高,所以一般应用最普遍的还是电子工业。例如电力系统所用的纯水,要求各杂质含量低达到"mg/L"级。在纯水的制作中,水质标准所规定的各项指标应该根据电子(微电子)元器件(或材料)的生产工艺而定(如普遍认为造成电路性能破坏的颗粒物质的尺寸为其线宽的 $1/5 \sim 1/10$),但由于微电子技术的复杂性和影响产品质量的因素繁多,至今尚无一份由工艺试验得到的适用于某种电路生产的完整的水质标准。近年来随着电子级水标准不断修订,高纯水分析领域具有许多突破和发展,新的仪器和新分析方法不断应用,为制水工艺的发展创造了条件。

理化指标中较重要的是电导率和高锰酸钾消耗量。电导率是纯净水的特征性指标,反映的是纯净水的纯净程度以及生产工艺的控制好坏。由于生活饮用水不经过去离子纯化的过程,因此是不考察此项指标的。而对于纯净水来说"纯净"是其最基本的要求,金属元素和微生物过高,都会导致电导率偏高。所以,电导率越小的水越纯净。

在高纯水的生产过程中,水中的阴、阳离子可用电渗析法、反渗透法及离子交换树脂技术等去除;水中的颗粒一般可用超过滤、膜过滤等技术去除;水中的细菌,目前国内多采用加药或紫外线灯照射或臭氧杀菌的方法去除;水中的 TOC 则一般用活性炭、反渗透处理。在高纯水应用领域中,水的纯度直接关系到器件的性能、可靠性、阈值电压等,因此高纯水要求具有相当高的纯度和精度。

天然水中溶解的气体主要有 O_2、CO_2、SO_2 和少量的 CH_4、氢气、氯气等,在高纯水的生产过程中,还必须去除这类气体。为了有效地去除杂质,在生产高纯水的过程中,加入了一些化学杀菌剂,如甲醛、过氧化氢(双氧水)、次氯酸钠等。这些都是高纯水不能作为饮用水的原因之一。

所谓纯净水是指其水质清纯,不含任何有害物质和细菌,如有机污染物、无机盐、任何添加剂和各类杂质,有效地避免了各类病菌入侵人体。其优点是能有效安全地补充人体水分,具有很强的溶解度,与人体细胞亲和力很强,促进新陈代谢等。

它是采用离子交换法、反渗透法、精微过滤及其他适当的物理加工方法进行深度处理后产生的水。一般情况下纯净水在生产过程中,原水只有 50%～75% 被利用,也就是说,1 kg 自来水或地下水大约只能生产出 0.4 kg 的纯净水,而剩下的 0.6 kg 左右的水不能当作饮用水,只能另作它用。

四、矿化水

矿化水是以纯净水作为基水,经矿化器过滤自动溶出多种微量元素和矿物质所得的富含人体必需的常量元素及微量元素饮用水。长期饮用矿化水可以补充正常饮食中缺少的微量元素和矿物质营养素,改善人体营养状况。矿化水中含有锌、锶、锂、碘、钙、镁、偏硅酸等多种微量元素和矿物质,完全离子化,饮用后可被迅速吸收利用,又含有丰富的溶存氧。其清凉爽口,营养又卫生,弥补了纯净水的缺点,对促进少儿健康发育、增强儿童智力,提高人体免疫力,预防心血管疾病、胆肾结石、骨质疏松、肠胃疾病等方面均有重要作用,是人类理想的保健型饮用水。矿化水是在纯净水的基础上,加入人工合成矿化液而成,成品水有的具有一些少量沉淀物、颜色,浊度一般大于天然矿泉水,也有人称它为仿矿泉水。

但是以上观点尚待商榷。目前有人认为,人造矿化水没能解决水分子和添加元素被人体吸收的关键问题。这种水越喝越渴,人体水分处于缺乏状态,长期喝这种水,容易破坏人体生命动力元素的正常分布,增加心脏负担,导致高血压病、糖尿病等。

五、山泉水

山泉水是我国民间特别认同的一种饮用水。陆羽在《茶经》中指出,用来泡茶的水,以自山中流出的山泉水最佳。

在我国民众的普遍认知中,山泉水是流经无污染之山区,经过山体自净化作用而形成的天然饮用水。水源可能来自雨水,或来自地下,并暴露在地表或在地表浅层中流动,山体在层层滤净与流动的同时,也溶入了对人体有益的矿物质成分,虽然矿物质的含量不如天然矿泉水有严格要求,但比起经过深度净化的纯净水或从天然湖库取得的地表水,以及自来水等,有益微量成分更高,但同样亦对水质的洁净程度与安全性有更高的要求。

首先,山泉水的水源一定来自特定受到保护的山区,区域内无污染,周边也无其他污染进入水源区域。如果生产厂家的取水点不符合此一要求,生产的就不是真正的山泉水。

目前市场销售的各种瓶装饮用水,都是以符合国家生活饮用水卫生标准的水制成,除了少数不规范的业者外,卫生都有保证,都能起到补水的作用,消费者可以自由选择,不必特别受到业者广告宣传的引导。一般来说,矿泉水因为稀有,且多半位在深山老林中,价格较高。纯净水、矿化水是由城市自来水经过深度净化制成,价格较实惠,但其中所含矿物质较少。天然湖库水矿物质含量低,和自来水接近,又比自来水少了一道净化工艺,如果水源受到污染,水质安全可能没有保证。总之,经过山体自净化作用的山泉水,矿物质含量适中,价格也合理,是一个相当不错的选择。

六、富氧水

富氧水是在纯净水的基础上添加活性氧的一种饮用水。属于医疗用水,是针对特殊人群的、不能作为正常人群的饮用水,是美国医学科学界为了研究生物细胞的厌氧和好氧性而用的医学研究用水。据不完全统计,国内有 200 多家企业在生产纯净水的同时生产富氧水。这种水中确实有氧分子,让人喝进胃之后,通过胃绒毛细胞膜,直接进入细胞内,期望与血液中的生态氧一样,让细胞内线粒体用来分解各种营养物,生产生物能量。但线粒体本身将从新鲜血液所得到的 95％ 生态氧用来燃烧葡萄糖等转化成热能,而 5％ 的生态氧转化成氧气分子并吸收一个电子,成为对人类生命最可怕的超氧自由基,其电荷半径很小,有很大的强负荷标度值,破坏细胞的正常分裂作用,成为人类衰老的最重要的根源。

氧浓度是一般饮料的几倍至几十倍的富氧水及富氧饮品近来在市场上颇具人气。

七、电解水

水(H_2O)被电解生成电解水。电流通过水(H_2O)时,氢气在阴极形成,氧气则在阳极形成。带正电荷的离子向阴极移动,溶于水中的矿物质钙、镁、钾、钠等带正电荷的离子,便在阴极形成,就是我们所喝的碱性水;而带负电的离子,在阳极生成。

它以自来水为原料,自来水在通过电解水机时,在电解过程中被功能化。

八、负电位水

负电位水具有很强的抗氧化作用。具体作用如下:

(1) 负电位水的 pH 值偏碱性,有利于平衡体内劳累所产生的乳酸。

（2）负电位水的水中钙镁离子含量较高，这是一种有益于人体的健康元素。

（3）由于负电位水的溶解度较高，渗透力较强，对油脂有一定的乳化能力，因此有利于缓解由于高蛋白、高热量饮食引起的高血脂、高胆固醇、高血黏度等症状。

（4）更重要的是低电位或负电位水（ORP 从 $0 \sim -200$ mV），使细胞始终充满活力保持健康，帮助人体清除有害的铬酸盐、亚硝酸盐以及重金属和惰性金属。负电位水是一种具有保健作用的饮用水。

（5）负电位水同时也可以抑制微生物繁殖，其中包括抑制细菌、藻类等的繁殖。可用于养殖场、大型水族馆、游泳馆等。

致　谢

感谢中国发明协会理事徐道华,感谢福建金源泉科技发展有限公司林珊硕士,感谢福建医科大学陈爱珍硕士,感谢福建省润和矿泉水有限公司张通年总经理对本书出版的支持。在此特别感谢福州大学外国语学院周淑瑾副教授对书稿多次认真的校对以及对本人的鼓励和支持。向所有支持、帮助本书编写和出版工作的领导、同道致谢。

图书在版编目(CIP)数据

水的科学与健康/阮国洪编著.—上海：复旦大学出版社，2012.6（2018.12 重印）
ISBN 978-7-309-08798-7

Ⅰ.水…　Ⅱ.阮…　Ⅲ.水-基本知识　Ⅳ.P33

中国版本图书馆 CIP 数据核字（2012）第 055292 号

水的科学与健康
阮国洪　编著
责任编辑/贺　琦

复旦大学出版社有限公司出版发行
上海市国权路 579 号　邮编：200433
网址：fupnet@ fudanpress. com　http://www.fudanpress.com
门市零售：86-21-65642857　　团体订购：86-21-65118853
外埠邮购：86-21-65109143　　出版部电话：86-21-65642845
浙江省临安市曙光印务有限公司

开本 890 × 1240　1/32　印张 8.875　字数 226 千
2018 年 12 月第 1 版第 11 次印刷
印数 23 051—24 150

ISBN 978-7-309-08798-7/P·008
定价：26.00 元